EXPERIMENTE Autoelektronik

Norbert Adolph

Experimente: Auto-elektronik

Herausgegeben von Jean Pütz

2., erweiterte Auflage

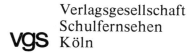

Verlagsgesellschaft
Schulfernsehen
Köln

CIP-Kurztitelaufnahme der Deutschen Bibliothek

Adolph, Norbert:
Experimente, Autoelektronik / Norbert Adolph.
Hrsg. von Jean Pütz. – 2., erw. Aufl. – Köln:
Verlagsgesellschaft Schulfernsehen, 1985
    ISBN 3-8025-1237-5
    (Experimente)

Bildquellen

Norbert Adolph, Aachen: 5.2; 6.7; 6.12; 8.14; 8.15; 8.18; 8.19; 8.20; 8.21; 8.22; 9.22; 9.23; 10.10; 11.6a; 11.7; 11.11; 13.4; 17.2; Wolfgang Arntz, Wermelskirchen: 7.17; 18.1; 19.2; Daimler Benz AG, Stuttgart: 2.1; 2.2; Robert Bosch GmbH, Stuttgart: 2.3; 2.4; 2.5; 2.6; 2.7; 2.8; 2.9; 8.2; 8.3; 8.4; 8.5; 9.1; 9.2; 9.3; 9.6; 9.8; 9.13; 9.16; 9.19; 9.20; Gerhard Prasser, Köln: 3.2; 5.1; 6.8; 7.3; 7.4; 8.23; 8.28; 9.24; 9.25; 10.6; 10.7; 10.8; 11.6b.

1. Auflage 1979
2. korrigierte und erweiterte Auflage 1985
© Verlagsgesellschaft Schulfernsehen, Köln 1979
Zeichnungen: Ingenieurbüro Metz & Kohlöffel, Ravensburg
Reproduktion der Abbildungen: Litho Köcher, Köln
Gesamtherstellung: Beltz Offsetdruck, Hemsbach
Printed in Germany
ISBN 3-8025-1237-5

Vorwort

Liebe Leser!

Ich freue mich, Ihnen den dritten Band der Sachbuchreihe „Elektronik" präsentieren zu können, nachdem das erste Buch, die „Einführung in die Elektronik" sich mit über 300000 verkauften Exemplaren mehr oder weniger zu einem Standardwerk auf diesem Gebiet gemausert hat. Auch der zweite Band „Experimente: Elektronik", als praktische Ergänzung zum Einführungsbuch gedacht, hat außerordentlich positive Aufnahme gefunden. Wie wir aus Leser- und Bastlerkreisen wissen, haben besonders die fertigen Bausätze großen Anklang gefunden; sie geben die Möglichkeit, das theoretische Wissen zu vertiefen und zugleich damit effektiv etwas anfangen zu können, das „begreifen" sozusagen wörtlich zu nehmen (von greifen – anfassen).

Die Anregung zum vorliegenden Buch kam vor allem aus Ihrem Kreis, verehrte Leser, und von Zuschauern meiner Fernsehsendungen wie „Einführung in die Digitaltechnik", „Televisionen" und insbesondere der „Hobbythek". Wir wissen, daß es für eine Kombination von Kraftfahrzeug und Elektronik eine große Anzahl von Interessenten gibt. Sie folgen damit ganz logischerweise einem Trend in der Automobiltechnik: Elektronik im Kraftfahrzeug wird immer wichtiger. Nur mit Hilfe der Elektronik lassen sich in Zukunft die hohen Forderungen des Umweltschutzes, der Energiesparsamkeit, der Fahrsicherheit, der Wartungsfreundlichkeit, des Komforts und der besseren Information des Kraftfahrers auf der Strecke erfüllen. Die Elektronikindustrie ist im Begriff den Automobilmarkt als zukunftsträchtiges Feld zu entdecken, die Wachstumschancen sind hier überdimensional. Um Zahlen zu nennen: In den USA erwartet man in 10 Jahren, daß jährlich ausschließlich für Elektronikprodukte (ohne Unterhaltungselektronik, wie Autoradios und -Recorder) etwa 8,3 Milliarden Dollar = ca. 16 Milliarden DM auf die so beliebten 4 Räder gestellt werden.

Der Installationswert an „Elektronikbauteilen" pro Wagen wird sich dann auf etwa 600 Dollar belaufen. 12mal mehr als heute. In Europa bzw. Deutschland wird der Trend nicht anders sein, im Gegenteil, wenn man die heutigen Ansätze betrachtet. Ich erinnere nur an die Möglichkeit des mittlerweile in Serienproduktion gegangenen Antiblockiersystems, der elektronisch gesteuerten Benzineinspritzung und Zündung und so weiter, um nur einige von vielen Möglichkeiten zu nennen. Auch der Mikroprozessor mit seinen schier unbegrenzten Möglichkeiten wird bald im normalen Automobil anzutreffen sein, so wie es in amerikanischen Luxuskarossen schon heute der Fall ist. Außerdem sind automatische Verkehrlenksysteme, wie das von Bosch und VW entwickelte ALI-System, in Planung.

Kein Wunder also, daß der Bedarf an Fachwissen über das Gebiet der Kraftfahrzeugelektronik ebenfalls stark ansteigt, daß der Beruf des Kraftfahrzeugelektrikers immer höhere Qualifikationen verlangt, immer mehr in Richtung des Elektronikfachmanns tendiert. Aber nicht nur für den beruflich interessierten Personenkreis ist die Kraftfahrzeugelektronik interessant, auch der Tüftler und Hobbyfreund findet hier ein reiches Betätigungsfeld, das seine Phantasie enorm anregen kann.

Das vorliegende Buch richtet sich an beide Kreise. Es eignet sich meines Erachtens vorzüglich dazu, demjenigen, der sich in die Kraftfahrzeugelektronik einarbeiten will, die nötigen Grundlagen zu geben, und zwar auf eine dem Praktiker verständliche Weise ohne zuviel theoretischen Ballast. Exemplarisch werden die wichtigsten Wissensstoffe erarbeitet, wobei nicht nur gesagt wird, wie es funktioniert und wie man's macht, sondern auch warum. Dabei sind die praktischen Vorschläge so, daß sie von jedem einigermaßen geschickten Interessierten realisiert werden können; die Bausätze erleichtern dies wesentlich. Sie sind bis ins letzte durchprobiert, und die Firma Thomsen, die die Bausätze produziert, hat ihre Funktionstüchtigkeit auch unter harten Umweltbedingungen getestet.

Eigentlich kann da nicht viel schiefgehen und ich möchte Ihnen viel Spaß und Erfolg wünschen. Sollte Ihnen etwas am Buch querlaufen, dann schreiben Sie uns, gefällt es Ihnen und finden es nützlich – dann freuen wir uns natürlich auch, wenn Sie uns das mitteilen – besser aber sagen Sie es Ihren Freunden.

Ihr

Jean Pütz

Inhalt

1. **Elektronik im Kraftfahrzeug** .. 11

2. **Elektrizität war von Anfang an dabei** 12

3. **Elektrik im Kraftfahrzeug** 17
   Die Spannungen sind genormt 17
   Die Leitungsquerschnitte müssen den Strömen angepaßt sein 17
   Polarität und Spannung des Bordnetzes . . 19
   Spannungsabfall und seine Folgen 19
   Leitungen sind durch Farben gekennzeichnet 21
   Auf richtige Verbindungen kommt es an . 21
   Auch die Klemmenbezeichnungen sind einheitlich 21

4. **Schaltpläne sollen helfen** 23
   Beim Kleinkraftrad ist es einfach 23
   Motorräder haben eine reiche elektrische Ausstattung 23
   Das Automobil – ohne elektrische Anlage undenkbar 27
   Viele Leuchten sind notwendig 27
   Gute Sicht – sichere Fahrt 29

5. **Die Umweltbedingungen** 31
   Glühende Hitze – arktische Kälte 31
   Vorsicht mit integrierten Schaltungen . . . 31
   Feuchtigkeit ist unerwünscht 32
   Vergießen hilft nicht 32
   Erschütterungen sind gefürchtet 33
   Störende Spannungen 34
   Die Spannung des Bordnetzes ändert sich oft 35
   Ausfälle sind nicht gefragt 36

6. **Alles über das Blinken** 37
   Zum Prinzip des Blinkgebers 37
   Ein vollelektronischer Blinkgeber mit Frequenzverdopplung bei Lampenausfall . . 38
   Die Funktion der Blinkleuchten muß kontrolliert werden 41
   Der Blinkgeber ist auch für eine Warnblinkanlage einsetzbar 42
   Der Aufbau muß sorgfältig überlegt sein . 43

7. **Eine Batterie ist immer dabei** . . 46
   Die Bleibatterie hat sich durchgesetzt . . . 46
   Kennwerte von Batterien 48
   Richtige Pflege ist wichtig 49
   Richtiges Laden verlängert die Lebensdauer 50
   Die Batterie hat Winterpause 50
   Die entladene Batterie – bald wieder betriebsbereit 50
   Ein wenig Vorsicht kann nicht schaden . . 51
   Wir bauen ein Ladeerhaltungsgerät 52
   Mit einem IC wird es einfacher 54
   Kleines Automatikladegerät für den Selbstbau 56
   Wie es im Inneren eines Integrierten Spannungsreglers zugeht 58
   Wie das Automatikladegerät arbeitet . . . 58
   Auch für 6 V ist das Ladegerät geeignet . . 60

8. Der Generator – ein leistungsfähiges Kraftwerk ... 62

Spule und Magnetfeld müssen sich gegeneinander bewegen ... 62
Der Gleichstromgenerator ... 63
Der Drehstromgenerator hat das Feld erobert ... 65
Der Erregerstrom beeinflußt die Generatorspannung ... 68
Der Generatorstrom hängt von der Drehzahl ab ... 70
Der Generator schützt sich selbst ... 70
Drehstromgenerator und Bordnetz ... 71
Die Ladekontrolle ... 71
Gezielte Fehlersuche ... 72
Elektronisch geregelt – genauer geregelt . 73
Das Einstellen der Generatorspannung ist einfach ... 75
Ein altes Gehäuse bekommt einen neuen Inhalt ... 76
Wie bei ausländischen Generatoren vorzugehen ist ... 78
Ein elektronischer Regler ist heute die Norm ... 79
Der Gleichstromgenerator wird modernisiert ... 80
Im Prinzip wie bei Drehstrom ... 81
Der Rückstromschalter wird ersetzt ... 81
Die Leistungsdiode wird heiß ... 81
Die Spannung des Gleichstromgenerators muß neu eingestellt werden ... 83
Ein elektronischer Regler hat seine Vorteile ... 83

9. Der zündende Funke ... 86

Die Zündkerze – eine Funkenstrecke ... 86
Am Wärmewert kann man sie erkennen .. 88
Zündkerzen – selbst gewechselt ... 89
Verschiedene Elektrodenformen ... 89
Die Zündanlage – ein Energiespeicher .. 90
Ein Transformator für die Hochspannung . 92
Die Spulenzündung ist am weitesten verbreitet ... 92
Die Zündfolge muß stimmen ... 95
Strom und Spannungsverlauf erklären vieles ... 95
Die Kapazität der Zündkerze ist an allem schuld ... 96
Die Spulenzündung hat ihre Vorteile ... 96
Für Sonderzwecke: Hochspannungskondensatorzündung ... 97
Die Spulenzündung ist verbesserungsfähig 98
Wohin mit der Wärme ... 100
Auch hier – ein Transistor als Schalter ... 101
Die richtige Einstellung macht's ... 102
Der Zündzeitpunkt wird vom Unterbrecherkontakt bestimmt ... 104
Nicht ganz einfach: die Zündeinstellung .. 105
Selbst gebaut: Transistorzündung ... 109
Die Wahl der Zündspule ... 113
Sicherer Start ... 115
Vorsicht – die Zündspannungen sind gefährlich ... 117

10. Wichtig für Leistung und Verbrauch: die richtige Drehzahl ... 118

Der Drehzahlbereich ist begrenzt ... 118
Drehzahlmessung – nicht nur für den Sportfahrer ... 119
Die Zündimpulse können gezählt werden . 119
Trägheit hat manchmal Vorteile ... 120
Genauigkeit mit der richtigen Toleranz ... 120
Die Lösung – eine monostabile Kippstufe . 120
Eine stabile Betriebsspannung reicht kaum aus ... 121
Die Schaltung wird kompensiert ... 121
Die komplette Schaltung zum Selberbauen ... 122
Welche Höchstdrehzahl hat der Motor? ... 124
Der Kondensator bestimmt die Impulsbreite ... 124
Für den Aufbau zwei Vorschläge ... 125
Der Drehzahlmesser wird geeicht ... 127

11. Mit Elektronik gegen schlechtes Wetter ... 129

Prinzip des Wischintervallschalters ... 129
Ein Wischintervallschalter zum Selberbauen ... 130
Der Anschluß ist keine Kunst ... 131
Die Wischwaschautomatik ... 135

12. Glatteiswarnung – einmal elektronisch ... 138

13. Batterieüberwachung einmal ganz anders 141

14. Blinkende Kontrolleuchten warnen auffälliger 145

15. Eine fast universelle Kontrolleuchte mit Operationsverstärker 147

Eine genaue Anzeige für die Kraftstoffreserve 151
Eine optische Übertemperaturwarnanlage 151

16. Ein elektronisches Warngerät gegen Kühlmittelverlust oder Scheibenwaschwassermangel . . 153

17. Stabile Spannung für zusätzliche Verbraucher 156

18. Überwachung der Schmieröltemperatur 158

19. Eine Innenbeleuchtungs-Automatik 161

Anhang 164

Für Elektronikneulinge: Einige Begriffe und Bauelemente 164
Stichwörter 165
Literatur 168
Bezugsquellennachweis der Bausätze 168

1. Elektronik im Kraftfahrzeug

In einem durchschnittlichen Pkw besteht heute rund ein Viertel des Wertes aus elektrischen und elektronischen Einrichtungen. Deshalb ist es wichtig, daß Sie über die Kraftfahrzeugelektrik und Kraftfahrzeugelektronik informiert sind, wenn Sie Ihren Wagen oder Ihr Motorrad nicht nur fahren, sondern auch kennen, reparieren oder mit Zusatzelektronik ergänzen wollen. Dies alles ist sinnvoll und für recht wenig Geld möglich. Wie – das soll dieses Buch Ihnen zeigen.

Mit dem Eindringen der Elektronik in die Ausrüstung von Kraftfahrzeugen hört eine Ära der Autoelektrik auf, in der man (durch Kurzschließen) mit dem Schraubenzieher auf Funken prüfen konnte, um zu wissen: Spannung und Strom o.k. Eine solche Prüfung kann heute Folgeschäden verursachen, die weit über eine durchgebrannte Sicherung hinausgehen. Was da alles passieren kann, das können Sie in diesem Buch lesen und lernen.

Amateure und Profis aus dem Kfz-Handwerk müssen sich nicht erst seit heute mit Strom, Spannung und Widerstand auseinandersetzen. Jetzt muß man mehr wissen, als daß man beim achtlosen Berühren von Zündkabeln bei laufender Maschine heftig einen gewischt bekommen kann.

Das Automobil ist einer der ehrwürdigsten und wichtigsten technischen Gegenstände unserer Zivilisation. Entsprechend ausgereift ist seine Konstruktion. Das bedeutet auch, daß man an vielen Stellen als Bastler gar nichts ausrichten kann, weil die technologischen Voraussetzungen zu hoch sind, die man mitbringen müßte. Zum Beispiel kann man beim besten Willen nichts tun, wenn eingeschrumpfte Ventilsitzringe defekt sind (außer man wechselt den Zylinderkopf).

Auf dem Gebiet der Elektronik und Elektrik im Kraftfahrzeug kann man dagegen als Amateur noch fast alles in Angriff nehmen, was der TÜV erlaubt. Das liegt daran, daß die Elektronik – obwohl als Disziplin jünger als die Automobiltechnik – technologisch weiter ist. Einen einzelnen Ventilsitzring bekommt man kaum zu kaufen; und wenn, was sollte man damit anfangen? Einen einzelnen Transistor oder einzelne Integrierte Schaltkreise sind überall billig zu haben. Und, sofern man einige Kenntnisse besitzt, sehr effektvoll einzusetzen. Dieses Buch soll Ihnen zeigen, was man alles auf diesem Gebiet machen kann und wie dabei der Gebrauchswert und die Sicherheit Ihres Kraftfahrzeuges gesteigert werden kann.

2. Elektrizität war von Anfang an dabei

Die ersten Automobile hatten vor allem Zündungsprobleme. Es bereitete große Schwierigkeiten, das vom Motor angesaugte Gemisch aus Benzindampf und Luft zuverlässig zum Brennen zu bringen, damit es im Zylinder den Kolben bewegen konnte. Karl Benz verwendete von Anfang an eine elektrische Zündung aus Funkeninduktor und Bleisammler. Doch hatte er damit große Probleme. Ebenso Gottlieb Daimler, der – konservativ, wie er war – lange an der für ortsfeste Motoren entwickelten Glührohrzündung festhielt. Bei dieser wurde ein kleines Röhrchen mit dem Brennraum des Motors verbunden, das zum Start mit einer Flamme von außen zum Glühen gebracht wurde. Es glühte dann beim Lauf des Motors von selbst weiter. Zunehmende Leistungen und Drehzahlen der Motoren verlangten gebieterisch nach besseren Lösungen des Zündungsproblems. Um 1900 entwickelte Robert Bosch mit seinen

Bild 2.1: Erstes Fahrzeug von Carl Benz mit elektrischer Zündung (1885)

Bild 2.2: Erstes Fahrzeug von Gottlieb Daimler mit Glührohrzündung (1885)

Mitarbeitern die Niederspannungsmagnetzündung, auch Summerzündung genannt, die mechanisch durch ein Gestänge betätigt wurde. Wenig später gehörte dann Robert Bosch zu den ersten, die eine Hochspannungsmagnetzündung in der Form bauten, wie wir sie auch heute noch an einigen kleinen Motoren finden. Damit war das Zündungsproblem erst einmal befriedigend gelöst.

Weil das Anwerfen eines Motors mit der Andrehkurbel aus begreiflichen Gründen vielen damaligen Kraftfahrern gar nicht gefiel, und weil mechanische Anlaßvorrichtungen ihren Zweck nur unzureichend erfüllten, konstruierte der geniale Ingenieur Kettering 1912 für seinen Arbeitgeber, die Firma Cadillac, den ersten serienmäßig angebauten elektrischen Anlasser. Dieser diente gleichzeitig als Generator, um die Batterie aufzuladen und andere Verbraucher zu speisen. Solch eine Batterie, natürlich ein Bleiakkumulator, wog damals für einen mittleren Pkw etwa 37 kg, heute sind es noch nicht einmal 15 kg – Fortschritt im Detail!

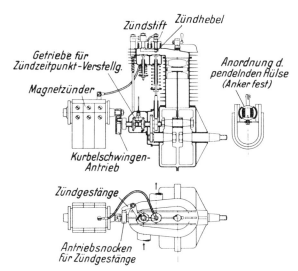

Bild 2.3: Niederspannungsmagnetzünder von Robert Bosch um 1884 (Summerzündung)

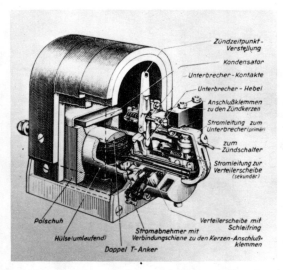

Bild 2.4: Hochspannungsmagnetzünder von Robert Bosch um 1902

In Europa übernahm als erste die Firma Lancia den elektrischen Anlasser 1913. Da immer mehr Automobile elektrisch angelassen wurden und dafür natürlich eine Batterie benötigten, lag es nahe, auch die elektrische Zündung aus der Batterie zu speisen. So entstand etwa 1928 die Batteriezündung, mit der auch heute noch in praktisch unveränderter Form fast alle Benzinmotoren gezündet werden. Einige Jahre vorher, etwa 1916, hatte Bosch auch in Deutschland den elektromagnetischen Regler nach Tirril eingeführt und damit sichergestellt, daß die Batterie von der Lichtmaschine (so nannte man damals und nennt man auch heute noch den Generator wegen seiner Funktion als Energielieferant für die Lichtanlage) auch ordentlich geladen wurde.

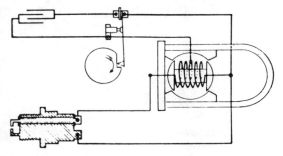

Bild 2.5: Originalschaltplan des Hochspannungsmagnetzünders

Bild 2.6: Erster elektromagnetischer Regler nach Tirril um 1916

Da man auch bei Regen Auto fahren wollte, entstanden zwischen 1908 und 1913 die ersten handbetätigten Scheibenwischer – Prinz Heinrich von Preußen meldete das erste Patent dafür an. In den USA wurden ab 1916 die Wischer automatisch und zwar mechanisch bedient, und in Deutschland wurde 1924 der elektromagnetische Scheibenwischer eingeführt. Das elektrische Licht verdrängte ziemlich schnell die unhandlichen und auch gefährlichen Petroleum- und Azetylenlampen. Immer mehr Fahrzeuge wurden mit Lichtmaschine und Batterie ausgerüstet. Die Ansprüche an eine genügende Ausleuchtung der Fahrbahn wurden mit den gestiegenen Geschwindigkeiten immer größer. Aus einer Zusammenarbeit von Bosch und Osram entstand 1925 die Bilux-Lampe, die erste technisch ausgereifte Lampe mit je einem Faden für

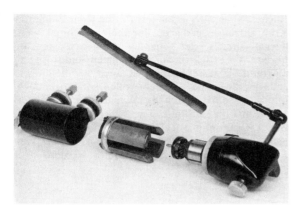

Bild 2.7: Elektromagnetischer Scheibenwischer um 1924

Fern- und Abblendlicht, deren Grundidee sich bis heute erhalten und in der Halogenbirne H4 den vorerst krönenden Abschluß gefunden hat.

Der immer dichter werdende Verkehr brachte 1930 den ersten serienmäßigen Winker in Deutschland und führte 1938 zu dessen gesetzlicher Einführung. Als nach 1945 zuerst zögernd, dann immer kräftiger die Motorisierung der breiten Bevölkerung einsetzte, stiegen auch die Ansprüche an Leistung und Komfort schnell. Das Zeitalter der primitiven Kleinwagen, der „Vier Räder mit einem Dach über dem Kopf" war bald vorbei. Standard wurden Fahrzeuge der sogenannten unteren Mittelklasse, deren Käufer immer größeren Wert auf komplette Ausstattung legten. Die große Zeit der Elektrik im Kraftfahrzeug begann. Zwar mußten zeitweise immer noch bei vielen Fahrzeugen Aufpreise für die (serienmäßige) Heizung bezahlt werden, aber bald waren Dinge wie elektri-

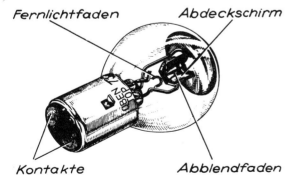

Bild 2.8: Biluxbirne nach Robert Bosch und Osram um 1925

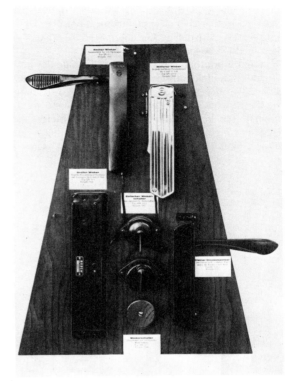

Bild 2.9: Elektromagnetischer Winker um 1938

sche Heiz- und Frischluftgebläse, Beleuchtung der Instrumente und elektrische Tankanzeige Selbstverständlichkeiten.

Unterdessen bahnte sich, vorerst von vielen unbemerkt, eine Revolution im Kraftfahrzeug an, deren Beginn wir gerade erleben. Zwei Dinge, die auf den ersten Blick gar nichts miteinander zu tun haben, sind dafür verantwortlich: 1. Der technische Fortschritt der Halbleitertechnik und die damit verbundene enorme Verbilligung von Halbleiterbauelementen. 2. Die sehr stark gestiegenen Anforderungen an die Umweltfreundlichkeit und Verkehrssicherheit von Kraftfahrzeugen, die vor allem durch den dichten Verkehr in Großstädten bedingt sind. Diese Anforderungen sind zu tragbaren Kosten in Zukunft nur noch mit elektronischen Mitteln erfüllbar. Wir befinden uns jetzt gerade an der Schwelle dieser Revolution, die sich besonders auf die Kraftfahrzeugelektrik auswirkt, aber auch auf fast alle Bereiche des Kraftfahrzeuges ausstrahlt. Vorerst hat die Elektronik in einem stetigen Entwicklungsprozeß einzelne

Gebiete des Kraftfahrzeuges erobert, die bisher Domäne elektrischer oder elektromechanischer Bauteile waren. Mit diesen Gebieten wollen wir uns in diesem Buch besonders befassen.

In vielen modernen Fahrzeugen sind einige der hier behandelten elektronischen Komponenten schon serienmäßig oder gegen Aufpreis eingebaut. Für manche der beschriebenen Bausteine sehen die Automobilhersteller keine Notwendigkeit und bieten sie daher gar nicht erst an, obwohl die Erfahrung vieler 100000 km ihre Verwendung rechtfertigt. Dieses Buch ist aber auch besonders für die Besitzer älterer Kraftfahrzeuge gedacht, die ihr (manchmal vielleicht) seltenes oder geliebtes Mobil wenigstens in bezug auf die Elektrik auf einen neuen Stand bringen möchten. Und schließlich ist auch an diejenigen gedacht, die gar nicht basteln wollen, sondern einfach informiert sein möchten über den heutigen Stand der Elektronik im Kraftfahrzeug.

Bevor wir uns mit den elektronischen Komponenten näher befassen, soll das elektrische Bordnetz von Kraftfahrzeugen etwas näher erläutert werden.

3. Elektrik im Kraftfahrzeug

Die Spannungen sind genormt

Nach DIN 72251 sind für Kraftfahrzeuge folgende Nennspannungen der elektrischen Anlage einheitlich festgelegt, also genormt:
6 Volt   12 Volt   24 Volt.
Diese Spannungen ergeben sich aus der Nennspannung einer Zelle des geladenen Bleisammlers, die bei genau 2,2 Volt liegt. Für 6-Volt-Anlagen benötigt die Batterie also 3 Zellen, für 12-Volt-Anlagen 6 Zellen und für 24-Volt-Anlagen 12 Zellen.
Kraftfahrzeuge mit einer Nennspannung von 6 Volt sind heute selten geworden. Für Pkws, mittlere und große Motorräder sowie für kleine Lkws werden in der ganzen Welt fast ausschließlich 12-Volt-Anlagen benutzt; bei Lkw und Omnibussen sind Bordspannungen von 24 Volt fast schon die Regel.
Weshalb gibt es diese Unterschiede? Bei einer vorgegebenen elektrischen Leistung muß der Strom eines Verbrauchers um so größer sein, je kleiner die an ihm anliegende Spannung ist. Nehmen wir als Beispiel eine heizbare Heckscheibe mit einer Leistungsaufnahme von 120 Watt, das ist ein üblicher Wert. Dann fließen etwa folgende Ströme:

 6-Volt-Anlage   20 Ampere,
12-Volt-Anlage   10 Ampere,
24-Volt-Anlage   5 Ampere

(und zwar, weil Leistung = Spannung × Stromstärke).
Bei einem Fahrzeug mit 6 Volt würde ein dickes Kupferkabel notwendig sein, um diesen großen Strom ohne allzu große Erwärmung und mit noch tragbaren Verlusten zur Heckscheibe zu leiten. Und Schalter, Verbindungen und Sicherungen müßten für diesen hohen Strom ausgelegt sein. Andererseits ist eine Batterie mit mehreren Zellen schwerer, teurer und größer. Es muß also ein Kompromiß geschlossen werden, der bei den meisten Fahrzeugen zu Anlagen mit einer Spannung von 12 Volt geführt hat. Große Lkw und Omnibusse machen deshalb eine Ausnahme, weil deren elektrische Anlasser mit Leistungen bis zu 13 kW, also 13 000 Watt, zu große Ströme aus einer 12-Volt-Batterie entnehmen würden. Man verwendet deshalb bei Fahrzeugen dieser Art meist zwei 12-Volt-Batterien, die zum Starten in Reihe geschaltet werden, damit eine Spannung von 24 Volt zur Verfügung steht. Im normalen Betrieb sind die Batterien dann häufig parallel geschaltet, und die Bordnetzspannung beträgt 12 Volt.

Die Leitungsquerschnitte müssen den Strömen angepaßt sein

Wie groß sind nun die Ströme, die in der elektrischen Anlage von Kraftfahrzeugen auftreten können? Wählen wir dazu als Beispiele zwei Extremwerte, die aber in der Praxis durchaus üblich sind:
Der Anlasser eines Mittelklasse-Pkw mit einer Nennleistung von 0,6 kW kann beim winterlichen Kaltstart aus der Batterie einen Strom von rund 100 Ampere entnehmen. Für eine Kontrollampe von 3 Watt ist dagegen nur ein Strom von ungefähr 0,25 Ampere notwendig. Dieser Belastung müssen Kabel, Verbindungselemente und Schalter entsprechen.
Für elektrische Kabel im Kraftfahrzeug sind Richtwerte empfohlen, wenn es sich – wie meist – um Kabel aus Kupfer handelt (Tabelle 1).
Es fällt auf, daß ein Kabel mit 4 mm^2 Querschnitt nicht viermal mehr Strom als das 1-mm^2-Kabel verträgt, sondern nur etwa das Dreifache. Das liegt daran, daß das dickere Kabel eine im Verhältnis zu seinem Querschnitt geringere, nämlich nur doppelt so große Oberfläche hat und damit nur etwa doppelt so viel Wärme an die Umgebung abführen kann. Jeder Leiter erwärmt sich nämlich, weil er einen – wenn auch kleinen – elektrischen Widerstand besitzt.

Tabelle 1
So muß der Kabelquerschnitt im Kraftfahrzeug gewählt werden. Der Maximalstrom ist der Strom, der noch nicht zur unerwünschten Erwärmung des Kabels führt, aber schon unzulässigen Spannungsabfall hervorruft.
Als Dauerstrom gilt der Strom, der bei den im Kraftfahrzeug üblichen Leitungslängen (teilweise mehr als 5 m) keinen unzulässigen Spannungsabfall ergibt.

Kabelquerschnitt in mm^2	Maximalstrom in A	Dauerstrom in A
1	12	4
1,5	15	6
2,5	20	12
4	28	20
6	36	30

Die angegebenen Werte sind als Richtwerte zu verstehen. Sie werden von der Automobilindustrie oft aus Kosten- und Einbaugründen überschritten. Für nachträgliche Installationen am Kraftfahrzeug sollte man sich aber an diese Werte halten. Dünnere Kabel als 1 mm^2 sollten aus Gründen der mechanischen Festigkeit bei nachträglichen Einbauten nicht verwendet werden.

Dieser Widerstand vermindert auch die Spannung am Verbraucher, was besonders bei langen dünnen Leitungen eine Rolle spielen kann. Das Beispiel der heizbaren Heckscheibe soll das zeigen: Bei einer 12-Volt-Anlage fließt durch das Zuleitungskabel ein Strom von 10 Ampere. Es könnte also ein Kabel von 1 mm^2 benutzt werden. Dieses Kabel mit einer Länge von beispielsweise 4 m besitzt einen Widerstand von etwa 0,075 Ω. Der Spannungsabfall in dieser Leitung bei einem Strom von 10 A beträgt:
Spannungsabfall = Strom × Leitungswiderstand
$U = I \times R = 10 \text{ A} \times 0,075 \text{ Ω} = 0,75 \text{ V}$. Die Heckscheibe würde also nur noch mit einer nun 0,75 V geringeren Spannung versorgt. Der Spannungsabfall in der Zuleitung ist also recht groß. Es gehen etwa 7,5 Watt in dieser Zuleitung an Leistung verloren.
Das Zuleitungskabel sollte deshalb dicker sein als durch seine Wärmeableitung bedingt notwendig wäre. Weil dieses Problem für alle Leitungen gilt, besonders natürlich für lange Kabel, wie sie im Kraftfahrzeug häufig vorkommen, werden die Querschnitte nicht nach der Erwärmung, sondern nach dem Spannungsabfall ausgewählt.
Die *Tabelle 2* nennt die Richtwerte für den Span-

Tabelle 2 (gilt für 12-Volt-Anlagen)

Leitungsart	Spannungsabfall in Volt
Lichtleitungen für Leuchten unter 15 W (gilt auch für Leitungen zum Anhänger)	0,1 V
Lichtleitungen für Leuchten über 15 W	0,5 V
Lichtleitungen für Scheinwerfer	0,3 V
Ladeleitungen (Generator bis Batterie)	0,4 V
Steuerleitungen (Generator bis Regler)	0,1 V
Starterhauptleitung (Starter bis Batterie)	0,5 V
Steuerleitungen für Starter	1,4 V (Startrelais mit Einfachwicklung)
Startschalter bis Starterrelais	2,4 V (Startrelais mit Einzugs- und Haltewicklung)
Sonstige Leitungen (Horn, Wischer, Relais)	0,5 V

nungsabfall, die möglichst nicht überschritten werden sollten.
Die genannten Werte für den Spannungsabfall gelten für die Leitungen vom Betätigungsschalter bis zum Verbraucher. Der Spannungsabfall in den Leitungen von der Batterie zu den Schaltern ist hierbei noch nicht berücksichtigt. Er sollte aber noch kleiner als die angegebenen Werte sein. Ebenso ist der Spannungsabfall in der Masserückleitung vom Verbraucher zur Batterie nicht berücksichtigt.
Bei fast allen Fahrzeugen erfolgt diese Rückleitung über den Fahrzeugrahmen oder über die Karosserie. Es ist also sehr wichtig, daß Verbindungen der Verbraucher mit diesen Teilen, die sogenannten Masseverbindungen, guten Kontakt und damit geringen Übergangswiderstand besitzen. Vor allem sollte dafür gesorgt werden, daß diese Verbindungen im Laufe der Zeit durch Korrosion (Rost) nicht an Wirksamkeit verlieren. Ein wenig Schmierfett an diesen meist durch Blechschrauben gebildeten Verbindungen kann deshalb nicht schaden.

Polarität und Spannung des Bordnetzes

Die Polarität der elektrischen Anlage (es handelt sich ja um Gleichstrom) ist heute in der ganzen Welt einheitlich festgelegt: Der Minuspol der Batterie liegt an Masse. Das war nicht immer so: Vor allem englische Fahrzeuge hatten bis vor wenigen Jahren den Pluspol der Batterie mit Masse verbunden. Wenn Zweifel über die Polung bestehen, hilft meist die Aufschrift auf der Batterie, bei der fast immer Pluspol mit „+" und Minuspol mit „−" gekennzeichnet sind. Fehlt dieser Hinweis, genügt ein einfacher Versuch: Ein Vielfachmeßinstrument – es kann ein ganz billiges sein – wird auf einen Gleichspannungsbereich eingestellt, der größer als 14 Volt ist (15 V, 30 V oder 60 V zum Beispiel) und mit den beiden Polen der Batterie verbunden. Man sieht an der Richtung des Ausschlages auf den ersten Blick, wie die Anlage gepolt ist, denn die Masseleitung der Batterie – meist ein dickes, nicht isoliertes Kupfergeflecht – ist deutlich zu erkennen. Bei dieser Gelegenheit ist auch gleich die Höhe der Bordnetzspannung feststellbar. Eine geladene 6-Volt-Batterie muß eine Spannung zwischen 6 und 6,6 V haben, eine 12-Volt-Batterie zwischen 12 und 13,2 V. Das gilt für stehenden Motor ohne eingeschaltete Verbraucher. Bei laufendem Motor ist die Spannung höher, wie wir noch sehen werden.

Spannungsabfall und seine Folgen

Da wir gerade mit einem Meßgerät am Kraftfahrzeug hantieren, können wir bei dieser Gelegenheit den Spannungsabfall in den Leitungen überprüfen. Wir benötigen dafür ein Gleichspannungsmeßgerät mit einem Meßbereich von ungefähr einem Volt. Das Gerät wird nach *Bild 3.1* zwischen Pluspol der Batterie und Pluspol des Verbrauchers (wenn der Minuspol an Masse liegt) so angeschlossen, daß der positive Anschluß an der Batterie liegt. Da solch ein Meßgerät zur Anzeige nur sehr geringen Strom benötigt, genügen für seinen Anschluß dünne Kabel, die mehrere Meter lang sein dürfen. Der Fahrzeugmotor wird gestartet und sollte im Leerlauf rund laufen, der Verbraucher (im Bild die Scheinwerferglühlampen) wird eingeschaltet. Das Meßgerät zeigt jetzt den gesamten Spannungsabfall auf der Plusseite an, der bei Scheinwerfern insgesamt höchstens 0,3 V betragen darf. Ist er höher, brennt der Scheinwerfer zu dunkel, weil die von ihm aufgenommene Leistung

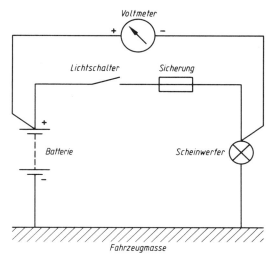

Bild 3.1: So kann man den Spannungsabfall zwischen Batterie und Verbraucher (hier Scheinwerfer) messen

zu gering wird. Im Gegensatz zu vielen anderen Verbrauchern hängt nämlich der Widerstand von Glühlampen stark vom durchfließenden Strom ab. Bei kaltem Glühfaden ist der Widerstand sehr klein, bei Scheinwerferlampen oft kleiner als 0,3 Ohm. Bei heißem Glühfaden dagegen erhöht sich dieser Widerstand auf den durch Nennspannung und Nennleistung gegebenen Wert, bei einer 12-V-, 45-W-Glühlampe zum Beispiel auf 3,2 Ohm.

Die Glühlampe ist also ein sogenannter „Kaltleiter", weil sie kalt besser leitet. Die Lichtausbeute, also die Lichtstärke einer Scheinwerferlampe, auf die es ja besonders ankommt, hängt stärker von der angelegten elektrischen Spannung ab als die aufgenommene elektrische Leistung. So beträgt zum Beispiel die Lichtstärke einer mit 90 % der Nennspannung betriebenen Glühlampe nur knapp 70 % der Lichtstärke bei Nennspannung. Allerdings ist dann die Lebensdauer etwa viermal so groß. Ein Spannungsabfall von 1 V reduziert also die Lichtleistung bei einer 12-Volt-Anlage um etwa 30 %! Bei 6-Volt-Anlagen ist dieser Einfluß noch viel größer, weil die Ströme etwa doppelt so groß sind.

Man sieht an diesem Beispiel, welche Bedeutung kleinen Spannungsabfällen zukommt, und daß ausreichende Kabelquerschnitte und entsprechend bemessene Schalter und Verbindungselemente bei den im Kraftfahrzeug vorkommenden großen Strömen unbedingt notwendig sind. Beim nachträglichen Einbau von zusätzlichen elektrischen Verbrauchern ins Kraftfahrzeug sollten Sie deshalb immer wesentlich dickere Kabel verwenden als nach Tabelle 1 notwendig wären. Als Richtwerte können gelten: Für Steuerleitungen (Relais und Zusatzinstrumente) 1 bis 1,5 mm², für Zusatzscheinwerfer, Hörner, heizbare Heckscheiben, Nebelschlußleuchten zum Beispiel mindestens 1,5 mm², bei längeren Leitungen besser 2,5 mm². Grundsätzlich sollten im Kraftfahrzeug nur PVC-isolierte Litzen verwendet werden, die man als spezielle Kraftfahrzeugkabel in jeder Autowerkstatt oder bei Autoelektrikwerkstätten in verschiedenen Farben bekommt.

Tabelle 3: Farbkennzeichnung elektrischer Leitungen nach DIN 72551, Blatt 4 (die Zahlen in Klammern entsprechen den Klemmenbezeichnungen nach Tabelle 4)

Leitung von	nach	Grundfarbe	Kennfarbe
Zündspule	Zündverteiler (Niederspannung)	grün	—
Batterie	Starter	schwarz	—
Batterie	Masse	schwarz (meist blank)	
Lichtschalter (30)	Zündschalter (30)	rot	—
Lichtschalter (30)	Sicherung	rot	—
Sicherung	Autoradio, Uhr	rot	—
Zündschalter (15)	Zündspule (15)	schwarz	—
Zündschalter (15)	Anzeigeleuchten	schwarz	—
Zündschalter (15)	Sicherung	schwarz	—
Sicherungsdose	Bremsleuchte	schwarz	rot
Sicherungsdose	Fahrtrichtungsschalter	schwarz	weiß-grün
Fahrtrichtungsschalter	Blinkleuchten links	schwarz	weiß
Fahrtrichtungsschalter	Blinkleuchten rechts	schwarz	grün
Blinkgeber	Anzeigeleuchte	hellblau	—
Sicherung	Zigarrenanzünder	schwarz	—
Sicherung	Heizbare Heckscheibe	schwarz	gelb-rot
Sicherung	Horn	schwarz	gelb
Horn	Horntaster (Masse)	braun	—
Sicherung	Scheibenwischer	schwarz	lila
Ladeanzeigeleuchte	Klemme 61	hellblau	—
Sicherung	Fernlichtanzeigeleuchte	hellblau	weiß
Öldruckanzeigeleuchte	Öldruckschalter	hellblau	grün
Kraftstoff-Vorratanzeige	Geber im Kraftstoffbehälter	hellblau	schwarz
Lichtschalter (56)	Abblendschalter (56)	weiß	schwarz
Abblendschalter (56a)	Sicherung	weiß	—
Sicherung	Fernlicht	weiß	—
Abblendschalter (56b)	Sicherung	gelb	—
Sicherung	Fahrlicht (Abblendlicht)	gelb	—
Lichtschalter (58)	Sicherung	grau	—
Sicherung	Schlußleuchte und Standlicht, links	grau	schwarz
Sicherung	Kennzeichenleuchte, wenn mit linker Schlußleuchte verbunden	grau	schwarz
Sicherung	Schlußleuchte und Standlicht, rechts	grau	rot
Sicherung	Kennzeichenleuchte, wenn mit rechter Schlußleuchte verbunden	grau	rot
Sicherung	Kennzeichenleuchte, nur wenn besondere Leitung	grau	—
Lichtschalter	Instrumentenbeleuchtung	grau	rot
allen Verbrauchern, mit Ausnahme der Batteriemasseleitung, bei denen keine blanken Leitungen möglich sind	Masse	braun	—
Zündanlaßschalter (50)	Anlasser (50)	schwarz	—

Leitungen sind durch Farben gekennzeichnet

Grundsätzlich könnte man diese Farben natürlich nach dem persönlichen Geschmack aussuchen oder nach dem, was man gerade bekommt. Da aber heutzutage überall nach Vereinheitlichung gestrebt wird, gibt es auch für Leitungsfarben im Kraftfahrzeug einheitliche Regeln (DIN 72551, Blatt 4), nach der sich alle deutschen Hersteller und inzwischen auch viele ausländische richten. Die wichtigsten sind auszugsweise in *Tabelle 3* aufgeführt.

Bei nachträglichen Änderungen an der elektrischen Anlage von Kraftfahrzeugen empfiehlt sich, wenigstens die Grundfarbe passend zu wählen. Leitungen mit Kennfarben sind leider im Handel kaum zu bekommen.

Auf richtige Verbindungen kommt es an

Die einzelnen Teile der elektrischen Anlage eines Kraftfahrzeuges sind durch viele Leitungen (schon ein Motorrad hat davon mehrere Meter) miteinander verbunden. Diese Verbindungen sollen einerseits leicht lösbar sein, damit Austausch und Reparatur gut möglich sind, andererseits dürfen diese Verbindungen keine großen Übergangswiderstände besitzen und sollen auch nach langer Zeit und häufigem Lösen, trotz Korrosion und Vibrationen ihre Funktion einwandfrei erfüllen. Lötverbindungen scheiden demnach aus. Schraubverbindungen wurden früher häufig benutzt, haben aber den Nachteil, empfindlich gegen Vibrationen, unsachgemäße Montage und Korrosion zu sein; und sie besitzen dabei oft große Übergangswiderstände. Auch die im Haushaltsbereich häufig benutzten sogenannten Lüsterklemmen haben im Kraftfahrzeug (auch als Notlösung) nichts zu suchen.

Es gibt heute genormte Steckverbindungen, die alle Forderungen erfüllen und bei ein wenig Sorgfalt auch vom Laien sachgemäß verarbeitet werden können. Diese Steckverbinder sind ebenfalls genormt (DIN 46245, Steckhülsen mit Isolierhülse und DIN 46247, Steckhülsen ohne Isolierhülse). Im Kraftfahrzeug werden für die meisten Verbindungen Steckhülsen mit der Steckerbreite 6,3 mm verwendet. Daneben gibt es für kleine Ströme, zum Beispiel beim Autoradio, noch die Breiten 2,8 und 4,8, und für besonders große Ströme, zum Beispiel bei Generatoren, die Breite 9,5. Im *Bild 3.2* ist gezeigt, wie diese Steckhülsen richtig verarbeitet werden. Für Steckhülsen mit Isolierhülse ist eine besondere Montagezange erforderlich, die es in Kaufhäusern und Supermärkten gibt. Steckhülsen ohne Isolierhülse können mit einer kräftigen schmalen Flachzange bei etwas Sorgfalt zuverlässig verarbeitet werden. Wichtig ist dabei vor allem, daß die Kupferlitze so stark geklemmt wird, daß die Verbindung hält.

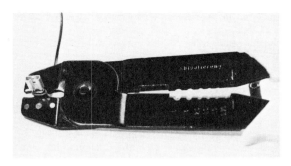

Bild 3.2: Steckhülsen werden mit einer Spezialzange gequetscht, um guten Kontakt zu geben

Auch die Klemmenbezeichnungen sind einheitlich

Damit man die Übersicht behält, sind die vielen Anschlußbezeichnungen in Kraftfahrzeugen genormt. Die wichtigsten sind in der *Tabelle 4* aufgeführt. An neueren Fahrzeugen sind diese Klemmenbezeichnungen meist neben den Steckverbindungen eingeprägt, was die Übersicht ganz wesentlich erleichtert. Es ist wichtig zu wissen, daß diese Klemmenbezeichnungen nicht gleichzeitig Leitungsbezeichnungen sind. Eine Leitung kann also zwei Klemmen mit unterschiedlicher Bezeichnung miteinander verbinden. Die Leitungen selbst erhalten deshalb keine Bezeichnungen. Die Klemmenbezeichnungen sind nach Funktionsgruppen geordnet und sollen Reparatur und Einbau von Ersatzteilen erleichtern. Ein Kraftfahrzeugelektriker kann durch dieses System ohne einen Schaltplan im Prinzip jedes Fahrzeug reparieren. Aber auch dem Anfänger und Bastler wird das Arbeiten wesentlich erleichtert, wenn er erst mal das Prinzip dieser Klemmenfestlegung kennt. Bei allen in diesem Buch beschriebenen Schaltungen sind deshalb immer die Anschlüsse mit den genormten Klemmenbezeichnungen gekennzeichnet, was den Austausch gegen Originalteile oder den nachträglichen Einbau erleichtert.

Tabelle 4: Die wichtigsten Klemmenbezeichnungen nach DIN 72552, Blatt 2

Klemme	Bedeutung
Zündanlagen	
1	Niederspannung (Zündspule, Zündverteiler, Zündgerät bei HKZ)
2	Kurzschlußklemme (Magnetzündung)
4	Hochspannung (Zündspule, Zündverteiler)
7	Steuereingang für elektronisches Zündgerät
15	Ausgang Zündschalter (geschaltetes Plus hinter Batterie)
Allgemeine Anwendungen	
30	Eingangsklemme direkt von Batterie-Plus
31	Rückleitung direkt an Batterie-Minus oder Masse
31b	Rückleitung an Batterie-Minus oder Masse über Schalter oder Relais
Starteranlagen	
50	Startersteuerung (direkt)
Generatoren, Generatorregler	
59	Ausgang Wechselspannung am Wechselstromgenerator, Eingang Wechselspannung am Lichtschalter und Gleichrichter
59a	Ladeanker
59b	Schlußlichtanker
59c	Bremslichtanker
61	Ladeanzeige
B+	Batterie Plus
B−	Batterie Minus
D+	Dynamo Plus (Pluspol des Generators)
D−	Dynamo Minus (Minuspol des Generators)
DF	Dynamo Feld (Feldanschluß des Generators)
U, V, W	Drehstromgenerator mit getrenntem Gleichrichter, Drehstromklemme
Beleuchtungsanlage	
54	Bremslicht
55	Nebelscheinwerfer
56	Ausgangsklemme Lichtschalter, Eingangsklemme Abblendschalter
56a	Fernlicht und Fernlichtanzeige
56b	Abblendlicht (Fahrlicht)
56d	Ausgangsklemme zum Lichthupenkontakt
57	Standlicht für Krafträder
57a	Parklicht
57L	Parklicht links
57R	Parklicht rechts
58	Begrenzungs-, Schluß-, Kennzeichen- und Instrumentenleuchten
58d	regelbare Instrumentenbeleuchtung
58L	Schluß- und Begrenzungsleuchte links

Klemme	Bedeutung
58R	Schluß- und Begrenzungsleuchte rechts, Kennzeichenleuchte
Fahrtrichtungsanzeige	
49	Blinkgeber Eingang (Plus)
49a	Blinkgeber Ausgang
C	Kontrolleuchte für Blinken
L	Blinkleuchten links
R	Blinkleuchten rechts
Scheibenwisch- und Scheibenwaschanlage	
31b	Rückleitung über Kurzschlußschalter an Masse
53	Eingangsklemme am Wischermotor
53a	Klemme für Endabschaltung am Wischermotor und am Wischerschalter
53b	Klemme für Nebenschlußwicklung an Wischermotor und Wischerschalter
53c	Klemme am Wischerschalter für Scheibenwascherpumpe
53e	Klemme für Bremswicklung an Wischermotor und Wischerschalter
53i	Bürste am Wischermotor für erhöhte Geschwindigkeit
Sonstiges	
75	Autoradio (Ausgangsklemme am Zündschalter)
Schalter, mechanisch betätigt	
81	Öffner und Wechsler, Eingang
81a	Öffner, 1. Ausgang
81b	Öffner, 2. Ausgang
82	Schließer, Eingang
82a	Schließer, 1. Ausgang
82b	Schließer, 2. Ausgang
83	Stufenschalter, Eingang
83a	Ausgang, Stellung 1
83b	Ausgang, Stellung 2
Relais	
85	Wicklungsende Minus oder Masse
86	Wicklungsanfang
87	Relaiskontakt bei Öffner und Wechsler, Eingang
87a	Relaiskontakt bei Öffner und Wechsler, Ausgang
88	Relaiskontakt bei Schließer, Eingang
88a	Relaiskontakt bei Schließer, Ausgang

(HKZ = Hochspannungs-Kondensator-Zündung)

4. Schaltpläne sollen helfen

Auch wenn der Fachmann meist keinen Schaltplan der elektrischen Anlage eines Fahrzeuges benötigt, in schwierigeren Fällen wird er doch froh sein, einen zur Verfügung zu haben. Der Bastler ist aber meist auf diesen Schaltplan angewiesen, will er Fehlersuche betreiben oder nachträglich ein Gerät einbauen. Und hier beginnen die Schwierigkeiten: Die meisten Fahrzeughersteller geben ihren Kunden zwar schöne bunte Büchlein mit nützlichen Hinweisen zur Fehlersuche bei einfachen Pannen in die Hand, einen Schaltplan der elektrischen Anlage sucht man aber meist vergeblich. Es gibt dann im Prinzip zwei Möglichkeiten, dem Übel abzuhelfen: 1. Man bittet den Werkstattmeister um Genehmigung zu einer Fotokopie aus seinem Werkstatthandbuch. 2. Man kauft sich eines der für fast jeden verbreiteten Typ im Buchhandel erhältlichen „Jetzt helfe ich mir selbst"-Bücher, in denen wenigstens die Schaltpläne der Grundtypen des jeweiligen Modells enthalten sind. Eine dritte Möglichkeit: Im Laufe der letzten Jahre haben sich für die elektrische Anlage Standardschaltungen eingebürgert, die von Fahrzeugtyp zu Fahrzeugtyp sehr wenig variieren. Es hat also Sinn, für einige Fahrzeuggruppen Standardschaltpläne zu entwerfen, die mit geringen Abwandlungen für fast jeden Typ in dieser Gruppe gültig sind.

Beim Kleinkraftrad ist es einfach

Häufig werden diese Krafträder auch losgelassene 50er genannt, weil sie außer der Hubraumgrenze (50 cm^3) und gewissen – der Verkehrssicherheit dienenden – Bauartbestimmungen keinen Einschränkungen von seiten des Gesetzgebers unterliegen. Die erreichbaren Geschwindigkeiten verlangen nach einer wirksamen Beleuchtungsanlage; Blinker, Hupe und Bremslicht sind vorgeschrieben. Die elektrische Ausrüstung ist also schon verhältnismäßig umfangreich.

In *Bild 4.1* ist ein typischer Schaltplan eines solchen Kleinkraftrades gezeigt. Die Bordnetzspannung beträgt 6 Volt. Die für Blinker, Hupe und Bremsleuchte notwendige Batterie wird über einen Gleichrichter (Siliziumdiode) aus der Ladewicklung des Magnetzündergenerators aufgeladen. Zum Schutz dieser Wicklung dient häufig eine Schmelzsicherung von 8 A. Der Magnetzündergenerator stellt, wie schon der Name erkennen läßt, eine Kombination von Zündanlage und Generator dar. Die Versorgung der Beleuchtung übernimmt eine zweite Generatorwicklung, die vom Fahrtschalter bei Nachtfahrt eingeschaltet wird. Mit diesem Fahrtschalter wird auch der Motor stillgesetzt: In der Stellung „Aus" wird der Zündanker über die Klemme 2 kurzgeschlossen. Die Klemmenbezeichnungen im Schaltplan entsprechen denen der *Tabelle 4*. Manchmal ist der Fahrtschalter noch mit einem Zusatzkontakt versehen, mit dem die Batterie in der Stellung „Aus" vom Bordnetz getrennt ist, damit der Spieltrieb von Passanten keinen Schaden anrichten kann. Wo dieser Zusatzkontakt fehlt, kann leicht mit einem versteckt angebrachten einfachen einpoligen Schalter, der die Masseleitung der Batterie unterbricht, Abhilfe geschaffen werden. Dieser Schalter sollte gegen Spritzwasser geschützt sein und einen Strom von etwa 3 A schalten können.

Motorräder haben eine reiche elektrische Ausstattung

Der in *Bild 4.2* dargestellte Motorradschaltplan sieht schon etwas komplizierter aus. Das kann auch nicht anders sein, denn an die elektrische Anlage von Motorrädern ab etwa 250 cm^3 werden ja auch schon höhere Anforderungen gestellt. Oft ist ein elektrischer Anlasser angebaut. Dann ist eine 12-Volt-Anlage mit entsprechender Batterie notwendig. Das

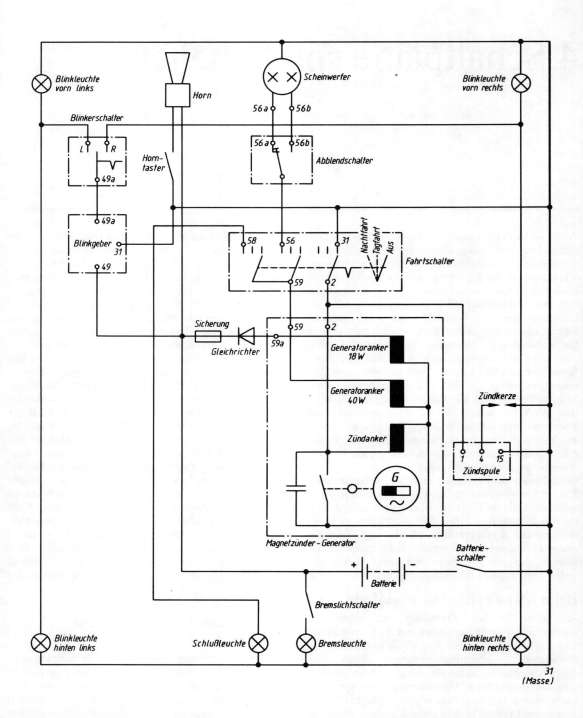

Bild 4.1: Schaltplan einer Kleinkraftradanlage mit Magnetzündung (1 Zylinder) und Wechselstromgenerator. Bordnetzspannung 6 V

Laden dieser Batterie und die Versorgung der übrigen Verbraucher übernimmt häufig ein Drehstromgenerator mit getrennt angeordnetem Gleichrichter und Generatorregler. Gezündet wird mit einer Batterie-Spulen-Zündung, wobei oft ein Unterbrecher zwei in Reihe geschaltete Zündspulen bedient (wenn es sich um einen Zweizylindermotor handelt).

Licht- und Zündschalter sind elektrisch getrennt, aber manchmal in einem Gehäuse untergebracht und werden mit einem gemeinsamen Schlüssel bedient, der dann nur in der Aus-Stellung und in der Standlicht-Stellung abgezogen werden kann. In der Stellung „Fahrt" wird über den Zündschalter die Klemme 15 mit der Klemme 30 verbunden, die Zündung ist eingeschaltet, der Motor kann mit dem Kickstarter oder elektrisch gestartet werden. Horn, Blinkanlage, Bremslicht und Kontrolleuchten sind betriebsbereit. In der Stellung „Fahrlicht" werden zusätzlich Stand- und Schlußleuchte eingeschaltet (Klemme 58 bzw. bei Motorrädern auch 57 genannt). Ein weiterer Schaltkontakt verbindet die Klemme 56 mit dem Bordnetz und schaltet damit Scheinwerfer und Instrumentenleuchten ein. Für das Einschalten des Fernlichtes im Scheinwerfer werden zwar als Abblendschalter fast ausschließlich einpolige Wechselschalter verwendet, die wahlweise die Klemmen 56a und 56b mit der Lichtklemme 56 verbinden. In *Bild 4.2* ist aber als Alternative ein zuerst vom Volkswagenwerk bei Pkws eingesetztes Schrittrelais eingezeichnet, das einige Vorteile bietet und nachträglich leicht eingebaut werden kann. Bei Motorrädern wird nämlich aus Raum- und Preisgründen besonders gern auf Relais für die Biluxlampe im Scheinwerfer verzichtet. Da andererseits die Leitungsquerschnitte auch nicht gerade üppig gewählt werden, kann der Spannungsabfall zwischen Batterie und Scheinwerfer beträchtliche Werte erreichen, und das bei einem schnellen Straßenfahrzeug, dem normalerweise ohnehin nur ein Scheinwerfer gegönnt wird. Gerade bei Motorrädern sollte alles getan werden, um möglichst helles Licht zu erhalten! Dazu kann das Schrittrelais beitragen. Es besteht aus einer Magnetwicklung, die gleichzeitig einen Wechselschalter und einen Schließer betätigt. Bei jedem Stromimpuls durch die Relaiswicklung wird der Wechselschalter abwechselnd in die eine und in die andere Stellung gebracht. Der Eingang dieses Wechselschalters erhält über die Klemme 56 Spannung aus dem Lichtschalter. Die beiden Ausgänge des Wechselschalters sind mit den Klemmen 56a und 56b der Biluxlampe verbunden. Wenn also durch den Lichtschalter das Fahrlicht eingeschaltet ist, kann durch kurzen Druck auf den Lichttaster, der nur den Steuerstrom des Relais von etwa 0,1 A schalten muß, auf- und abgeblendet werden. Der gleiche Lichttaster betätigt bei Tagfahrt, also bei ausgeschaltetem Fahrlicht, die Lichthupe. Denn der im Relais eingebaute zweite Kontakt (Schließer) verbindet bei jeder Relaisbetätigung die Klemme 15 mit der Klemme 56a, schaltet also das Fernlicht ein, solange der Lichttaster betätigt wird. Man benötigt so am Lenker nur einen Taster, der nur einen sehr kleinen Strom schalten muß und entsprechend kleine Abmessungen besitzt. Nachteilig an dieser Anordnung ist, daß bei einbrechender Dunkelheit, also beim Einschalten des Fahrlichtes, kontrolliert werden muß, ob wegen der Lichthupenbetätigungen nicht gerade das Fernlicht brennt und andere belästigt. Aber schließlich ist in Deutschland für die Fernlichtkontrolle eine blaue Anzeigeleuchte vorgeschrieben, die den Fahrer eindeutig genug informiert.

Der Vorteil dieses Schrittrelais, mit einem kleinen Taster für die Funktionen Abblenden und Lichthupe auszukommen, macht den nachträglichen Umbau vor allem für ältere Motorräder attraktiv.

Die Schlußleuchte ist übrigens mit Absicht zweimal eingezeichnet. Denn das Gesehenwerden ist bei Motorrädern tagsüber schon schwierig genug, bei Dunkelheit aber ein echtes Problem. Fällt die nur einmal vorhandene Schlußleuchte aus – was bei den durch den Motor verursachten hochfrequenten Vibrationen gar nicht so selten vorkommt – so ist ein Motorradfahrer bei schlechter Sicht sehr gefährdet. Aus diesem Grunde gehen immer mehr Motorradhersteller dazu über, im Gehäuse der Schluß- und Kennzeichenleuchte zwei gleiche Glühlampen einzubauen. Ein nachträglicher Anbau dieser Schlußleuchten kann nur dringend empfohlen werden und ist mechanisch meist einfach, elektrisch völlig problemlos, weil sich an den Anschlüssen nichts ändert.

Im Schaltplan sind insgesamt fünf Kontrolleuchten eingezeichnet, von denen die (blaue) Fernlichtanzeige gesetzlich vorgeschrieben ist. Die übrigen Anzeigen sind keineswegs überflüssig. Der Leerlauf des Getriebes sollte schon deshalb über eine Kontrolleuchte angezeigt werden, damit er beim Halten im dichten Verkehr, zum Beispiel vor einer Ampel, sicher gefunden werden kann. Eine Ladeanzeige zur Kontrolle des Generators ist zwar nicht unbedingt notwendig, aber doch zweckmäßig. Wie wir später noch sehen werden, dient diese Anzeigeleuchte bei Drehstromgeneratoren gleichzeitig zur Erregung des Magnetfeldes und hat dabei die Aufgabe, beim Start des Motors den zur Erregung notwendigen Strom zu

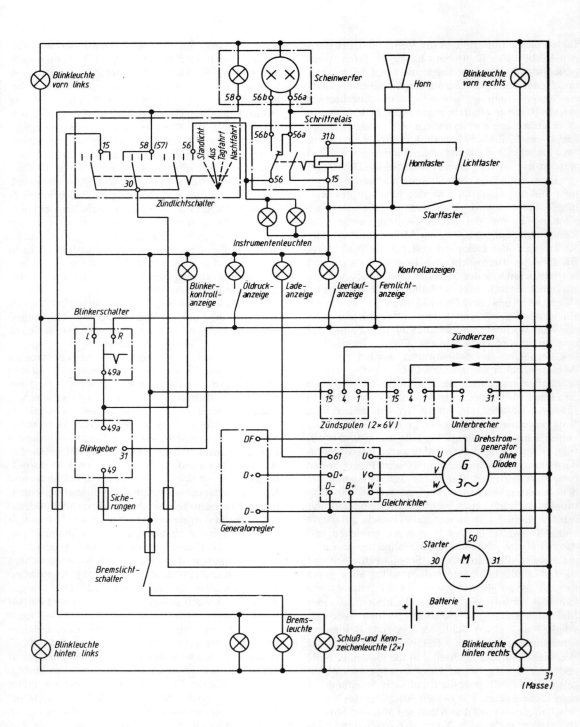

Bild 4.2: Schaltplan einer Motorradanlage mit elektrischem Anlasser und 12 V Spannung

liefern (siehe Kap. 8). Eine Kontrolle über den ausreichenden Öldruck ist vor allem bei neueren Motorradmotoren erwünscht, die eine in Gleitlagern gelagerte Kurbelwelle besitzen und deshalb auf einen bestimmten Mindestöldruck angewiesen sind. Schließlich ist noch eine Blinkerkontrolle vorgesehen, die im gezeichneten Beispiel zwischen die Klemmen 15 und 49a geschaltet ist. Wir werden später noch sehen, daß es auch andere Schaltungen zur Blinkerkontrolle gibt und welche Vor- und Nachteile die einzelnen Schaltungen besitzen.

Der Starter ist wie beim Auto angeschlossen. Die beiden Klemmen des Anlassermotors sind direkt mit der Batterie verbunden. Zwischen Klemme 30 und dem Pluspol des Motors befindet sich, im Starter eingebaut, ein sogenannter Magnetschalter, der nichts anderes als ein sehr hoch belastbares Relais darstellt. Dieses Relais hat zwei Aufgaben, zumindest bei vielen Motorradstartern und bei allen Startern für Autos: Es schaltet den sehr hohen Anlasserstrom, der 100 A überschreiten kann, und bewegt das Zahnrad (Ritzel) des Starters, damit es in den Zahnkranz einspuren kann. Dieser Magnetschalter wird über die Klemme 50 und den Starttaster mit der Batteriespannung versorgt. Auch dabei sind die Ströme noch recht hoch: etwa 30 A.

Das Automobil – ohne elektrische Anlage undenkbar

Bei der Betrachtung des *Bildes 4.3*, dem typischen Schaltplan eines Mittelklasseautos, könnte man fragen, ob denn in solch einem Fahrzeug tatsächlich so viele Geräte und Drähte eingebaut sind. Aber jetzt wird sicher verständlich, warum der Wert der elektrischen Einrichtungen eines Autos so groß ist. Dabei zeigt der Schaltplan lediglich die durchschnittlich vorhandenen Geräte und nur wenige Extras. Die von der Automobilindustrie herausgegebenen Schaltpläne sehen übrigens noch weitaus komplizierter aus. In ihnen wird nämlich fast immer der wirkliche Weg der einzelnen Leitungen aufgezeigt, damit Reparaturen und Fehlersuche vereinfacht werden. Bei unserem Beispiel ist das nicht möglich, weil jeder Fahrzeughersteller andere Einbaubedingungen hat. *Bild 4.3* ist deshalb als Funktionsschema anzusehen, das die elektrischen Zusammenhänge zeigen soll.

Daß die Leitungsverlegung in Wirklichkeit anders aussehen muß, geht schon daraus hervor, daß im Kraftfahrzeug Verbindungen einzelner Leitungen innerhalb des Kabelbaumes unmöglich, zumindest schwierig herstellbar, sind. Wenn also zum Beispiel der elektronische Drehzahlmesser mit den Klemmen 15 und 1 der Zündspule verbunden werden soll, so geschieht das nicht durch eine Verbindung im Kabelstrang, sondern durch Doppelstecker an der Zündspule. Dadurch sind zusätzlich viele Meter Kabel notwendig. Der Kabelbaum eines Autos besteht deshalb manchmal auch aus mehr als 100 Meter Leitungen und wiegt einige kg. Aus Gründen der Übersichtlichkeit sind in unserem Schaltplan alle Leitungsführungen so dargestellt, wie sie für die elektrische Funktion nötig sind. Sie müssen sich dann bei Ihrem Fahrzeug die genaue Leitungsführung an Hand der Farben und der Klemmenbezeichnungen selbst klarmachen.

Viele Leuchten sind notwendig

Fangen wir bei der Beleuchtung an: Grundsätzlich führt ein (meist rotes) dickes Kabel von der Batterie oder von der Starterklemme 30 zum Lichtschalter, der fast immer die Stellungen „Aus", „Stand" und „Fahrt" besitzt. In der Stellung „Stand" brennen nur die Standleuchten vorn und die Rückleuchten hinten. In der Stellung „Fahrt" führt zusätzlich die Klemme 56 Spannung. Die Schalter für Blinker und Abblenden sowie für die Lichthupe sind meist kombiniert und werden mit einem gemeinsamen Hebel bedient. Durch Drehen dieses Hebels in Lenkrichtung werden bei ausgeschalteter Zündung über die Klemme P wahlweise die rechten und linken Parkleuchten (meist die jeweiligen Stand- und Schlußleuchten) eingeschaltet. Bei eingeschalteter Zündung (Zünd-Startschalter in Stellung „Fahrt") führt die Klemme P keine Spannung und der Kombihebel bedient beim Drehen die Blinker. Meist wird mit dem gleichen Hebel durch Bewegen in Richtung der Lenksäule auf- und abgeblendet und durch Ziehen die Lichthupe betätigt, die im gezeigten Beispiel nur bei eingeschalteter Zündung (Klemme 15 führt Spannung) benutzt werden kann. Für die Nebelscheinwerfer wird häufig ein getrennter Schalter verwendet, der ein Relais ansteuert. Der Wicklungsausgang dieses Relais liegt nun aber nicht an Masse, sondern an den Fernlichtfäden der Scheinwerfer (Klemme 56a). Durch diesen Trick wird verhindert, daß Fernlicht und Nebellicht gleichzeitig brennen können. Dies ist nämlich durch die Straßenverkehrs-Zulassungsordnung (StVZO) ausdrücklich verboten, weil bei Nebel – und nur dann dürfen Nebelleuchten benutzt werden – durch das Fernlicht eine gefährliche Eigenblendung entstehen kann. Die Vorschrift ist eine Bedienungsvorschrift, das heißt, der Fahrer soll die Be-

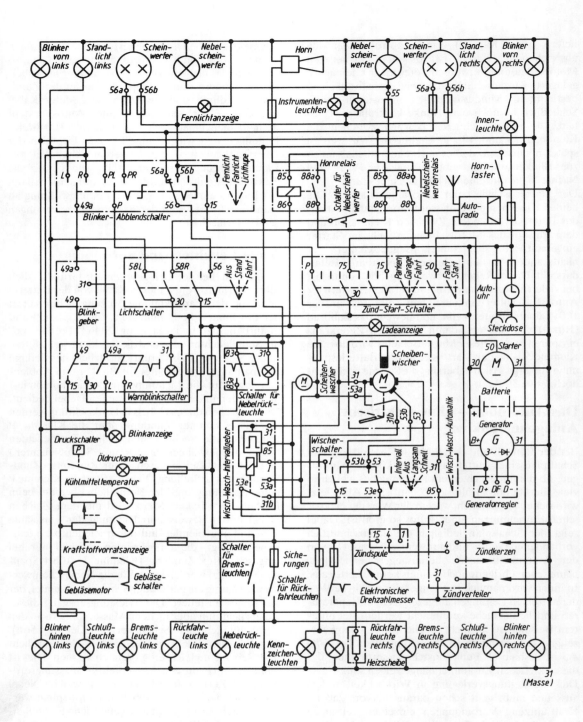

Bild 4.3: Schaltplan einer Pkw-Anlage (12 V) mit 4-Zylinder-Ottomotor und Drehstromgenerator

leuchtungsanlage entsprechend bedienen. Eine Schaltungsvorschrift, wie im Schaltplan dargestellt, besteht nicht. Beim Einbau von Nebelscheinwerfern sollte das Relais wie beschrieben angeschlossen werden, dann kann nichts falsch bedient werden.
Warum das so funktioniert? Bei eingeschaltetem Fernlicht liegt an der Klemme 56a der Pluspol der Bordspannung. Werden zusätzlich die Nebelscheinwerfer eingeschaltet, liegen beide Wicklungsklemmen (85 und 86) des Relais an der gleichen Spannung und der Relaiskontakt öffnet.
Die Nebelrückleuchte wird unabhängig von den anderen Leuchten bedient und kann nur bei eingeschaltetem Stand- oder Fahrlicht brennen. Zur Kontrolle ist eine grüne Anzeigeleuchte vorgeschrieben, die oft im Schaltergehäuse angeordnet ist.
Wie wir gesehen haben, werden mit dem kombinierten Blinker-Abblendschalter auch die als Parkleuchten dienenden Stand- beziehungsweise Schlußleuchten eingeschaltet. Deshalb müssen in unserem Beispiel die Anschlüsse für diese Leuchten getrennt sein (Klemmen PL und PR). Damit diese Leuchten bei Stand- bzw. Fahrlicht gemeinsam brennen, besitzt der Lichtschalter zwei getrennte Schaltkontakte, die die Klemmen 58L und 58R mit der Bordspannung verbinden. Hier wird ein und dieselbe Leuchte mit zwei verschiedenen Klemmen verbunden. Einmal mit der Klemme PL (bzw. PR), zum anderen mit der Klemme 58L (bzw. 58R).
Doppelte Schaltkontakte sind auch im Warnblinkschalter notwendig. Während der Blinkerschalter wahlweise die rechten und die linken Blinkleuchten L bzw. R mit der Klemme 49a des Blinkgebers verbindet, sollen beim Warnblinken alle vier Blinkleuchten gleichzeitig brennen. Zusätzlich wird beim Warnblinken noch eine getrennte Kontrolleuchte eingeschaltet. Damit Warnblinken auch bei ausgeschalteter Zündung möglich ist, besitzt der Warnblinkschalter einen weiteren Schaltkontakt, der als Wechsler den Blinkgeber für das Richtungsblinken mit der Klemme 15, für das Warnblinken mit der Klemme 30 verbindet. Die Kontrolleuchte für das Richtungsblinken ist in *Bild 4.3* an die Klemmen L und R gelegt, eine weitere Möglichkeit der Blinkerkontrolle neben der in *Bild 4.2*. Der sehr geringe Kalt-Widerstand der gerade nicht eingeschalteten Blinkleuchten sorgt dabei für die Masseverbindung der Anzeigeleuchte.
Das Horn wird im *Bild 4.3* über ein Relais geschaltet, weil dann der Hupenknopf am Lenkrad nur geringe Ströme schalten muß. In vielen Fällen sind zwei Hörner parallel geschaltet. Dann ist ein Relais wegen der hohen Ströme unentbehrlich.

Gute Sicht – sichere Fahrt

Die Einrichtungen zum Sauberhalten der Windschutzscheibe sind heute besonders aufwendig und wirksam ausgeführt. *Bild 4.3* zeigt hier den üblichen Standard, wenn er leider auch oft mit saftigen Aufpreisen erkauft wird. Der Motor zur Betätigung des Scheibenwischers ist mit zwei Geschwindigkeiten versehen und besitzt für das Magnetfeld (die Erregung) einen kräftigen Dauermagneten. Wenn die der Massebürste (mit Klemme 31 bezeichnet) gegenüberliegende Bürste (Klemme 53) Spannung führt, ist die Drehzahl des Motors und damit die Wischgeschwindigkeit verhältnismäßig niedrig, das Drehmoment aber hoch. Diese Geschwindigkeitsstufe ist bei mäßigem Regen und Schnee gerade richtig. Bei sehr starkem Regen reicht die Wischgeschwindigkeit häufig nicht aus. Dann wird die schräg angeordnete Bürste (Klemme 53b) mit dem Pluspol des Netzes verbunden. Die Wischgeschwindigkeit ist dabei etwa 1,5 mal höher.
Wichtig ist bei Scheibenwischern eine Einrichtung, die beim Ausschalten dafür sorgt, daß die Wischerblätter in einer Endstellung (meist am unteren Rande der Windschutzscheibe) stehen bleiben. Dafür ist auf der Welle des Wischermotors ein Nocken angeordnet, der in der Endstellung einen Wechselkontakt betätigt. Dieser Kontakt verbindet außerhalb der Wischerendstellung die Plusbürste (Klemme 53) über den Wischerschalter und den Wisch-Wasch-Intervallgeber (Klemme 53e und 31b) mit der Klemme 53a, die bei eingeschalteter Zündung Spannung führt (Klemme 53a mit Klemme 15 verbunden). Dadurch wird beim Ausschalten des Wischers der Plusbürste 53 solange Spannung zugeführt, bis der Wechselschalter kurz vor der Endstellung auf dem gleichen Wege die Plusbürste mit Masse (Klemme 31) verbindet. Der Motoranker wird dadurch kurzgeschlossen und der Wischer so abgebremst, daß er genau in der Ruhelage zum Stillstand kommt.
Für leichten Nieselregen ist auch die langsame Wischgeschwindigkeit noch zu schnell. Der Wischer rattert über die fast trockene Scheibe, und die empfindlichen Gummikanten verschleißen sehr schnell. Ein Intervallschalter schafft hier Abhilfe. Der Wischer wird nicht mehr kontinuierlich betätigt, sondern in bestimmten Abständen, die je nach Stärke des Nieselregens bei etwa 2 bis 30 Sekunden liegen können. Ein elektronischer Impulsgeber wird dabei vom Wischerschalter über die Klemme I (ist noch nicht genormt) mit Spannung versorgt und schaltet durch das im Wisch-Wasch-Intervallgeber einge-

baute Relais den Wischermotor für jeweils eine Wischbewegung ein. Dazu genügt ein Wechsler, der in der EIN-Stellung die Klemmen 53e und 53a verbindet und so den Wischerschalter überbrückt. In der AUS-Stellung des Wechslers wird der Anker wieder kurzgeschlossen und dabei abgebremst.

Besonders angenehm ist eine zusätzliche Einrichtung, die Wisch-Wasch-Automatik. Im Wischerschalter, der neuerdings meist als Hebelschalter in der Lenksäulenverkleidung angebracht ist, befindet sich ein zusätzlicher Taster, der durch Ziehen des Hebels bedient wird. Dieser Taster schaltet eine elektrisch angetriebene Wasserpumpe ein, die das Waschwasser über Düsen auf die Scheibe spritzt. Beim Betätigen des Tasters wird über den Kontakt 85 des Wisch-Wasch-Intervallgebers eine elektronische Schaltung angesteuert, die den Scheibenwischer einschaltet. Ausgeschaltet wird der Wischer automatisch eine bestimmte Zeit (einige Sekunden), nachdem der Taster losgelassen wurde und die Wascherpumpe zu spritzen aufgehört hat. Durch diese Anordnung ist bei verschmutzter Scheibe jedesmal nur ein kurzes Ziehen am Hebel notwendig. Alles andere: Sprühen, während dieser Zeit Wischen, anschließend Trockenwischen erfolgt automatisch – ein echter Beitrag zur Verkehrssicherheit.

5. Die Umweltbedingungen

Glühende Hitze – arktische Kälte

Aggregate im Kraftfahrzeug haben ein schweres Dasein. Bei einer Übernachtung im Freien kühlt das ganze Fahrzeug aus; es können Temperaturen von minus 25° C auftreten, in nördlichen Gegenden natürlich noch tiefere.

Beim Parken in der sommerlichen Mittagshitze sind dagegen schon im Innenraum Temperaturen bis plus 70° C und mehr gemessen worden. Und im Motorraum der meisten Fahrzeuge treten zum Beispiel auf der Paßhöhe, kurz nachdem der Motor abgestellt wurde, durch den Wärmestau Temperaturen bis 100° C auf. Diese extremen Temperaturen setzen den Bauteilen eines Fahrzeuges sehr zu. Insbesondere gilt dies für elektronische Bauelemente.

Während Kondensatoren, Widerstände und sonstige passive Bauelemente diese Temperaturen im allgemeinen noch gut vertragen, sind Halbleiter – hier vor allem Integrierte Schaltungen – besonders gefährdet.

Zwar gibt es für diskrete Halbleiter, also Dioden, Zenerdioden, Transistoren und Thyristoren kaum untere Temperaturgrenzen, weil die zulässige Lagertemperatur allgemein bei minus 65° C liegt und Betriebstemperaturen von etwa minus 40° C ohne weiteres erlaubt sind. Die hohen Temperaturen können aber Sorgen bereiten. Besonders Leistungshalbleiter, also solche, durch die große Ströme fließen, werden wärmer als ihre Umgebung. Sind die Umgebungstemperaturen aber sowieso schon recht hoch, kann die zusätzliche Erwärmung leicht zur thermischen Zerstörung dieser Halbleiter führen. Leistungshalbleiter im Kraftfahrzeug sollten aus diesem Grunde unbedingt gut gekühlt werden, damit die zulässige Kristalltemperatur – sie beträgt bei Siliziumhalbleitern meist +200° C – unter gar keinen Umständen überschritten wird.

Um komplizierte Berechnungen über die Wärmebelastung zu vermeiden und um ganz sicher zu gehen, ist es beim Selbstbau von elektronischen Geräten für Kraftfahrzeuge sinnvoll, an kritischen Stellen überdimensionierte Halbleitertypen zu verwenden. Im Gegensatz zur Industrie braucht der Amateur bei der Auswahl seiner Bauelemente nicht mit dem Pfennig zu rechnen, weil er meist nur ein Exemplar einer Schaltung aufbaut. Etwas gemildert wird das Problem der Verlustleistung in elektronischen Schaltungen für Kraftfahrzeuge dadurch, daß fast in allen Fällen die Transistoren im Schaltbetrieb arbeiten. Dabei ist der Transistor entweder voll leitend mit dem vollen Kollektorstrom, aber nur mit der Kollektor-Emitter-Restspannung belastet. Oder es fließt gar kein Strom, an der Kollektor-Emitter-Strecke liegt die volle Betriebsspannung. In beiden Fällen ist die auftretende Verlustleistung, das Produkt aus Kollektorstrom und Kollektor-Emitter-Spannung, relativ gering. Der Bereich zwischen beiden Schaltzuständen wird meist so schnell durchlaufen, daß dadurch die Verlustleistung nicht wesentlich vergrößert wird.

Vorsicht mit Integrierten Schaltungen

Im Gegensatz zu Einzelhalbleitern sind die Temperaturgrenzen bei Integrierten Schaltungen wesentlich enger gezogen. Das liegt an der sehr komplizierten Struktur Integrierter Schaltungen, bei denen auf engstem Raum eine Fülle von Halbleiterfunktionen untergebracht ist. Dabei werden heute Schichtdicken von wenigen tausendstel Millimetern und Leitungsabstände in der gleichen Größenordnung realisiert. Um die Funktion dieser Bausteine der modernen Elektronik sicherzustellen, ist ihre zulässige Umgebungstemperatur im Betrieb häufig auf 0° C bis +70° C beschränkt. Für das Kraftfahrzeug sind sie damit nur bedingt anwendbar. Viele dieser Integrierten Schaltungen sind inzwischen auch mit einem zulässigen Betriebstemperaturbereich von $-25°$ C bis $+85°$ C lieferbar. Wie wir aber gesehen haben, reicht auch das nicht aus, zumindest nicht, wenn man kein Risiko eingehen will.

Unbeschränkt im Kraftfahrzeug einsetzbar sind eigentlich nur Integrierte Schaltungen, deren zulässiger Betriebstemperaturbereich von $-55°$ C bis $+125°$ C reicht. Als sogenannte Military-Ausführung (MIL-Ausführung) werden Integrierte Schaltungen auch für diesen Temperaturbereich gefertigt. Sie sind aber oft schwer erhältlich – und teuer.

Die Temperaturempfindlichkeit Integrierter Schaltungen ist einer der Gründe, warum die Industrie auch heute noch weitgehend Schaltungen mit Einzelhalbleitern verwendet. Erst wenn speziell für die Erfordernisse des Kraftfahrzeuges neue Integrierte Schaltungen entwickelt werden und erhältlich sind, lohnt sich auch ihre Verwendung durch den Bastler.

Feuchtigkeit ist unerwünscht

Gefährlich für die einwandfreie Funktion einer elektronischen Schaltung kann vor allem Feuchtigkeit werden, die häufig bereits konventionelle elektrische Bauelemente, zum Beispiel bei Zündanlagen, außer Funktion setzt. Besonders bei Motorrädern, bei denen im Prinzip alle Teile naß werden können, aber auch bei Autos sollten Kriechströme durch feucht gewordene Bauelemente sorgfältig ausgeschlossen werden. Elektronische Teile sollten deshalb immer, wenn sie bereits durch Spritzwasser naß werden könnten, gut abgedichtet sein oder durch geeigneten Anbau vor Nässe geschützt werden. Man sollte sich deshalb angewöhnen, Elektronik im Kraftfahrzeug grundsätzlich in Gehäuse einzubauen, damit eine Abdichtung gegen Wasser wenigstens Aussicht auf Erfolg hat. Ganz besonders gilt das natürlich für Motorräder und die Motorräume von Autos.

Gegen Kondenswasser, das sich bei schnellen Temperaturänderungen bildet, hilft aber auch die beste Abdichtung nicht viel. Es ist deshalb zu empfehlen, alle Schaltungen nach Fertigstellung und Erprobung auf einwandfreie Funktion mit einem PVC-Klarlack zu überziehen, den es in Sprühflaschen in Bastlerläden gibt.

Dieser Lacküberzug ist noch aus einem anderen Grunde nützlich: Seitdem in Mitteleuropa schon beim leisesten Anzeichen von Frost Salze zum Auftauen auf die Straße gestreut werden, ist die Luft auf unseren Straßen an manchen Wintertagen nicht nur sehr feucht, sondern vor allem auch sehr salzhal-

Bild 5.1: Eine Sprühflasche mit PVC-Klarlack reicht aus, mehrere bestückte Platinen vor Nässe zu schützen

tig. Dadurch tritt Korrosion nicht nur an Karosserie- und Chromteilen auf, sondern leider auch an vielen Stellen der Fahrzeugelektrik und -elektronik. Die angerichteten Zerstörungen sind zwar nicht immer sofort sichtbar, führen aber früher oder später zur Beeinträchtigung der Funktion oder zum Totalausfall. Ein Schutz elektronischer Schaltungen ist deshalb immer von Vorteil.

Vergießen hilft nicht

Vielfach wird das Vergießen elektronischer Schaltungen empfohlen. Auf den ersten Blick leuchtet ein, daß damit ein idealer Schutz gegen alle Unbill erreicht werden müßte. Leider ist das nicht so. Fast alle zum Vergießen geeignete Materialien haben die Neigung, sich bei Wärme stark auszudehnen und bei Kälte zusammenzuziehen. Da im Kraftfahrzeug große Temperaturänderungen auftreten können, besteht nun beim Vergießen die Gefahr, daß die einzelnen Bauteile ihre Lage um Bruchteile von Millimetern ändern können. Dadurch werden die Anschlußdrähte jedesmal belastet und können nach einiger Zeit brechen. Es sind zwar Vergußmassen im Handel, die wegen ihrer Elastizität keine Zerstörung von Bauelementen befürchten lassen (Siliconkautschuk gehört zum Beispiel dazu), doch sind sie oft nur in großen Mengen erhältlich und meist nicht gerade billig. Außerdem wären im einzelnen Falle umfangreiche

Untersuchungen über ihre Eignung im Kraftfahrzeug notwendig. Ich möchte deshalb von Vergußmassen, gleich, welcher Art, lieber abraten und dafür empfehlen, das gesparte Geld für ein ordentliches Gehäuse auszugeben – und die Schaltung durch Lack zu versiegeln!

Erschütterungen sind gefürchtet

Naturgemäß treten beim Betrieb von Kraftfahrzeugen Stöße, Erschütterungen und Vibrationen auf. Dabei sind für elektronische Schaltungen die Erschütterungen durch Unebenheiten der Fahrbahn meist nicht gefährlich. Viel gefürchtet sind dagegen Schwingungen mit hoher Frequenz, wie sie zum Beispiel durch schlecht ausgewuchtete Reifen oder durch den Motor verursacht werden. Brüche der

Bild 5.3: Ein Transistor – sachgerecht eingelötet

Anschlußdrähte von Bauelementen können damit schnell herbeigeführt werden. Dagegen hilft nur sorgfältiger Aufbau der Geräte auf Platinen in Form von sogenannten gedruckten Schaltungen. So gut eine Schaltung, aufgebaut auf einem Lötösenbrettchen, im Wohnzimmer auch funktionieren mag, im Kraftfahrzeug ist sie fehl am Platze. Sogar die Anordnung von Bauelementen auf der Platine sollte gut überlegt sein. Widerstände, Kondensatoren und Dioden sollten flachliegend angeordnet sein, wie es *Bild 5.2* zeigt. Die stehende Anordnung von Widerständen sollte unbedingt vermieden werden, zumal sie kaum Platzvorteile bringt. Anschlußdrähte von Transistoren sollten auf etwa 1 cm gekürzt und ihre Lötstellen möglichst in Form eines Dreieckes angeordnet werden (*Bild 5.3*). Dann sind die Transistoren selbst weitgehend gegen unerwünschte Bewegungen geschützt.

Aber auch das ganze Gerät kann gegen Vibrationen zusätzlich geschützt werden. Besonders großflächige Karosserieteile neigen zu Eigenschwingungen, die manchmal zu unerklärlichen Ausfällen führen. Dagegen hilft die Befestigung des Gerätes mit kleinen Gummipuffern. Am einfachsten benutzt man dafür zwei sogenannte Kabeldurchführungen, die in Elektrogeschäften in vielen Größen erhältlich sind. *Bild 5.4* zeigt, wie es gemacht wird. In die Befestigungslasche des Gehäuses werden zwei Bohrungen mit dem Durchmesser D der umlaufenden Rille angebracht. Unter die Befestigungsschrauben, die je nach Größe

Bild 5.2: So flach liegen die Bauelemente auf einer musterhaft bestückten Platine

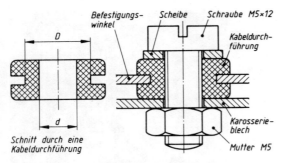

Bild 5.4: Isolierung von Baugruppen gegen hochfrequente Erschütterungen mit Hilfe von Kabeldurchführungen aus Gummi oder Kunststoff

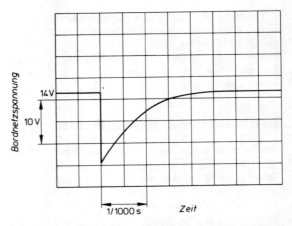

Bild 5.5: So sieht der Spannungsverlauf eines Bordnetzes aus, wenn eine Induktivität (z. B. ein Motor oder ein Relais) abgeschaltet wird. Es entsteht ein negativer Impuls, der zwar nur einige 1000stel Sekunden dauert, ein elektronisches Gerät aber erheblich in seiner Funktion stören oder sogar zerstören kann

des Gerätes einen Durchmesser d von 4,5 oder 6 mm haben sollten, werden passende Unterlegscheiben gelegt, damit die Kabeldurchführungen nicht zu sehr zerquetscht werden. Solch eine einfache Schwingungsdämpfung hilft auch in hartnäckigen Fällen und kostet nur wenig.

Störende Spannungen

Elektronische Schaltungen im Kraftfahrzeug sind noch weiteren erschwerten Umweltbedingungen ausgesetzt: hohen Spannungsspitzen, die der Bordnetzspannung überlagert sind. Einmal ist da die elektrische Zündanlage, die auf der Niederspannungsseite (Primärwicklung der Zündspule) mit Spannungen bis 400 V arbeitet. Auf der Hochspannungsseite (Sekundärwicklung, Zündverteiler, Zündkerzen) können Spannungen bis 25 kV (25 000 Volt) auftreten. Unter ungünstigen Bedingungen (Feuchtigkeit, schlechte Leitungsverlegung, Defekte) kann es vorkommen, daß durch diese hohen Spannungen das Bordnetz regelrecht „verseucht" wird. Als Folge davon wird nicht nur der Rundfunkempfang empfindlich gestört. Manche elektronischen Schaltungen reagieren so stark, daß sie ihren Betrieb ganz einstellen. In besonders ungünstigen Fällen können Bauelemente, vor allem Halbleiter, durch eingeschleuste unzulässige Überspannungen einen blitzschnellen Tod sterben.

Nicht nur die Zündanlage kann Sorgen bereiten. Bekanntlich besitzen Kraftfahrzeuge an vielen Stellen Verbraucher, die eine induktive Last darstellen. Solche sind zum Beispiel Elektromotoren für Scheibenwischer, Heizgebläse und Fensterheber – kurz: alles, was Spulen enthält. Auch jede Relaiswicklung ist eine Induktivität. Beim Einschalten dieser Verbraucher passiert nichts Schlimmes. Wenn eine solche Induktivität aber vom Bordnetz getrennt wird, ein Elektromotor also ausgeschaltet wird, sind kurzzeitige negative Spannungsimpulse von 40 V ohne weiteres möglich.

Bild 5.5 zeigt einen solchen Vorgang auf dem Oszillografen. Gegen die zerstörerische Wirkung solcher Spannungsspitzen kann zweierlei getan werden:

Einmal: Es empfiehlt sich, grundsätzlich ausreichend spannungsfeste Halbleiter zu verwenden. Die zulässige Kollektor-Emitterspannung von Transistoren im Kraftfahrzeug sollte mindestens 60 V betragen. Bei Elektrolyt-, besonders aber bei Tantalkondensatoren, verwende man Typen mit einer Betriebsspannung von mindestens 35 V.

Zum anderen: Der Eingang der Betriebsspannung bei elektronischen Schaltungen wird durch zwei antiparallel geschaltete Zenerdioden mit etwa 1,5facher Zenerspannung (zum Beispiel 18 V bei einer 12-V-Anlage) und zusätzlich durch einen Folienkondensator (kein Elektrolytkondensator!) mit etwa 1 bis 2,2 µF geschützt. Für die Zenerdioden genügt eine Belastbarkeit von 1,5 W. Bild 5.6 zeigt noch einmal die Schutzschaltung. Durch die gegeneinander geschalteten Zenerdioden wird erreicht, daß sowohl

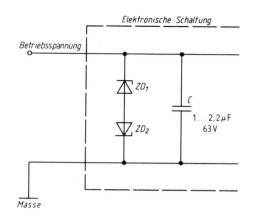

Bild 5.6: Schutzbeschaltung gegen Störspannungen durch Kondensator und antiparallele Zenerdioden.
ZD_1, ZD_2: 1,5 W, 18 V bei 12-V-Anlagen; 9,1 V bei 6-V-Anlagen

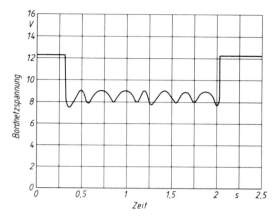

Bild 5.7: So ändert sich die Spannung des Bordnetzes beim Anlassen des Motors. Durch den starken Anlasserstrom kann die Spannung einer 12-V-Anlage bis auf 8 V absinken. Jedesmal, wenn ein Zylinder des Motors gerade verdichtet, steigt der Anlasserstrom besonders an und die Spannung sinkt entsprechend. In einigen Diagnosesystemen der Kraftfahrzeugwerkstätten wurde dies angewendet, um einen defekten Zylinder mit „schlechter Kompression" zu erkennen

positive als auch negative Spannungsspitzen unterdrückt werden. Nach aller Erfahrung kann mit einer solchen Schutzschaltung nicht mehr viel passieren. In besonders hartnäckigen Fällen kann die Basis-Emitterstrecke von Transistoren, die nur Spannungen bis etwa 6 V verträgt, durch eine kleine Siliziumdiode und einen kleinen Kondensator zusätzlich geschützt werden. In den späteren Kapiteln wird im Einzelfall darauf eingegangen.

Die Spannung des Bordnetzes ändert sich oft

Ein weiteres Problem für elektronische Schaltungen im Kraftfahrzeug ist die ständige Änderung der Betriebsspannung.
Beim Anlassen des Motors beispielsweise wird der Batterie ein so großer Strom entnommen, daß die Bordnetzspannung im Extremfall (winterlicher Kaltstart) auf etwa 8 Volt bei einer 12-V-Anlage und auf etwa 4 Volt bei einer 6-V-Anlage absinken kann.
Bild 5.7 zeigt dies für eine 12-V-Anlage. Wie man sieht, ändert sich die Spannung auch noch während des Anlassens, weil der Durchdrehwiderstand des Motors sich rhythmisch verändert und damit die Stromaufnahme des Anlassers schwankt. Man hört dies auch an der Veränderung der Anlasserdrehzahl.
Außerdem wird jedesmal beim Einschalten eines starken Verbrauchers, zum Beispiel eines Scheinwerfers, ein kurzzeitiger Spannungseinbruch entstehen.
Aber auch zu hohe Spannungen können auftreten: Wenn der Regler des Generators nicht richtig arbeitet, sind Bordnetzspannungen von 30% über der Nennspannung keine Seltenheit, bei einer 12-V-Anlage also 16 Volt.
Wir sehen also, daß Schwankungen von bis zu 100% des Nennwertes bei der Spannung des Bordnetzes auftreten können. Bei einer 12-V-Anlage zwischen 8 und 16 Volt. Bei einer 6-V-Anlage zwischen 4 und 8 Volt.
Man muß deshalb von elektronischen Geräten im Kraftfahrzeug fordern, daß sie in diesem Betriebsspannungsbereich sicher arbeiten können und durch die auftretenden Spannungen nicht zerstört werden. Auch muß sichergestellt sein, daß die vielfach im Kraftfahrzeug eingesetzten Impulsgeberschaltungen, zum Beispiel Blinkgeber oder Scheibenwischerintervallschalter, durch die auftretenden Spannungsänderungen nicht getriggert werden. Es darf also zum Beispiel nicht passieren, daß beim Einschalten des Fahrlichtes auf einmal die Blinkanlage zu arbeiten beginnt oder der Intervallschalter seinen Dienst einstellt.

Ausfälle sind nicht gefragt

Nachdem wir nun wissen, mit welch schweren Umweltbedingungen die Elektronik im Kraftfahrzeug fertig werden muß, soll uns am Schluß dieses Kapitels noch einmal die Zuverlässigkeit ganz allgemein interessieren. An zwei extremen Beispielen seien die Anforderungen in Erinnerung gebracht: Wenn der Endverstärker einer selbstgebauten HIFI-Anlage streikt, weil es einem Leistungstransistor buchstäblich zu warm wurde, ist das zwar lästig und vermehrt nicht gerade den Ruhm des Erbauers – die Folgen aber sind harmlos. Ganz anders beim Kraftfahrzeug: Stellen Sie sich einmal vor, die selbstgebaute Zündanlage streikt ausgerechnet dann, wenn Sie auf der Landstraße einen Lkw überholen wollen und es kommt jemand entgegen. Der Polizeibericht über den Unfall vermerkt dann nur noch lakonisch „Totalschaden, Tote und Verletzte wegen falschen Überholens".

Es sollte also deshalb oberstes Gebot beim Umgang mit der Auto- und Motorradelektronik sein, größtmögliche Zuverlässigkeit zu erreichen. Deshalb auch die Überdimensionierung aller Leistungshalbleiter und deshalb sorgfältige Verlegung von Kabeln, richtige Verbindung von Steckanschlüssen, Schutz gegen Feuchtigkeit, Hitze und Erschütterungen!

Es ist zum Beispiel nicht Sparsamkeit, wenn die Kraftfahrzeugindustrie auf Schmelzsicherungen für die Leitung zur Zündspule verzichtet, sondern das Streben nach größerer Sicherheit. Statt korrodierender Sicherungshalter, ausgefallener Sicherungen und defekter Kabelsteckverbinder nimmt man lieber einen Kabelbrand in Kauf, der im allgemeinen rechtzeitig bemerkt wird (jedes Teil, was hier eingespart wurde, kann auch nicht kaputt gehen). Manche Firmen gehen sogar soweit, daß alle mit der Zündung zusammenhängenden Kabelverbindungen nicht bequem gesteckt, sondern mit Kabelösen geschraubt werden – der größeren Sicherheit gegen unbeabsichtigtes Lösen zuliebe.

Wir wollen uns also vornehmen, alle elektronischen Teile am Kraftfahrzeug mit der größtmöglichen Sorgfalt herzustellen, vor dem Einbau – soweit das mit Hausmitteln möglich ist – zu erproben und sorgfältig zu installieren. Das Kraftfahrzeug ist nun mal kein Spielzeug mehr, sobald es am öffentlichen Verkehr teilnimmt.

6. Alles über das Blinken

Alle Motorräder und alle Autos müssen von Gesetzes wegen mit einer Richtungsblinkanlage ausgerüstet sein. Die Mindestanforderungen sind in der Straßenverkehrs-Zulassungs-Ordnung (abgekürzt im Amtsdeutsch auch StVO genannt) genau vorgeschrieben. Dort heißt es in § 54, daß die Fahrtrichtungsanzeiger nach dem Einschalten mit einer Frequenz von 90 ± 30 Perioden in der Minute zwischen Hell und Dunkel blinken müssen. Weiterhin wird eine Kontrolle über die Wirksamkeit der Blinkleuchten gefordert, wenn diese nicht direkt im Blickfeld des Fahrers liegen, was bei Autos im allgemeinen nicht zutrifft.

Für die Praxis haben sich im Laufe der Entwicklung einige weitere Anforderungen ergeben, die kurz erläutert seien.

Zum Prinzip des Blinkgebers

Zur Steuerung der Blinkleuchten ist ein *Impulsgeber* erforderlich, der über einen *Leistungsschalter* (das kann ein Relaiskontakt oder ein Leistungstransistor sein) die Blinkleuchten schaltet. Impulsgeber und Leistungsschalter bilden zusammen den sogenannten *Blinkgeber*. Dieser Blinkgeber ist immer mit der Klemme 15 des Bordnetzes verbunden, wird also mit Einschalten der Zündung betriebsbereit. Er soll aber erst arbeiten, wenn die Blinkleuchten wirklich eingeschaltet werden, was durch einen Wechselschalter zwischen dem Ausgang des Blinkgebers und den Blinkleuchten geschieht. Bild 6.1 zeigt die prinzipielle Anordnung. Durch diese Schaltung wird ein gesonderter Einschalter für den Blinkgeber überflüssig, was die Verdrahtung vereinfacht. Anderseits verlangt diese Schaltung, daß der Blinkgeber durch das Einschalten der Blinkleuchten angesteuert wird. Dies wird erleichtert durch die Tatsache, daß Glühlampen, wie bereits erwähnt, einen sehr geringen „Kaltwiderstand" besitzen. Er beträgt bei üblichen

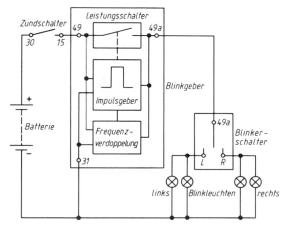

Bild 6.1: Prinzip der Richtungsblinkanlage

Glühlampen für Blinkleuchten weniger als 1 Ohm, bei zwei parallel geschalteten Blinkleuchten (je vorn und hinten eine, das ist die Regel) also unter 0,5 Ohm. Beim Einschalten wird deshalb die Klemme 49a des Blinkgebers praktisch mit Masse verbunden und damit der Blinkgeber aktiviert.

Zwar nicht ausdrücklich vorgeschrieben, aber im heutigen dichten Verkehr wünschenswert ist, daß die Blinkleuchten sofort nach dem Einschalten aufleuchten, der Blinkgeber also mit einer „Hellphase" beginnt. Besonders seit beim Wechseln einer Spur, auch beim Wiedereinscheren nach dem Überholen, die Betätigung des Blinkers vorgeschrieben ist, kann durch kurzes Antippen des Blinkerschalters der übrige Verkehr informiert werden.

Die vom Gesetzgeber geforderte Überwachung der Blinkleuchtenfunktion kann zwar auf verschiedene Art und Weise erfolgen. Seit langem hat sich aber eine optische Kontrolle in Form einer Kontrolleuchte am Armaturenbrett eingebürgert, die vielfach akustisch durch das Geräusch des Kontaktes im Blinkgeber unterstützt wird. Zur Funktionsüberwachung gehört aber auch, daß der Ausfall einer Glühlampe angezeigt wird. Hier erweist es sich als zweckmäßig, die Blinkfrequenz deutlich zu erhöhen, beispielsweise zu verdoppeln, weil das besonders auffällig ist und auch den übrigen Verkehr warnt.

Die genannten Funktionen lassen sich natürlich auch mit elektromechanischen Blinkgebern verwirklichen. Solche Blinkgeber arbeiten meist nach dem Hitzdrahtprinzip: Der Strom der Blinkleuchten fließt durch einen gespannten dünnen Draht, den *Hitzdraht*, der dabei dunkelrot glühend und dadurch länger wird. Dieser Draht betätigt einen Schnappschalter, der die Blinkleuchten ausschaltet und damit den Strom durch den Hitzdraht unterbricht. Der erkaltete Hitzdraht läßt den Schnappschalter in seine Ausgangsstellung zurückschnappen – das Spiel kann von neuem beginnen.

Es leuchtet ein, daß dieser ständige Wechsel zwischen heiß und kalt die Lebensdauer des Hitzdrahtes nicht gerade verlängert. Außerdem ist die Einhaltung der Blinkfrequenz und des richtigen Verhältnisses zwischen „Hell-" und „Dunkelphase" (man nennt dies „Tastverhältnis") nicht gerade eine Stärke solcher Blinkgeber. Man kann heute noch öfter im Straßenverkehr alte Käfer beobachten, bei denen Blinkfrequenz und Tastverhältnis keinesfalls mehr den Anforderungen des Gesetzes und des Straßenverkehrs entsprechen.

So gehörte dann auch der elektronische Blinkgeber zu den ersten Errungenschaften moderner Elektronik, die im Kraftfahrzeug Eingang fanden, etwa um das Jahr 1966, lange, bevor man von Kraftfahrzeugelektronik überhaupt reden konnte.

Ein vollelektronischer Blinkgeber mit Frequenzverdoppelung bei Lampenausfall

Das Prinzip solcher Blinkgeber hat sich bis heute nicht verändert. Es hat sich bewährt: Ein elektronischer Impulsgeber steuert einen Leistungsschalter an, der die Blinkleuchten im gewünschten Rhythmus ein- und ausschaltet. Zusätzlich ist meist eine ebenfalls meist elektronisch arbeitende Erkennung des Lampenausfalls vorhanden, die häufig die Blinkfrequenz verdoppelt, indem sie den Impulsgeber entsprechend ansteuert (*Bild 6.1*). Solch ein Blinkgeber kommt mit drei Anschlüssen aus: Eingang (Pluspol der Betriebsspannung, Klemme 49), Masse (Minuspol der Betriebsspannung, Klemme 31), Ausgang zum Blinkerschalter (Klemme 49a).

Manchmal ist kein eigener Masseanschluß vorhanden, die Masseverbindung erfolgt dann über die Befestigungslasche.

Wie funktioniert nun solch ein elektronischer Blinkgeber? Schauen wir uns *Bild 6.2* an: Die beiden Transistoren bilden zusammen mit einigen Widerständen und Kondensatoren den Impulsgeber, eine

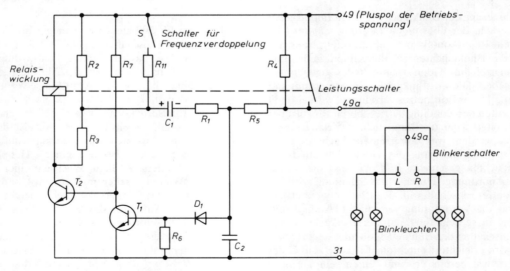

Bild 6.2: Prinzip des elektronischen Blinkgebers

für diesen Zweck besonders geeignete Variante eines astabilen Multivibrators. In der Ruhestellung ist der Kondensator C_1 auf die Betriebsspannung aufgeladen. Die Basis von T_1 erhält über den Spannungsteiler R_4, R_5 und R_6 einen ausreichend hohen Basisstrom, weshalb T_1 leitet und damit T_2 sperrt. Denn die Basis von T_2 wird durch die niederohmige Kollektor-Emitterstrecke von T_1 praktisch auf Masse gelegt, so daß T_2 keinen Basisstrom bekommt – das Relais ist in Ruhestellung.

Wird nun der Blinkerschalter eingeschaltet, so liegt die Klemme 49a des Blinkgebers über den (sehr geringen) Kaltwiderstand der Blinkleuchten (kurzzeitig) auf Massepotential, über R_5 kann kein Basisstrom für T_1 mehr fließen, T_1 sperrt daher, und über R_7 bekommt T_2 den notwendigen Basisstrom, um das Relais anziehen zu lassen. Die Blinkleuchten brennen! Der Plusanschluß von C_1 wird dabei über den Spannungsteiler R_2 und R_3 auf etwa halbe Bordnetzspannung (also ca. 6 V bei einer 12-V-Anlage) abgesenkt. Gleichzeitig wird der Minuspol von C_1, der über den Spannungsteiler R_4, R_5, D_1, R_6 und über den Widerstand R_1 kurz zuvor noch auf etwa $+1\,V$ lag, mit dem Einschalten der Leuchten auf etwa $-6\,V$ (gegenüber Masse) umgeschaltet, weil der Kondensator vorher ja auf 12 V aufgeladen war. C_1 entlädt sich jetzt, und dabei steigt das Potential an C_2 und damit an der Basis von T_1 an, bis dieser Basisstrom erhält und T_2 wiederum sperrt. Das Relais fällt ab und die Blinkleuchten verlöschen, bis C_1 wieder auf die Betriebsspannung aufgeladen ist. Solange der Blinkschalter eingeschaltet ist, wiederholt sich dieser Vorgang des Auf- und Entladens von C_1 in gleichmäßigen zeitlichen Abständen. Das Tastverhältnis, das Verhältnis von Ein- und Ausschaltdauer der Blinkleuchten, hängt in erster Linie von R_1 ab, weil dieser die Entladezeit von C_1 bestimmt. Wird R_1 vergrößert, so wird auch die Ausschaltdauer der Blinkleuchten erhöht. Zweckmäßigerweise wählt man dieses Verhältnis etwa 1:1, die Einschaltdauer der Blinkleuchten sollte etwa genauso lang wie die Ausschaltdauer sein, dann ist die Signalwirkung der Blinkleuchten am größten. Für die Blinkfrequenz ist neben der Größe von C_1 das Teilerverhältnis von R_2/R_3 maßgebend, denn dieser Spannungsteiler bestimmt das Ausgangsspannungsniveau für C_1 und damit den Spannungswert, auf den der Kondensator entladen wird.

Es bietet sich daher an, beim Ausfall einer Blinkleuchte den Spannungsteiler R_2/R_3 so zu verändern, daß die Blinkfrequenz verdoppelt wird.

In *Bild 6.2* ist eingezeichnet, wie das gemacht wird: Parallel zu R_2 wird über einen Schalter der Widerstand R_{11} gelegt und damit bei angezogenem Relais das Potential am Plusanschluß von C_1 gegenüber Masse erhöht. Damit wird beim Entladen von C_1 das zum Durchschalten von T_1 notwendige Spannungsniveau an C_2 eher erreicht und der Auf- und Entladevorgang von C_1 beschleunigt – die Blinkfrequenz wird erhöht.

In *Bild 6.3* sind die Verhältnisse noch einmal gegenübergestellt: Solange beide Blinkleuchten in Ordnung sind, beträgt die Blinkfrequenz etwa 90 in der Minute und C_1 wird auf etwa die halbe Spannung entladen. Im unteren Bildteil ist gezeigt, wie zur Verdoppelung der Blinkfrequenz der Kondensator nur noch auf etwa 8 V entladen wird, was natürlich schneller geht. Die Blinkfrequenz wird dadurch vergrößert.

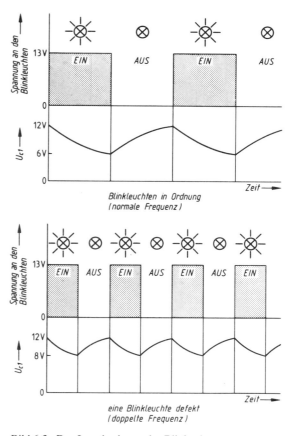

Bild 6.3: Das Impulsschema des Blinkgebers

Wenn man sich das Prinzipschaltbild in *Bild 6.2* genauer betrachtet, sieht man auch, daß die Parallelschaltung von R_{11} zu R_2 zur Erhöhung des Spannungsniveaus am Pluspol des Kondensators C_1 im wesentlichen nur wirksam ist, solange das Relais angezogen ist, also während der Einschaltzeit der Blinkleuchten. Bei nicht angezogenem Relais liegt ja R_3 über den sehr kleinen Wicklungswiderstand der Relaisspule parallel zu R_2, so daß der Einfluß von R_{11} dann sehr klein ist. Dies erlaubt es nun, die Erhöhung der Blinkfrequenz auf verhältnismäßig bequeme Art und Weise durch die Blinkleuchten selbst vorzunehmen. Wenn nämlich eine Blinkleuchte ausfällt, wird der Lampenstrom genau halb so groß, als wenn beide Blinkleuchten brennen. Zur Ausfallerkennung benötigen wir also nur noch einen Stromindikator, der dem Blinkgeber auf Grund des Lampenstromes zu erkennen gibt, welche Blinkfrequenz benötigt wird. Im Prinzip könnte das eine stromdurchflossene Spule sein, die in Art eines Stromrelais mit einem Öffner arbeitet. Beim Strom einer Blinkleuchte allein bleibt der Schalter S geschlossen und legt R_{11} zu R_2 parallel – die Blinkfrequenz wird erhöht. Brennen beide Blinkleuchten, so reicht der dann doppelte Lampenstrom aus, um den Kontakt S jedesmal während der Einschaltzeit der Leuchten zu öffnen und damit den normalen Blinkrhythmus einzustellen.

In industriell gefertigten Blinkgebern wird dieses Verfahren fast überall angewendet. Man benutzt dazu entweder ein getrenntes Stromrelais oder einen mit einer kleinen Wicklung versehenen Schutzgaskontakt.

Für den Selbstbau ist aber eine vollelektronische Lösung für die Erhöhung der Blinkfrequenz vorzuziehen, da diese keine feinmechanischen Fertigkeiten erfordert. Die vollständige Schaltung eines elektronischen Blinkgebers in *Bild 6.4* zeigt diese Lösung. Der Lampenstrom durchfließt als Shunt den Widerstand R_8, der so bemessen ist, daß beim Brennen einer Blinkleuchte an ihm gerade noch keine Spannung zum Ansteuern von T_3 abfällt, beim Brennen von zwei und mehr Blinkleuchten aber T_3 über R_9 angesteuert wird. Wie wir wissen, benötigt ein Siliziumtransistor eine Basis-Emitterspannung von mindestens 0,7 V, damit der zum Schalten des Transistors notwendige Basisstrom fließen kann. Der Widerstand R_8 muß also so bemessen sein, daß an ihm eine Spannung von 0,7 V abfällt, wenn beide Blinkleuchten brennen. Bei einer 12-V-Anlage werden meist Blinkleuchten mit einer elektrischen Leistung von 21 W verwendet. Der Lampenstrom beträgt also rund 1,75 A. Wenn nun bei einem Strom von 3,5 A (zwei Blinkleuchten brennen) an R_8 eine Spannung von 0,7 V abfallen soll, muß nach dem Ohmschen Gesetz dieser Widerstand $R_8 = \dfrac{0,7\ \text{V}}{3,5\ \text{A}} = 0,2\ \text{Ohm}$ betragen.

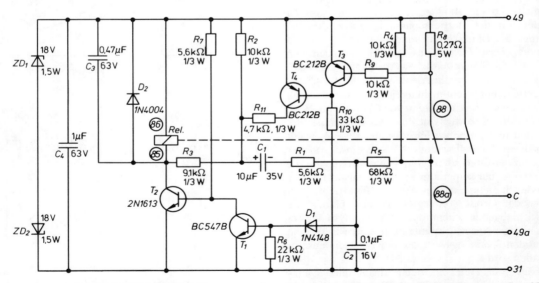

Bild 6.4: Elektronischer Blinkgeber 12 V mit Frequenzverdoppelung bei Lampenausfall. Für 6 V sind zu ändern: $C_1 = 22\,\mu\text{F}$, $R_2 = 15\ \text{k}\Omega$, $R_4 = 4,7\ \text{k}\Omega$, $R_5 = 33\ \text{k}\Omega$, $R_7 = 3,3\ \text{k}\Omega$, $R_8 = 0,22\ \Omega$, $R_{10} = 3,3\ \text{k}\Omega$, $R_{11} = 18\ \text{k}\Omega$, $ZD_1 = ZD_2 = 9,1\ \text{V}$ und die Spannung der Relaiswicklung

Zur Sicherheit wählt man ihn etwa 20% größer, damit T_3 beim Brennen zweier Blinkleuchten sicher durchschaltet und damit T_4 sperrt.

Damit ist R_{11} außer Funktion. Leuchtet wegen eines Defektes nur eine Blinklampe auf, so reicht wegen des zu geringen Stromes der Spannungsabfall an R_8 nicht zum Durchschalten des Transistors T_3 aus. T_4 kann dann über R_{10} Basisstrom erhalten und schaltet R_{11} zu R_2 parallel – die Blinkfrequenz wird erhöht.

Die Dimensionierung der Bauelemente in *Bild 6.4* ist so gewählt, daß der Blinkgeber mit einer Betriebsspannung zwischen 7 und 17 V einwandfrei arbeitet und dabei eine Blinkfrequenz von 75 bis 95 in der Minute (1,25 bis 1,6 Hz) erzeugt. Bei einer Betriebsspannung zwischen 10 und 16 V ändert sich die Blinkfrequenz nur um wenige Prozent. Das Tastverhältnis (Verhältnis zwischen Ein- und Ausschaltdauer der Blinkleuchten) beträgt 1:1, bei sehr niedrigen Bordnetzspannungen wird die Einschaltdauer etwas länger, damit die dann dunkler brennenden Blinkleuchten besser zu sehen sind. Beim Ausfall einer Blinkleuchte wird die Blinkfrequenz verdoppelt und damit der Lampenausfall deutlich angezeigt. Das Tastverhältnis ändert sich hierbei nicht.

Die angegebene Schaltung hat noch den Vorteil, daß sie mit nur geringen Veränderungen an den Werten der Bauelemente, aber ohne Änderungen der Schaltung auch für eine Bordnetzspannung von 6 V einsetzbar ist. Sie erreicht dabei die gleichen guten Daten wie die 12-V-Ausführung.

Für das Relais ist ein Kartenrelais vorgesehen, das direkt in die gedruckte Schaltung eingelötet werden kann und einen getrennten Kontakt für die Kontrolleuchte besitzt. Wenn man auf diesen Kontakt verzichten will, kann auch ein normales Relais mit einem Schließer, wie es preiswert in Autozubehörgeschäften zum Schalten von Zusatzscheinwerfern und Hörnern angeboten wird, verwendet werden. Diese Relais sind sogar besonders robust, weil sie für Dauerbetrieb und hohe Ströme ausgelegt sind. Die Bezeichnungen in den Kreisen geben die genormten Anschlüsse für ein solches Relais in *Bild 6.4* an.

Prinzipiell wäre statt eines elektromechanischen Relais auch ein Leistungstransistor einsetzbar. Wegen des sehr niedrigen Kaltwiderstandes der Blinkleuchten müßte dieser Transistor sehr hohe Ströme schalten und wäre dadurch sehr teuer. Außerdem fällt an der Kollektor-Emitterstrecke eines durchgeschalteten Leistungstransistors auf Si-Basis immer eine Spannung von mindestens 0,5 V ab. Die Blinkleuchten würden dann nicht hell genug brennen. Neben seiner Preiswürdigkeit und seinem geringen Spannungsabfall hat ein Relais im Blinkgeber aber noch einen anderen Vorteil: Es verursacht ein knackendes Geräusch und wirkt dadurch als zusätzliche akustische Kontrolle, was vor allem im Stadtverkehr sehr nützlich sein kann.

Die Funktion der Blinkleuchten muß kontrolliert werden

Der optischen Blinkerkontrolle sei noch ein besonderer Absatz gewidmet. Im allgemeinen ist in den heutigen Fahrzeugen nur eine Kontrolleuchte eingebaut, die dann die Blinkrichtung nicht zeigt. Dies ist auch nicht unbedingt erforderlich, bringt aber elektrisch für den Blinkgeber den Nachteil, daß der Anschluß dieser einen Kontrolleuchte etwas schwieriger ist. Denn einfach an den Ausgang des Blinkgebers, die Klemme 49a also, darf eine solche Kontrolle nicht angeschlossen werden, weil auch deren Kaltwiderstand so klein ist, daß der Blinkgeber bereits nur durch die Kontrolleuchte getriggert würde. In *Bild 6.5* ist deshalb zusammengestellt, wie Blinkerkontrollen angeschlossen werden können. Alle gezeigten Möglichkeiten werden von den Automobilfirmen eingesetzt. Dabei leuchtet A gegenphasig zu den Blinkleuchten, brennt also, wenn diese in der Aus-Phase sind. Alle anderen Schaltungen arbeiten gleichphasig. Schaltung C ist nur bei einigen älteren Hitzdraht-Blinkgebern anwendbar, weil – wie schon erwähnt – elektronische Blinkgeber bereits von der

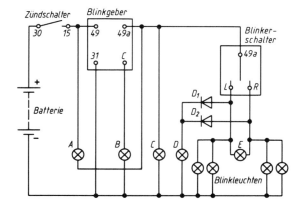

Bild 6.5: Die fünf grundsätzlichen Möglichkeiten, wie Leuchten für die Blinkerkontrolle geschaltet werden können

Kontrolleuchte getriggert werden. Schaltung B erfordert einen eigenen Relaiskontakt im Blinkgeber und entspricht damit der Lösung von *Bild 6.4*.

Schaltung D wäre eine Ausweichmöglichkeit für Fahrzeuge, bei denen die Kontrolle einseitig an Masse liegt, ein eigener Relaiskontakt für die Kontrolle aber nicht zur Verfügung steht. Die beiden Silizium-Dioden müssen wegen des geringen Kaltwiderstandes der üblichen 4-W-Kontrolleuchten von etwa 6 Ohm für mindestens 2 A ausgelegt sein. Schaltung E wird in neueren Fahrzeugen viel verwendet, weil sie keinen eigenen Relaiskontakt erfordert. Die Blinklampen der jeweils nicht eingeschalteten Seite wirken durch ihren kleinen Kaltwiderstand für die Kontrolle als Masseverbindung. Nachteilig ist, daß die Kontrolle E bei der Benutzung der Warnblinkanlage, bei der ja alle Blinkleuchten in Tätigkeit sind, nicht aufleuchtet.

Der Blinkgeber ist auch für eine Warnblinkanlage einsetzbar

Alle mehrspurigen Fahrzeuge, für die eine normale Richtungsblinkanlage vorgeschrieben ist, müssen auch eine Warnblinkanlage besitzen. Von dieser wird gefordert, daß sie
- einen besonderen Einschalter im Fahrzeug besitzt;
- nach dem Einschalten alle am Fahrzeug, also auch an Anhängern, angebrachten Blinkleuchten mit einer Frequenz von 90 ± 30 Perioden in der Minute arbeiten;
- eine auffällige rote Kontrolleuchte im Fahrzeug das Arbeiten der Warnblinkanlage anzeigt.

Was liegt also näher, als den Blinkgeber für die Richtungsblinkanlage auch für die Warnblinkanlage einzusetzen? Man benötigt als zusätzliche Bauelemente nur noch einen besonderen Schalter für die Warnblinkanlage und eine rote Kontrolleuchte. Vom Blinkgeber muß nur sichergestellt sein, daß sein Relaiskontakt die Belastung durch 4 oder mehr Blinkleuchten verträgt. Der Einschalter solch einer Warnblinkanlage muß allerdings mehrere Funktionen gleichzeitig ausführen und ist deshalb recht aufwendig. *Bild 6.6* zeigt die vollständige Schaltung einer Warnblinkanlage. Es wird der gleiche Blinkgeber für das Richtungs- und für das Warnblinken benutzt. Der Warnblinkschalter muß dabei folgende Funktionen erfüllen:
- Er muß den Eingang des Blinkgebers (Klemme 49) von der Klemme 15 auf die Klemme 30 (Pluspol der Batterie) umschalten, weil die Warnblinkanlage auch bei ausgeschalteter Zündung funktionieren sollte.
- Er muß die Blinkleuchten beider Seiten mit dem Ausgang des Blinkgebers (Klemme 49a) verbinden.
- Er muß eine eigene Kontrolleuchte einschalten.

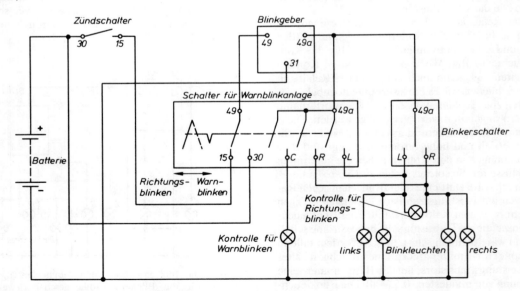

Bild 6.6: Schaltung der kombinierten Richtungs- und Warnblinkanlage

Solche Schalter sind im Autoelektrikhandel mit der Bezeichnung „Warnblinkschalter" oder „Warnlichtschalter" erhältlich. Sie haben zum Beispiel bei Bosch die Bestellnummer 0 340 302 004 (ohne Warnsymbol) oder 0 340 302 006 (mit Warnsymbol).

Ihnen allen ist gemeinsam, daß sie einen Wechsler besitzen, der wahlweise die Klemme 49 mit der Klemme 15 und der Klemme 30 verbindet. Gleichzeitig werden drei Einschalter betätigt, einer für die Kontrolleuchte, zwei für die beiden Seiten der Blinkleuchten. Die Kontrolleuchte für Warnblinkbetrieb ist bei den angegebenen Modellen bereits eingebaut.

Der Aufbau muß sorgfältig überlegt sein

Nachdem wir nun die elektrische Funktion des Blinkgebers kennen, wollen wir uns dem Aufbau zuwenden. Für die komplette Schaltung in *Bild 6.4* benötigen wir eine Platine, wie sie *Bild 6.7* im Gehäuse zeigt. Die Platine des Mustergerätes hat wegen des Einbaus in ein kleines Gehäuse die Abmessungen 65 × 50 mm. Wie *Bild 6.7* zeigt, sind alle Widerstände liegend angeordnet, auch das Relais hat auf der Platine noch Platz. Im Mustergerät wurde ein sogenanntes Printrelais verwendet, das für das direkte Einlöten in gedruckte Schaltungen vorgesehen ist. Diese Printrelais zeichnen sich durch besonders kleine Abmessungen aus, sie sind mit mehreren Kontakten erhältlich. Hier wurden von den insgesamt 4 Umschaltkontakten einer für das Schalten der Kontrolleuchte und die anderen drei in Parallelschaltung für die Blinkleuchten verwendet. Natürlich werden in unserem Falle nur Einschaltkontakte benötigt, die handelsüblichen Printrelais besitzen jedoch meist Umschalter und sind damit universell verwendbar. Wir werden später noch sehen, daß dies für einige andere Schaltungen vorteilhaft ist, weil dort Umschaltkontakte notwendig sind.

Die Platine ist so ausgeführt, daß alle elektrischen Anschlüsse der Schaltung an einer Schmalseite herausgeführt sind. Denn so ergibt sich eine einfache und sehr praktische Möglichkeit, die Anschlüsse isoliert und steckbar durch die Gehäusewand zu führen. In *Bild 6.8* ist der handgefertigte Prototyp gezeigt. Man erkennt auf der linken Seite 4 kleine Schrauben, die durch Löten und Kleben mit der Platine verbunden sind. Es sind handelsübliche genormte Messingschrauben mit Zylinderkopf, M-4-Gewinde und 10 mm Länge, die in Bastlerläden erhältlich sind. Damit

Bild 6.7: Die Platine – bereits im Gehäuse eingebaut

Bild 6.8: Das handgemachte Mustergerät unterscheidet sich von dem auf Bild 6.7 gezeigten in der Art der Durchführung der Steckkontakte durch das Gehäuse.

Nachdem wir die komplette Schaltung auf einwandfreie Funktion geprüft haben, kann sie jetzt in ein Gehäuse eingebaut werden. Dazu bohren wir in das Gehäuse 4 Löcher mit einem Durchmesser von 6,3 bis 6,5 mm in einem genauen Abstand von 12 mm. Diese Arbeit muß sehr sorgfältig erfolgen, damit die Befestigungsschrauben später einwandfrei in das Gehäuse passen. Zur Isolierung verwenden wir kleine Isoliernippel, wie sie für den isolierten Aufbau von Leistungstransistoren mit TO-3-Gehäuse auf Kühlkörpern gebräuchlich sind. Diese gibt es in zwei Ausführungen, mit 3-mm-Bohrung und mit 4-mm-Bohrung. Wir wählen die mit der größeren Bohrung, weil wir ja auch 4-mm-Schrauben benutzen wollen (*Bild 6.10*). Diese Isoliernippel dienen uns als isolierte Durchführungen, wobei für jede Schraube 2 Stück benötigt werden.

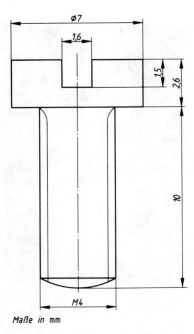

Bild 6.9: Vorschlag zur Befestigung der Platine mit Schrauben M 4 × 10 DIN 84 − 5.8 Messing. Der ursprünglich 1 mm breite und 1,2 mm tiefe Schlitz wird mit Feile oder Säge auf 1,6 mm Breite und 1,5 mm Tiefe erweitert

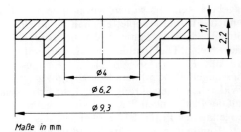

Bild 6.10: Isoliernippel aus Plastik für Gehäuse von Leistungstransistoren

die Platine, die im allgemeinen 1,5 mm dick ist, an diesen Schrauben befestigt werden kann, müssen wir den Schlitz allerdings etwas verändern. Dazu wird mit einer kleinen Flachfeile oder einer passenden Säge der Schlitz auf knapp 1,6 mm Breite und 1,5 mm Tiefe erweitert, wie es die Zeichnung in *Bild 6.9* zeigt. Danach werden 4 solche Schrauben in gleichmäßigem Abstand von genau 12 mm auf einem kleinen Stück Kunststoff (z. B. einem Stück alter Platine) durch Muttern befestigt, wobei die Schlitze in einer Reihe ausgerichtet werden. Die noch unbestückte Platine wird nun so in die Schlitze gesteckt, daß sie gleichmäßig an beiden Seiten übersteht. Dabei muß beachtet werden, daß die Platine genau senkrecht angeordnet ist. Nun wird mit einem Lötkolben (ein kleiner Elektroniklötkolben reicht aus) die Leiterseite der Platine mit den Schrauben verlötet. Die Bestückungsseite der Platine verkleben wir zur besseren mechanischen Festigkeit zusätzlich mit einem Zweikomponentenklebstoff, zum Beispiel mit UHU-Plus. *Bild 6.11* zeigt das nochmal in einer Zeichnung. Die so vorbereitete Platine wird nun bestückt.

Bild 6.11 zeigt, wie die Platine mit dem Gehäuse verbunden wird. Einen Isoliernippel lassen wir unverändert, am anderen entfernen wir mit einem scharfen Messer den Kragen, so daß eine isolierte Unterlegscheibe entsteht. Auf beiden Seiten der Nippel werden normale Unterlegscheiben aus Messing vorgesehen. Unter die Befestigungsmutter legen wir noch einen rechtwinklig abgebogenen Flachsteckanschluß 6,3 × 0,8, den wir in Autoelektrikläden erhalten können. Dadurch kann der Blinkgeber mit Hilfe der genormten Flachsteckhülsen mit dem Bordnetz verbunden werden. Damit die Flachsteckanschlüsse sich nicht lösen können, verkleben wir sie am besten mit der Mutter und dem Gehäuse. Einen dieser Anschlüsse, nämlich die Klemme 31, brauchen wir übrigens nicht zu isolieren. Wenn wir dort die Isoliernippel weglassen und durch Messingunterlegscheiben ersetzen, verbinden wir gleichzeitig das

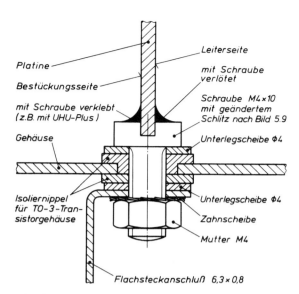

Bild 6.11: Befestigung der Platine im Gehäuse. Die Befestigungsschraube dient gleichzeitig zur isolierten Durchführung der Anschlüsse

messungen 72 × 58 × 28 mm verwendet. Es ist in Elektronikläden erhältlich und besteht aus 1 mm dickem Aluminiumblech, das sich leicht bearbeiten läßt. Für die Befestigung im Fahrzeug schrauben wir mit zwei kleinen Schrauben an eine der Gehäusehälften einen Blechwinkel, den wir entsprechend den jeweiligen Einbaubedingungen passend zurechtbiegen.

Wer sich besondere Mühe machen will, kann jetzt noch mit Aufreibebuchstaben und -zahlen die Klemmenbezeichnungen anbringen. Unser selbstgebauter elektronischer Blinkgeber erhält so ein richtig professionelles Aussehen *(Bild 6.12)*.

Gehäuse mit dem Masseanschluß. Dies ist zur Abschirmung gegen elektrische Störfelder immer von Vorteil. Im Gehäuse genügt dann an dieser Stelle auch eine 4,5-mm-Bohrung.
Bild 6.12 zeigt noch einmal den so aufgebauten betriebsfertigen Blinkgeber. Im Mustergerät wurde das TEKO-Gehäuse Modell 2/A mit den Außenab-

Bild 6.12: So sieht das handgemachte Mustergerät im Gehäuse aus

7. Eine Batterie ist immer dabei

Weil die Ansprüche an Sicherheit und Komfort in unseren Kraftfahrzeugen in den letzten Jahren immer größer geworden sind, ist auch die Zahl der elektrischen Verbraucher sehr gestiegen. Eine kleine Aufstellung, die keinen Anspruch auf Vollständigkeit erhebt, soll uns zeigen, welche elektrische Leistung zum Betrieb dieser Verbraucher im Mittel bei einem Pkw notwendig ist:

Batteriezündung	25 W,
Anzeigeinstrumente	10 W.
Dazu kommen bei Nacht:	
2 Standleuchten	10 W,
2 Schlußleuchten	10 W,
2 × Abblendlicht (H-4-Scheinwerfer)	110 W,
Instrumentenleuchten	15 W.
Und bei schlechtem Wetter benötigen wir zusätzlich:	
Scheibenwischer	90 W,
Lüftungs- und Heizgebläse	50 W,
heizbare Heckscheibe	120 W,
2 Nebelscheinwerfer (Halogen)	110 W,
Nebelschlußleuchte	35 W.
An kurzzeitigen Verbrauchern kommen hinzu:	
2 Blinkleuchten	42 W,
2 Bremsleuchten	42 W,
Horn	40 W.

Ein bei ungünstigen Witterungsverhältnissen und bei Nacht fahrender Pkw benötigt demnach fast 600 W elektrischer Leistung, um alle der Sicherheit und der Bequemlichkeit dienenden Einrichtungen zu betreiben. Für eine solche Belastung muß dann auch die elektrische Anlage eines heutigen Pkw ausgelegt sein. Deshalb haben in modernen Pkws Geräte zur Stromerzeugung – sie werden allgemein Generatoren genannt – eine elektrische Leistung von etwa 500 bis über 1000 W. Bei Motorrädern kommt man mit etwa 200 W aus. Große Reiseomnibusse dagegen besitzen manchmal Generatoren von 10 kW und mehr.

Immer werden diese Generatoren vom Fahrzeugmotor aus angetrieben. Sie liefern also nur Strom, wenn dieser läuft. Zum Starten des Motors und zur Versorgung der Verbraucher bei stehendem Motor (zum Beispiel zur Sichtbarmachung des parkenden Fahrzeuges bei Nacht) wird deshalb noch eine zusätzliche elektrische Energiequelle benötigt. Dafür werden heute weltweit fast ausschließlich Bleiakkumulatoren – im üblichen Sprachgebrauch auch Batterien genannt – verwendet. In diesen Akkumulatoren wird durch einen ziemlich komplizierten chemischen Prozeß elektrische Energie gespeichert. Sie erzeugen also selbst keinen Strom, sondern sie werden vom Generator des Fahrzeuges während der Fahrt aufgeladen und können einen großen Teil der gespeicherten Energie später wieder abgeben.

Die Bleibatterie hat sich durchgesetzt

Es gibt viele Möglichkeiten, elektrischen Strom zu speichern. Wer die Diskussionen um das Elektrofahrzeug verfolgt hat, wird wissen, daß auf dem Gebiete der Batterien viel Entwicklungsarbeit geleistet wird. Für die Zukunft ist sicherlich mit gewaltigen Fortschritten auf diesem Gebiete zu rechnen. Im Kraftfahrzeug mit Verbrennungsmotor wird aber die Bleibatterie noch lange ihren Platz behalten. Denn sie hat einige Vorzüge, die sie für diesen Anwendungsfall vorerst konkurrenzlos macht:

- bei gegebenem Rauminhalt und Gewicht ausreichend großes Speichervermögen;
- preisgünstig;
- relativ wartungsarm;
- kann kurzzeitig hohe Ströme (bis zu einigen 100 A) für den elektrischen Anlasser liefern;
- wird beim Anschluß an eine Gleichstromquelle, die eine konstante Spannung bestimmter Größe liefert, automatisch vollgeladen.

Die Bleibatterie hat allerdings auch einige Nachteile:

- begrenzte Lebensdauer von etwa drei Jahren, auch bei guter Pflege und immer ausreichender Ladung;
- Selbstentladung bei Nichtbenutzung der Batterie von bis zu 1 % der maximal gespeicherten Energie pro Tag, weshalb eine nicht benutzte Batterie mindestens alle Monate aufgeladen werden sollte;
- starkes Absinken der Leistungsfähigkeit bei tiefen Temperaturen;
- Möglichkeit der Überladung, was die Lebensdauer verkürzt.

Die Erläuterung der sehr komplizierten chemischen Vorgänge beim Laden und Entladen von Bleibatterien würde den Rahmen dieses Buches bei weitem sprengen. Einige Dinge sollte man aber wissen: Jede Batterie besteht aus der Hintereinanderschaltung mehrerer Bleizellen. Bei einer 6-V-Batterie sind drei, bei einer 12-V-Batterie sind 6 Zellen in Reihe geschaltet. Denn die Spannung einer Zelle beträgt etwa 2 V. Solch eine Zelle besteht aus einer positiven Elektrode, einer negativen Elektrode und dem flüssigen Elektrolyten (*Bild 7.1*). Wenn die Zelle voll geladen ist, besteht die Oberfläche der positiven Elektrode im wesentlichen aus Bleidioxid (chemische Formel PbO_2), die negative Elektrode aus reinem Blei (Pb). Als Elektrolyt wird verdünnte Schwefelsäure (etwa 25 Vol.-% Schwefelsäure in destilliertem Wasser) benutzt, die bei einer Temperatur von +27° Celsius eine Dichte von 1,28 kg/dm³ besitzt. Ein Liter des Elektrolyten wiegen also 1,28 kg. Wird die Zelle entladen, so bildet sich an beiden Elektroden Bleisulfat ($PbSO_4$) und der Elektrolyt wird mit Wasser angereichert. Weil Wasser spezifisch leichter als verdünnte Schwefelsäure ist (Wasser besitzt bekanntlich die Dichte 1 kg/dm³), wird auch die Dichte des Elektrolyten beim Entladen der Zelle geringer und beträgt bei der völlig entladenen Zelle und einer Temperatur von +27° C nur noch 1,12 kg/dm³. Die Säuredichte ist also bei der Bleizelle ein Maß für den Ladezustand (*Bild 7.2*). Diese Eigenschaft nutzt man aus, um den Ladezustand einer Bleibatterie zu bestimmen. Man verwendet dafür sogenannte Säureprüfer, die es in jedem Kaufhaus gibt (*Bild 7.3*). Mit diesem Säureheber wird nacheinander aus jeder Zelle so viel Elektrolyt gesaugt, daß der im Glasrohr befindliche Schwimmer frei in der Flüssigkeit schwimmt. Die Eintauchtiefe des Schwimmers in dem Elektrolyten ist dann ein Maß für die Säuredichte. Oft ist die Meßskala nicht mit Zahlen versehen, sondern trägt lediglich farbige Markierungen (im allgemeinen: rot – Batterie entladen, gelb – Batterie halb geladen, blau – Batterie voll geladen).

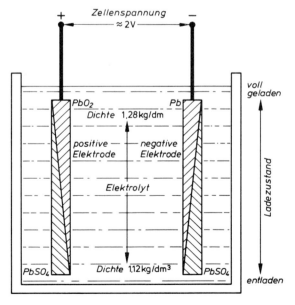

Bild 7.1: Schematischer Aufbau einer Bleizelle

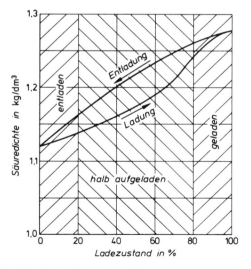

Bild 7.2: Säuredichte einer Bleizelle beim Laden und Entladen (Temperatur: +20 bis +27° C)

Kennwerte von Batterien

Einige Begriffe aus der Batterietechnik sind noch wichtig:
Kapazität – ist die Elektrizitätsmenge, die aus einer Batterie entnommen werden kann. Sie kennzeichnet also die Größe einer Batterie und wird in Amperestunden (Ah) angegeben. In gewissen Grenzen hängt diese Kapazität vom Entladestrom ab. Je größer der Entladestrom, desto geringer die Kapazität. Damit die Batteriehersteller ihre Produkte kennzeichnen können, hat man sich bei der Angabe der Kapazität von Kraftfahrzeugbatterien auf einen einheitlichen Wert geeinigt. Diese *Nennkapazität* gilt für eine 20stündige Entladung der Batterie mit einem konstanten Strom, den man als *Nennstrom* bezeichnet. Dabei darf zum Schluß der Entladung die Zellenspannung auf 1,75 V (also 10,5 V bei einer 12-V-Batterie) abgefallen sein. Diese Spannung wird *Entladeschlußspannung* genannt. Die auf einer Batterie aufgedruckte Kapazitätsangabe von 44 Ah bedeutet also, daß dieser Batterie 20 Stunden lang ein Strom von 2,2 A entnommen werden kann. Die Elektrolyttemperatur muß bei einer solchen Messung +27°C betragen. Die Temperaturangabe ist deshalb wichtig, weil die Kapazität einer Bleibatterie bei tieferen Temperaturen absinkt. Dies wird auch durch den sogenannten *Kälteprüfstrom*, der ebenfalls auf jeder Starterbatterie aufgedruckt ist, dokumentiert. Für

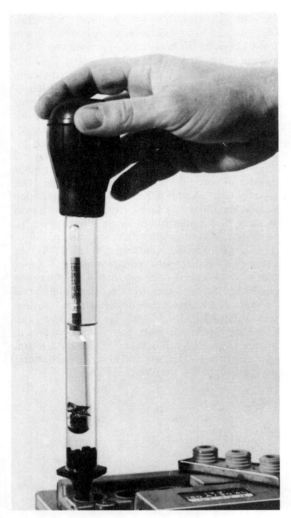

Bild 7.3: So sieht ein Säureprüfer aus

Bild 7.4: Eine moderne Fahrzeugbatterie – 12 V, 33 Ah

Beim Laden der Bleizelle muß Gleichstrom verwendet werden. Der Pluspol der Spannungsquelle wird mit dem Pluspol der Batterie verbunden, der Minuspol entsprechend. Die oben beim Entladen geschilderte chemische Umsetzung wird dabei rückgängig gemacht: Das Bleisulfat an beiden Elektroden wird umgesetzt, und die positive Elektrode besteht zum Schluß wieder aus Bleidioxid, die negative aus reinem Blei. Dem Elektrolyten wird dabei Wasser entzogen, so daß bei der voll geladenen Zelle die Säuredichte wieder den alten Wert erreicht.

das Startverhalten bei tiefen Temperaturen ist dieser Strom noch wichtiger als die Kapazität selbst. Die Angabe dieses Stromes besagt, daß eine Batterie bei $-18\,°C$ mit diesem Strom entladen wird und nach 30 Sekunden Entladezeit eine Zellenspannung von mindestens 1,4 V, nach 3 Minuten Entladezeit noch eine Spannung von mindestens 1,0 V besitzen muß.

Wenn Sie jetzt also eine neue Batterie für Ihr Fahrzeug kaufen und darauf die Bezeichnung 12 V 44 Ah 210 A lesen, so wissen Sie, daß Sie eine Starterbatterie mit einer Nennspannung von 12 V (sie besitzt 6 Zellen), einer Nennkapazität von 44 Ah und einem Kälteprüfstrom von 210 A besitzen. Diese Angaben gelten natürlich nur für die voll geladene neuwertige Batterie und sind in der DIN 72311 genormt.

Richtige Pflege ist wichtig

Im Zusammenhang mit dem Kraftfahrzeug interessiert natürlich besonders, wie man eine Batterie in gutem Zustand erhält und wie man sie richtig auflädt. Der Pflegebedarf einer heutigen Batterie ist nicht groß – vorausgesetzt, die Batterie wird durch vergebliche Anlaßversuche und durch vergessenes Ausschalten der Scheinwerfer nicht dauernd tief entladen. Dann beschränkt sich die Pflege auf das Prüfen des Säurestandes etwa einmal im Monat und auf die Sichtkontrolle (Undichtigkeiten). Der Elektrolyt sollte etwa 1 cm über der Oberkante der Elektroden, die häufig nach ihrer Form auch Platten genannt werden, stehen.

Fast alle neuzeitlichen Fahrzeugbatterien besitzen ein durchsichtiges Kunststoffgehäuse, bei dem es sehr selten Undichtigkeiten gibt und das Markierungen für den höchsten und den tiefsten Säurestand aufweist. Ist zu wenig Elektrolyt vorhanden, kann die Batterie bleibende Schäden bekommen. Ein zu hoher Säurestand hat neben geringerer Kapazität vor allem „ätzende" Folgen, weil überlaufende verdünnte Schwefelsäure außer Kleidung auch Lack und Metalle angreift. Von den üblicherweise am Kraftfahrzeug verwendeten Metallen wird nur Blei nicht vom Elektrolyten angegriffen, weshalb Batteriepole aus Blei bestehen und die Batterieanschlüsse verbleit sind. Die Anschlüsse der Batterie sollten gelegentlich mit Säureschutzfett (z.B. Bosch Ft 40 v 1 bei Bosch-Diensten unter der Bestell-Nr. 5 700 102 005 erhältlich) leicht eingefettet werden.

Wenn man vom Verlust des Elektrolyten durch

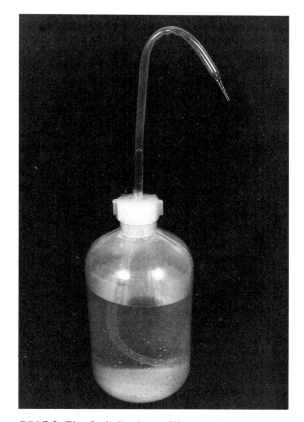

Bild 7.5: Eine Spritzflasche zur Wasserergänzung

Undichtigkeiten absieht, kann in einer Bleibatterie nur Wasser verloren gehen. Vor allem bei hohen Temperaturen im Sommer oder wenn die Batterie in der Nähe heißer Teile (Auspuff) eingebaut ist, verdunstet ein Teil des Wassers. Bei zu niedrigem Säurestand darf deshalb nur Wasser nachgefüllt werden, wozu man sich am besten eine kleine Spritzflasche (gibt es im Chemiebedarfshandel) anschafft (*Bild 7.5*). Das in Kaufhäusern und an Tankstellen angebotene sogenannte Batteriewasser ist nichts anderes als reines destilliertes Wasser, und auch nur solches gehört zum Nachfüllen in eine Batterie! Das gleiche destillierte Wasser bekommt man aber wesentlich billiger in einer Apotheke oder einer Drogerie. Wichtig ist noch, daß man den höchsten Säurestand nur bei voller Batterie herstellen sollte, weil beim Laden der Säurestand etwas ansteigt.

Richtiges Laden verlängert die Lebensdauer

Solange die elektrische Anlage des Fahrzeuges in Ordnung ist und die Batterie durch reinen Kurzstreckenverkehr oder langes Stehen des Fahrzeuges nicht zu sehr beansprucht wird, ist ein Nachladen der Batterie nicht notwendig. Anders sieht das bei älteren Fahrzeugen mit schwach bemessenen Generatoren oder schlecht anspringenden Motoren aus. Hier kann sich die Anschaffung oder der Selbstbau eines Ladegerätes durchaus lohnen. Vorher sollte aber Klarheit darüber bestehen, wie man beim Batterieladen richtig vorgeht. Grundsätzlich kann für den Hausgebrauch unterschieden werden zwischen dem Erhaltungsladen und dem Wiederaufladen.

Die Batterie hat Winterpause

Wenden wir uns der ersten Art des Ladens zu. Diese ist notwendig, wenn ein Fahrzeug längere Zeit außer Betrieb gesetzt wird, was zum Beispiel in den Wintermonaten häufig mit Motorrädern, seltenen Oldtimern, aber auch mit Cabrios geschieht. Läßt man deren Batterien einen Winter lang vor sich hindämmern, nutzt meist das Aufladen im Frühjahr nicht mehr viel, weil sich die Oberfläche der Platten durch

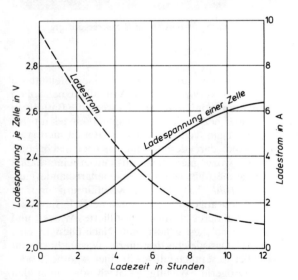

Bild 7.6: Beispiel für die Batterieladung mit einem einfachen Ladegerät. Ladespannung und Ladestrom nach einer W-Kennlinie

Sulfatation mit weiß-grauem grobem Bleisulfat überzogen hat und damit der chemische Vorgang des Ladens sehr behindert wird. Es ist daher sinnvoll, eine nicht benötigte Batterie mit einem *Ladeerhaltungsstrom* dauernd zu versorgen, der die Selbstentladung weitgehend wieder ausgleicht. Dieser Strom sollte etwa $1/1000$ der Nennkapazität in Ah betragen, bei einer Motorradbatterie mit 12 Ah demnach etwa 12 mA. Dieser Strom kann einige Monate fließen, ohne daß dies der Batterie schadet. Die Batterie sollte dazu trocken und kühl (Keller) untergebracht sein. Die Verschlußstopfen müssen nicht herausgeschraubt werden. Vor dieser Winterpause muß die Batterie auf normale Art voll geladen sein. Während der Ladeerhaltung stellt sich an der Batterie eine Zellenspannung von etwa 2,2 V (13,2 V bei einer 12-V-Batterie) ein.

Die entladene Batterie – bald wieder betriebsbereit

Anders bei der Normalladung. Hier kommt es ja darauf an, die Batterie in möglichst kurzer Zeit wieder verwendungsfähig zu machen. Werkstätten und Tankstellen besitzen dafür zum Teil sogenannte Schnelladegeräte, die in früherer Zeit einigen Ärger bereiteten, weil sie die Batterielebensdauer manchmal sehr verkürzten. Heutige Schnelladegeräte sind mit einer elektronisch gesteuerten Automatik ausgestattet, die die Batterie weitgehend schont, weil sie den für die jeweilige Batteriegröße zulässigen Ladestrom einhält.
Ladestrom und Ladespannung sind nämlich für das sachgemäße Aufladen einer Bleibatterie von ausschlaggebender Bedeutung. Wenn man eines der in Kaufhäusern und Verbrauchermärkten preiswert angebotenen Heimladegeräte erwerben will, sollte man darauf achten, daß ein solches Gerät ziemlich genau $1/10$ der Batteriekapazität in Ah als Strom in A liefern kann. Für eine 44-Ah-Batterie wäre ein Gerät mit einem angegebenen Ladestrom bis 4,5 A genau richtig. Mit einem solchen Gerät ist eine leere 44-Ah-Batterie in einer Nacht wieder aufgeladen. Diese preiswerten Ladegeräte arbeiten fast alle mit einer Kennlinie nach *Bild 7.6*, die auch als W-Kennlinie bezeichnet wird. Diese Kennlinie ergibt sich, wenn die Batterie an eine Spannungsquelle mit konstanter Spannung und relativ kleinem Innenwiderstand angeschlossen wird. Der Ladestrom stellt sich dabei entsprechend der Differenz zwischen der

Spannung des Ladegerätes und der der Batterie ein. Da die völlig entladene Batterie eine Zellenspannung von weniger als 1,8 V besitzt (weniger als 10,8 V bei einer 12-V-Batterie), fließt zu Beginn der Ladung ein relativ hoher, für die Batterie aber unschädlicher Ladestrom, der nur durch die Innenwiderstände von Ladegerät und Batterie begrenzt wird.

Für eine leere Starterbatterie eines Pkws kann ein Innenwiderstand von bis zu 0,1 Ohm bei Raumtemperatur angenommen werden, während die volle Batterie nur einen Innenwiderstand von 0,005 Ohm ($^5/_{1000}$ Ohm) besitzt. Ein übliches Ladegerät mit W-Kennlinie hat einen Innenwiderstand von etwa 0,5 Ohm.

Mit steigendem Ladezustand steigt auch die Spannung an den Batteriepolen. Damit wird die Spannungsdifferenz zwischen Ladegerät und Batterie geringer und der Strom sinkt (*Bild 7.6*). Meist sind diese Ladegeräte so ausgelegt, daß eine Ladeschlußspannung bis zu 2,65 V pro Zelle erreicht wird. Bei dieser Spannung „gast" die Batterie bereits und muß vom Ladegerät getrennt werden. Eine Batterie kann nämlich nur eine durch ihre Größe begrenzte Menge elektrischer Energie aufnehmen. Wird diese Grenze überschritten, bewirkt die weiter zugeführte elektrische Energie nur elektrolytische Zersetzung des Wassers. An der positiven Elektrode entsteht dann Sauerstoff, an der negativen bildet sich Wasserstoff. Man nennt diesen Vorgang *Gasen*. Er setzt bei einer Zellenspannung von mehr als 2,4 V ein und hat dauernden Wasserverlust zur Folge, wenn die Energiezufuhr nicht beendet wird. Über die *Gasungsspannung* von 2,4 V pro Zelle sollte eine Bleibatterie nur kurze Zeit geladen werden, weil dann *Überladung* einsetzt, die keiner Batterie lange gut bekommt. Zum Schluß des Ladens, wenn also Gasen einsetzt, nimmt die Batterie nur noch einen kleinen Strom von weniger als 1 A auf.

Ein wenig Vorsicht kann nicht schaden

Wegen des Gasens müssen bei Schnelladegeräten und Geräten mit einer W-Kennlinie übrigens die Zellenstopfen geöffnet werden, damit in der Batterie kein Überdruck entstehen kann, der zur Zerstörung des Gehäuses beiträgt. Feuer und offenes Licht sind von der Batterie grundsätzlich, besonders natürlich zum Schluß bei starker Gasentwicklung, fernzuhalten. Nicht umsonst heißt das Gemisch aus Sauerstoff und Wasserstoff „Knallgas"! Ebenso ist das Hantieren mit metallischen Geräten an der Batterie nicht ungefährlich. Ein Kurzschluß mit dem dabei entstehenden Funken kann die Batterie zur Explosion bringen, weil sie noch einige Zeit nach dem Laden weiter gast. Wie schon erwähnt, sollte erst nach Beendigung der Ladung der Säurestand aufgefüllt werden, es sei denn, die Batterie hätte schon vor der Ladung einen Säurestand unterhalb der Plattenoberkante. Wie wird nun eine Batterie im Fahrzeug geladen? Dort kann man ja die Ladung nicht dauernd überwachen und zur richtigen Zeit beenden.

Hier wirkt sich günstig aus, daß eine Bleibatterie, wenn man sie mit einer konstanten, etwas unterhalb der Gasungsspannung liegenden Spannung versorgt, automatisch den Strom aufnimmt, der zur Erhaltung fast des vollen Ladezustandes notwendig ist. Die Spannungsquelle, also der Fahrzeuggenerator, muß nur genügend Strom liefern können und muß die richtige Spannung abgeben. Dann geschieht das Laden automatisch.

Im Kraftfahrzeug macht man von dieser Möglichkeit schon lange Gebrauch, indem die Generatorspannung durch einen Regler konstant gehalten wird. Im nächsten Kapitel werden wir darüber Näheres erfahren. Auch beim Aufladen außerhalb des Fahrzeuges kann diese Eigenschaft von Bleibatterien ausgenutzt werden. Das Ladegerät muß nur eine elektronische Regelung für eine konstante Spannung besitzen. Das erlaubt die Aufladung einer leeren Batterie in wenigen Stunden ohne Gefahr für die Lebensdauer. Wichtig ist, daß diese Automatiklader neben der konstanten Ausgangsspannung noch einige Zusatzeinrichtungen zum Schutz der Batterie besitzen. Zu Beginn der Automatikladung kann eine völlig leere Batterie nämlich Ströme von 50 A und mehr aufnehmen, die eigentlich nur durch die Leistungsfähigkeit des Ladegerätes begrenzt sind.

Ein Teil der zugeführten elektrischen Energie wird in der Batterie in Wärme umgewandelt. Bei sehr hohen Ladeströmen kann es deshalb einer Batterie buchstäblich zu warm werden. Automatikladegeräte sind darum mit Umschaltern für verschiedene Batteriegrößen (Kapazitäten) versehen, damit sichergestellt ist, daß beim schnellen Aufladen die Temperatur der Säure 55° C nicht übersteigt.

Wenn es auf einige Stunden mehr bei der Ladung nicht ankommt, kann eine Batterie auch an einem kleineren Automatikladegerät, das sich zum Selbstbau gut eignet, geladen werden. Dazu muß dieses Gerät eine elektronische Regelung der Ausgangsspannung besitzen, und es muß eine Begrenzung des Maximalstromes vorgesehen sein, damit das Gerät selbst vor zu hohen Strömen geschützt wird. *Bild 7.7*

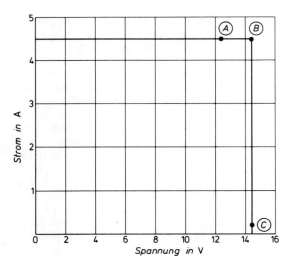

Bild 7.7: Kennlinie eines zur Batterieladung geeigneten Netzgerätes mit konstanter, fest eingestellter Ausgangsspannung und Strombegrenzung.
Punkt A Beim Anschluß einer entladenen Batterie wird der Strom auf 4,5 A begrenzt.
Punkt B Nach einigen Stunden ist die Spannung der Batterie auf 14,2 V angestiegen; die Batterie wird von da an mit konstanter Spannung weitergeladen, wobei der
Punkt C Strom zum Schluß auf etwa 0,2 A absinkt

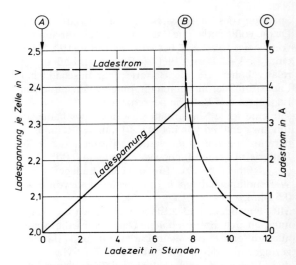

Bild 7.8: Beispiel für die Batterieladung mit einer Konstantspannungsquelle mit Begrenzung des Maximalstromes. Ladespannung und Ladestrom nach der *IU*-Kennlinie. Die besonders gekennzeichneten Punkte entsprechen denen von *Bild 7.7*

zeigt die Kennlinie eines solchen Gerätes. Die Spannung ist fest auf genau 14,2 V eingestellt und liegt damit dicht unterhalb der Gasungsspannung einer 12-V-Batterie. Zum Schutz von Transformator, Gleichrichter und Regelelektronik ist der Ausgangsstrom im Beispiel auf 4,5 A begrenzt. Wird nun eine entladene Batterie angeschlossen, beträgt der Ladestrom 4,5 A (Punkt A) und die Spannung liegt dicht über 12 V. Bei konstantem Strom von 4,5 A steigt die Spannung an der Batterie bis auf 14,2 V und bleibt dann konstant (Punkt B). Die Regelung sorgt nun weiter für eine konstante Spannung, wobei der aufgenommene Strom zum Schluß der Ladung bis auf etwa 0,2 A (bei einer in Ordnung befindlichen 12-V-44-Ah-Batterie) absinkt (Punkt C). Die Batterie ist damit fast auf ihre volle Kapazität aufgeladen und kann mehrere Tage ohne Aufsicht am Ladegerät angeschlossen bleiben.
Der zeitliche Verlauf von Ladestrom und Ladespannung ist für eine Zelle noch einmal in *Bild 7.8* dargestellt. Zwischen den Punkten A und B bleibt der Strom auf 4,5 A begrenzt und die Zellenspannung steigt dabei etwa linear auf 2,37 V (14,2 V für eine 12-V-Batterie) an. Je nachdem, wie entladen die Batterie vorher war, kann dieser Vorgang mehr als 8 Stunden dauern. Ab Punkt B sinkt bei konstanter Spannung der Strom bis auf den Endstrom ab, der nach etwa 12 Stunden (Punkt C) erreicht ist. An der Höhe dieses Stromes kann ungefähr die Güte der Batterie beurteilt werden. Ausgehend von den oben genannten Werten für Spannung und Batteriekapazität läßt sich sagen, daß ein Strom von mehr als 1 A im Punkte C auf eine teilweise sulfatisierte Batterie schließen läßt, deren Lebenserwartung nicht mehr sehr groß ist. Bei weniger als 0,2 A kann die Batterie als neuwertig gelten. Für andere Batteriekapazitäten gelten sinngemäß umgerechnete Werte.
Bei dieser Art von Ladung wird die volle Kapazität einer Batterie nicht ganz ausgeschöpft, weil man bewußt die Gasungsspannung nicht überschreitet.

Wir bauen ein Ladeerhaltungsgerät

Nachdem wir nun mehr über das sachgemäße Laden von Bleibatterien wissen, soll mit dem Experimentieren begonnen werden. Bereits mit einer sehr einfa-

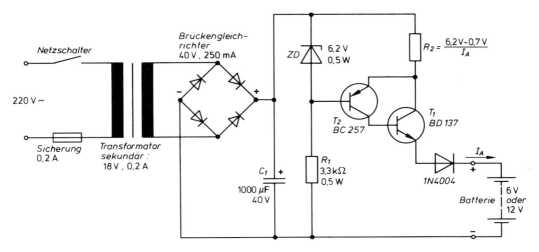

Bild 7.9: Einfaches Ladeerhaltungsgerät für einen Strom von 10 bis 100 mA

chen Schaltung können wir eine Konstantstromquelle aufbauen, mit der die Ladeerhaltung einer ganzen Reihe im Motorrad und im Pkw üblicher Batterien möglich ist (*Bild 7.9*). Der Ladestrom muß dabei nicht sehr konstant sein, eine Stabilisierung gegen Schwankungen der Netzspannung ist nur grob erforderlich.

Die gezeigte Schaltung nutzt die Eigenschaft von Siliziumtransistoren aus, daß die Spannung U_{BE} zwischen Basis und Emitter vom durchfließenden Strom ziemlich unabhängig ist und 0,7 V beträgt. Wird nun die Spannung an der Basis durch eine Zenerdiode stabilisiert, so ist die Spannung am Emitterwiderstand immer um 0,7 V geringer und ebenfalls konstant. Da der Emitterstrom bei einem Transistor mit hoher Stromverstärkung praktisch gleich dem Kollektorstrom ist, kann so durch diesen Emitterwiderstand der Kollektorstrom und damit der Ladeerhaltungsstrom eingestellt werden. In einer Formel ausgedrückt, lauten die Zusammenhänge

$$I_A = \frac{U_Z - U_{BE}}{R_2}.$$

Damit die Schaltung universell für viele Batterien verwendbar ist, muß die zur Verfügung stehende Gleichspannung relativ hoch sein. Deshalb wird hier ein Transformator mit einer Spannung von 18 V verwendet, so daß sich nach dem Brückengleichrichter am Kondensator C_1 eine Gleichspannung von etwa 25 V einstellt. Der Strom durch die Zenerdiode soll etwa 6 mA betragen, die Größe von R_1 ergibt sich daraus zu

$$R_1 = \frac{U_{C_1} - U_Z}{I_Z} = \frac{25\,V - 6{,}2\,V}{6\,mA} = 3133\,\text{Ohm}.$$

Wir wählen als nächsten Normwert 3,3 kOhm. Der den Ladeerhaltungsstrom bestimmende Emitterwiderstand kann in einen Festwiderstand und ein Potentiometer aufgeteilt werden, um den Strom einstellbar zu machen. Man kann dann sowohl kleine Motorradbatterien als auch Starterbatterien größerer Pkw überwintern lassen.

Damit die Stabilisierungswirkung der Zenerdiode nicht beeinträchtigt wird, sollten wir für unser Ladeerhaltungsgerät statt eines Einzeltransistors besser zwei Transistoren wie in *Bild 7.9* verwenden. Die Stromverstärkung von kleinen Leistungstransistoren, wie wir sie in unserer Schaltung einsetzen müssen, ist recht klein, weshalb der bei größeren Ausgangsströmen fließende Basisstrom Werte von 5 mA erreichen kann. Bei der gezeigten Schaltung ist der Basisstrom von T_2 so gering, daß wir ihn vernachlässigen können. Entsprechend der obigen Gleichung können wir R_2 berechnen:

Für eine kleine Motorradbatterie von 6 bis 12 Ah genügt ein Ladeerhaltungsstrom von 10 mA. Der Emitterwiderstand des Transistors beträgt dann

$$R_2 = \frac{U_Z - U_{BE}}{I_A} = \frac{6{,}2\,V - 0{,}7\,V}{10\,mA} = 550\,\Omega.$$

Für einen Ladeerhaltungsstrom von 100 mA, der schon für eine recht große Pkw-Batterie von 84 Ah ausreicht, gilt:

$$R_2 = \frac{6{,}2\text{ V} - 0{,}7\text{ V}}{0{,}1\text{ A}} = 55\ \Omega.$$

Um Normwerte verwenden zu können, wählen wir 560 Ω beziehungsweise 56 Ω.

Damit das Ladeerhaltungsgerät recht universell einsetzbar ist, ist es für einen Ausgangsstrom von ca. 10 bis 100 mA ausgelegt.

An T_1 fällt beim Anschluß einer 6-V-Batterie eine Spannung von etwa 12 V ab. Wenn dazu noch ein Strom von 100 mA kommt (zum Beispiel bei der Ladeerhaltung von 6-V-84-Ah-Batterien, wie sie in älteren Fahrzeugen häufig zu finden sind), beträgt die Verlustleistung an T_1 1,2 W. Er muß also mit einem kleinen Kühlkörper versehen werden, der aus einem 50×100 mm² großen Alu-Blech bestehen kann. Die in Bild 7.9 angegebenen Transistoren können auch durch einen PNP-Darlington-Transistor ersetzt werden. Gut geeignet ist zum Beispiel der Typ TIP 125 von Texas Instruments. Jetzt wird sich mancher fragen, wie es möglich ist, daß an das gleiche Gerät sowohl eine 6-V- als auch eine 12-V-Batterie ohne Umschalten angeschlossen werden kann. Die Beantwortung dieser Frage ist recht einfach. Wir haben es mit einem Konstantstromgerät zu tun.

Damit wirklich ein konstanter Strom unabhängig von der Belastung fließen kann, muß der Ausgang eines solchen Geräts theoretisch einen unendlich großen Widerstand besitzen. Nur dann ist der durch die Batterie fließende Strom völlig unabhängig vom Batterietyp. In der Praxis zeigt sich aber, daß der Ausgangswiderstand eines Ladeerhaltungsgerätes nur ausreichend groß gegenüber dem Innenwiderstand der Batterie sein muß. Da die Batterie selbst (siehe S. 51) einen sehr geringen Widerstand besitzt, ist der Ausgangswiderstand des in Bild 7.9 gezeigten Gerätes mit mindestens 20 kΩ groß genug. Wichtig ist, wie schon gesagt, daß die am Ausgang zur Verfügung stehende Spannung hoch genug ist, damit auch für eine 12-V-Batterie genügend Reserve zur Verfügung steht.

Mit einem IC wird es einfacher

Für ein Ladeerhaltungsgerät läßt sich mit sehr gutem Erfolg ein Integrierter Schaltkreis einsetzen, der das Gerät noch einfacher im Aufbau und nicht teurer macht. Sei einigen Jahren gibt es nämlich sogenannte Festspannungsregler, das sind ICs mit nur drei Anschlüssen, in denen ein kompletter Spannungsregler mit Strombegrenzung und Sicherheitsschaltung gegen thermische Überlastung in einem kleinen Gehäuse untergebracht ist. Diese Festspannungsregler sind für feste Spannungen zwischen 5 und etwa 24 V und Ströme bis 1 A preiswert erhältlich. Im Ladeerhaltungsgerät nach Bild 7.10 wird ein solcher Baustein mit einer Ausgangsspannung von 5 V und einem Maximalstrom von 0,5 A verwendet. Er wird von den meisten großen Halbleiterherstellern angeboten (zum Beispiel TDD 1605 von Intermetall, µA

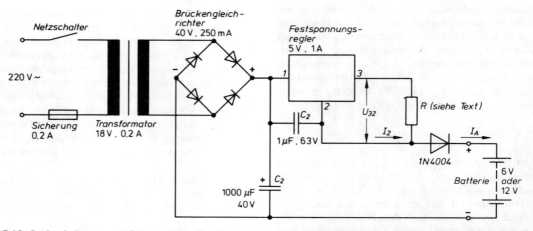

Bild 7.10: Ladeerhaltungsgerät (Konstantstromquelle) mit Festspannungsregler. Der Ladestrom wird durch den Widerstand R bestimmt

7805 von Texas Instruments und TDB 7805 T von Siemens) und dient vorzugsweise zur Stromversorgung von integrierten digitalen Bausteinen. Zum Betrieb wird eine ungeregelte Gleichspannung zwischen 8 und maximal 35 V an die Klemmen 1 und 2 (*Bild 7.10*) angeschlossen; am Ausgang (Klemme 3 und 2) wird die stabilisierte Spannung entnommen. Der Anschluß 2 ist dabei der gemeinsame Minusanschluß. In unserer Schaltung wird jetzt die Eigenschaft eines solchen Festspannungsreglerbausteines ausgenutzt, daß an seinem Ausgang unabhängig von der Eingangsspannung und (bis zum Maximalstrom) auch unabhängig von dem Ausgangsstrom eine konstante Spannung von 5 V (nach Herstellerangaben mit einer Fertigungstoleranz von ± 5 %) abgenommen werden kann.

Legt man also an den Ausgang einen Widerstand R, so fließt durch diesen Widerstand ein Strom von genau $I = \frac{5\,\text{V}}{R}$, der genauso wie die Spannung sehr konstant ist. Diesen Strom können wir zur Ladeerhaltung einer Batterie heranziehen. Dazu muß allerdings der ganze Festspannungsregler in Reihe zur Batterie gelegt werden, wie *Bild 7.10* zeigt. Nur wenn zwischen den Ausgangsklemmen 3 und 2 der Widerstand R und nicht auch noch die Batterie angeschlossen ist, kann der Regler seine Aufgabe als Konstantstromquelle erfüllen. Es stört aber nicht, wenn auch der Strom der Klemme 2 (im Bild mit I_2 bezeichnet) zusätzlich durch die Batterie fließt. Er ist ebenfalls sehr konstant und außerdem mit etwa 5 bis 7 mA sehr klein. Bei der Auslegung der Schaltung muß dieser Strom nur mit berücksichtigt werden. Die Formel für den Ausgangsstrom der Schaltung lautet deshalb

$$I_A = \frac{U_{3-2}}{R} + I_2.$$

Für einen Ausgangsstrom von 10 mA ergibt sich danach ein Widerstand zwischen den Klemmen 3 und 2 von

$$R = \frac{U_{3-2}}{I_A - I_2} = \frac{5\,\text{V}}{10\,\text{mA} - 7\,\text{mA}} = 1{,}67\,\text{k}\Omega.$$

Für $I_A = 100$ mA eingesetzt, erhält man

$$R = \frac{5\,\text{V}}{100\,\text{mA} - 7\,\text{mA}} = 53\,\Omega.$$

Die nächsten Normwerte sind 1,5 kΩ und 51 Ω.

Der Kondensator C_2 parallel zum Eingang des ICs muß ein Folienkondensator sein und dient zur Unterdrückung unerwünschter Schwingungen.

Bild 7.11: Das fertige Ladeerhaltungsgerät

Mit Absicht sind in den Schaltungen *7.9* und *7.10* keine veränderlichen Widerstände zur stufenlosen Einstellung des Ladeerhaltungsstromes vorgesehen. Wie die Gleichungen zur Berechnung der Ströme zeigen, steht der den Strom bestimmende Widerstand unter dem Bruchstrich. Dies bedeutet, daß bei kleinen Widerständen *R* schon geringe Änderungen dieser Widerstände eine große Stromänderung verursachen. Würde man nun einen Einstellwiderstand verwenden, so hätte die Schleiferstellung in der Nähe des einen Endes überhaupt keinen meßbaren Einfluß auf den Strom, und bei der Stellung in der Nähe des anderen Endes würden schon kleine Veränderungen des Widerstandes große Stromänderungen verursachen. Deshalb werden hier Festwiderstände empfohlen. Wenn verschiedene Ladeerhaltungsströme benötigt werden, ist ein Umschalter mit verschiedenen Festwiderständen sinnvoller.

Die Diode *D* schützt die Schaltungen gegen versehentliches Falschpolen der Batterie. Sie beeinflußt die Funktion der Schaltungen nicht. *Bild 7.11* zeigt das fertige Gerät nach Schaltung *7.10*. Auch der Festspannungsregler muß durch einen Kühlkörper gut gekühlt werden.

Wegen des Anschlusses an das Netz ist die Verwendung eines Kunststoffgehäuses sinnvoll. Es isoliert ausreichend gut, und man braucht keine Schutzerde anzulegen. Bei elektrischen Geräten kleiner Leistung in einem gut isolierenden Kunststoffgehäuse ist das zulässig.

Auf der einen Schmalseite des Unterteils (*Bild 7.11*) wird eine Bohrung für das Netzkabel angebracht. Die andere Schmalseite erhält Bohrungen für die beiden Kabel zur Batterie und eventuell eine Bohrung für eine kleine Glimmlampe, die wie im Muster parallel zum Netzanschluß liegt und die Bereitschaft des Gerätes signalisiert. Für die Befestigung einer Platine besitzt das Gehäuse bereits 4 Bohrungen. Auf der Platine sind alle Bauelemente angeordnet, auch der Netztransformator, der hier ein sogenannter Kartentransformator für den Einsatz auf gedruckten Schaltungen ist. Der Festspannungsregler erhält einen kleinen Kühlkörper.

Damit die entstehende Verlustwärme gut abgeführt werden kann, sind in das Oberteil des Gehäuses 8-mm-Bohrungen sowohl am Rand als auch auf der Oberseite gebohrt. In dieser Ausführung ist das Gerät kurzschlußfest und für 6-V- und 12-V-Batterien gleich gut geeignet.

Kleines Automatikladegerät für den Selbstbau

Ein modernes Schnelladegerät, das in wenigen Stunden eine Batterie startklar macht, selbst bauen zu wollen, wäre ein teures Unterfangen. Die für die hohen Ströme bis zu 50 A notwendigen Transformatoren, Gleichrichter und Leistungshalbleiter sind sehr teuer und nicht ohne weiteres erhältlich.

Wenn also wirklich mal eine Batterie völlig leer sein sollte und Sie auf das Fahrzeug dringend angewiesen sind, hilft die volle Batterie eines Nachbarn und ein Paar guter Starthilfekabel genauso wirkungsvoll (*Bild 7.12*). Dabei gleich ein Tip, wie man beim Leihen von Startstrom vorgehen sollte: Der Motor des Spenderfahrzeuges, das natürlich die gleiche Bordnetzspannung haben muß, läuft mit erhöhter Leerlaufdrehzahl, damit sein Generator kräftig Strom liefern kann. Mit dem Starthilfekabel, die es

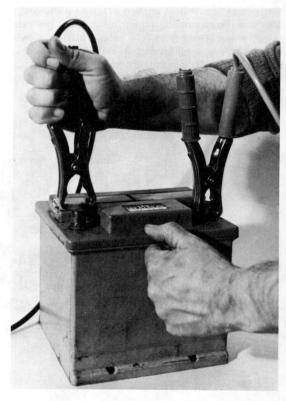

Bild 7.12: Ein paar Starthilfekabel sollte man immer dabei haben – aber 100 A müssen sie schon vertragen können

für ca. 20 DM in Kaufhäusern und Supermärkten gibt (man sollte darauf achten, daß sie einen Strom von mindestens 100 A vertragen können und stabile verkupferte oder verbleite Klemmen besitzen), wird zuerst der Pluspol beider Batterien, danach der Minuspol verbunden. Es ist ganz wichtig, daß die Pole nicht vertauscht werden, weil das beide Batterien in kurzer Zeit unbrauchbar macht. Jetzt kann das kranke Fahrzeug normal angelassen werden. Nach dem Anspringen sollte der Motor des Nehmerfahrzeuges sofort mit erhöhter Drehzahl betrieben werden, damit auch sein Generator laden kann. Die Startkabel werden nun in umgekehrter Reihenfolge entfernt. Ausnahmsweise sollte man nicht sofort losfahren, sondern den Generator noch bei erhöhter Motordrehzahl einige Minuten laden lassen.

Mit einem selbstgebauten Automatikladegerät relativ kleiner Leistung kann eine Pkw-Batterie in einer Nacht wieder geladen werden und braucht auch nach der Ladung nicht abgeklemmt zu werden. Man muß die Ladung also nicht mehr überwachen. Weiterhin hat ein solch kleines Gerät den Vorteil, als Stromlieferant für die meisten Experimente auf dem Gebiete der Kraftfahrzeugelektrik und -elektronik dienen zu können, da es eine konstante Gleichspannung liefert. Als Maximalstrom wählen wir 5 A. Bei diesem Strom sind Transformator, Gleichrichter und sonstige Leistungshalbleiter nicht allzu teuer und relativ leicht erhältlich. Außerdem kann in diesem Leistungsbereich noch das Konzept spannungsgeregelter Laborgeräte angewendet werden, das sich durch einfache Funktion und unkritischen Aufbau auszeichnet.

Zuerst benötigen wir einen Transformator, der sekundärseitig eine Wechselspannung von 15 bis 18 V bei einem Strom von 5 A (besser wäre 6 bis 7 A) liefern kann *(Bild 7.13)*. In der Elektronik werden solch hohe Ströme selten benötigt, in der Kraftfahrzeugelektrik dagegen recht oft. Mit einem Brückengleichrichter (B 40 C 5000) wird der Wechselstrom in einen pulsierenden Gleichstrom umgeformt und in einem großen Elektrolytkondensator (4700 µF) geglättet. Dieser Kondensator ist notwendig, damit die nachgeschaltete elektronische Spannungsregelung auch bei großen Ladeströmen richtig arbeiten kann. Die Beschaffung eines geeigneten Transformators ist manchmal nicht leicht. Und auch ein passendes Gehäuse für unser Gerät ist nicht gerade im Laden um die Ecke erhältlich – von den Preisen für diese beiden Teile ganz zu schweigen. Wir können uns aber preiswert helfen, wenn wir bereit sind, ein wenig zu basteln: In Kaufhäusern, in Autozubehörgeschäften und im Versandhandel gibt es für rund 50 DM kleine Batterieladegeräte, die einen Strom von etwa 6 A liefern können. Für unsere Zwecke ist nur eine Ausführung mit 12 V geeignet. Bei einem zwischen 6 und 12 V umschaltbaren Gerät ist die 12-V-Stellung

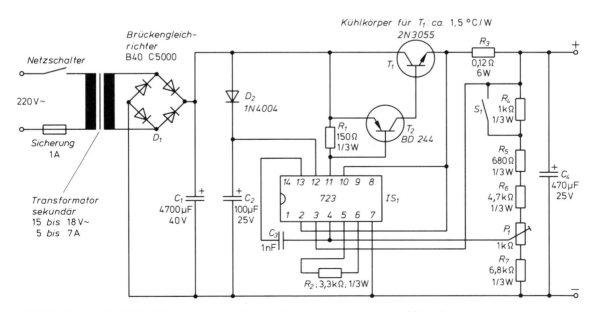

Bild 7.13: Ladegerät (14 V, 5 A) mit elektronisch geregelter Ausgangsspannung und Strombegrenzung

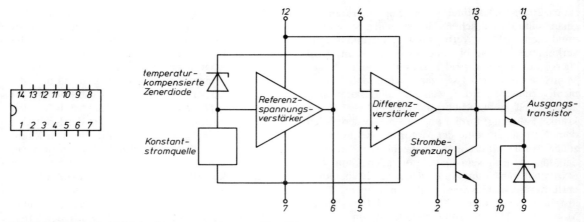

Bild 7.14: Blockschaltbild des Spannungsreglers vom Typ 723

zu benutzen. Mancher Leser hat solch ein einfaches Ladegerät vielleicht noch unbeachtet im Keller stehen. Beim Kauf bitte darauf achten, daß das Gerät den Strom von 6 A in der 12-V-Stellung liefern kann. Viele umschaltbare Geräte tragen zwar die Bezeichnung „6-A-Ladegerät", können die 6 A aber nur bei 6 V liefern, und bei 12 V dann entsprechend weniger. Diesem käuflichen Ladegerät rücken wir mit Kneifzange und Schraubendreher zu Leibe. Denn für unsere Zwecke sind nur das Gehäuse und der Transformator (und natürlich die Zuleitungen) zu gebrauchen. Der Gleichrichter ist in der Regel eine Selen-Ausführung und wird durch den schon erwähnten Silizium-Brückengleichrichter ersetzt. Durch dieses Zweckentfremden (sprich Umbauen) eines einfachen Ladegerätes haben wir schon ein paar Mark gespart, und Beschaffungs-Schwierigkeiten gibt es auch nicht mehr. Das Mustergerät dieses Buches entstand aus einem solchen käuflichen Ladegerät, wie man dem *Bild 7.17* sicher ansieht.

Das Einfach-Ladegerät wird durch eine elektronische Spannungsregelung aufgewertet. Mit dieser Spannungsregelung wird – richtiges Einstellen der Spannung vorausgesetzt – das Überladen der Batterie sicher vermieden. Als eigentlicher Spannungsregler dient dabei eine Integrierte Standardschaltung 723, die so gute Eigenschaften besitzt, daß man sie mit Einzelhalbleitern und anderen Bauelementen gar nicht ersetzen könnte. Dieser Baustein wird von allen namhaften Halbleiterherstellern mit unterschiedlichen Bezeichnungen, aber praktisch gleicher Funktion, angeboten und ist sehr preiswert. Er vereinigt alle zur Spannungsregelung notwendigen Funktionen in einem Gehäuse *(Bild 7.14)*.

Wie es im Inneren eines Integrierten Spannungsreglers zugeht

Eine temperaturkompensierte Zenerdiode wird durch eine Konstantstromquelle gespeist. Mit einem Verstärker hoher Güte wird daraus eine von der Umgebungstemperatur und von anderen Einflüssen wie Änderung der Versorgungsspannung unabhängige Vergleichsspannung zur Verfügung gestellt, die sogenannte Referenzspannung. Sie beträgt 7,15 V und kann durch Exemplarstreuungen um etwa ± 0,35 V für den einzelnen Baustein unterschiedlich sein, ist aber selbst äußerst konstant. In dem IC befindet sich außerdem noch ein hochwertiger Differenzverstärker, der wie ein Operationsverstärker arbeitet, sowie ein Ausgangstransistor für einen Strom bis 150 mA. Ein zusätzlicher Transistor kann für eine Begrenzung des Ausgangsstromes zum Schutz des ICs eingesetzt werden. Die der Vollständigkeit halber miteingezeichnete Zenerdiode zwischen den Anschlüssen 9 und 10 soll uns hier nicht interessieren. Sie wird nur bei einigen Sonderanwendungen des 723 benutzt.

Wie das Automatikladegerät arbeitet

Zur Anwendung des 723 wollen wir uns in einem einfachen Beispiel die Konstantspannungsquelle in *Bild 7.15* näher ansehen. Über Diode D zum Schutz gegen negative Spannungsspitzen wird der Baustein mit dem Pluspol der Betriebsspannung verbunden. Die hochstabile Referenzspannung wird auf den sogenannten nichtinvertierenden Eingang des Diffe-

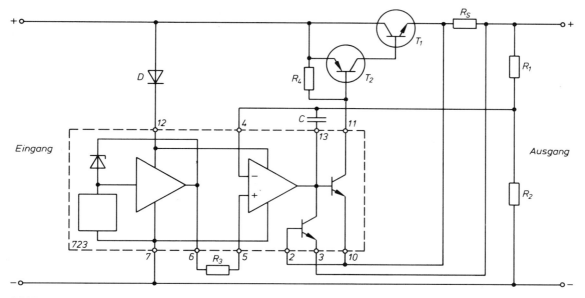

Bild 7.15: Prinzip einer Konstantspannungsquelle mit dem Baustein 723. Die Anschlußbelegung entspricht Bild 7.14

renzverstärkers geschaltet. Der invertierende Eingang dieses Verstärkers erhält über einen Spannungsteiler R_1, R_2 einen Teil der Ausgangsspannung. Dadurch liegt am Eingang des Differenzverstärkers die Differenz zwischen der Ausgangsspannung und der festen Referenzspannung. Vom Ausgang des Differenzverstärkers wird ein Transistor als veränderlicher Widerstand so angesteuert, daß bei Änderungen der Ausgangsspannung, beispielsweise durch Änderung der Belastung am Ausgang, die Schwankungen ausgeregelt werden – die Ausgangsspannung bleibt konstant.

Damit ein größerer Strom entnommen werden kann, sind in *Bild 7.15* zwei zusätzliche Transistoren T_1 und T_2 angeordnet, die vom Ausgangstransistor des 723 angesteuert werden. Durch Einsatz eines pnp- und eines npn-Transistors wird erreicht, daß einerseits ein verhältnismäßig hoher Strom geliefert werden kann und andererseits der Mindestspannungsabfall an diesen Transistoren recht klein ist.

Zur Begrenzung des Stromes ist der Widerstand R_s notwendig. Er wird so gewählt, daß beim Maximalstrom an ihm gerade eine Spannung von etwa 0,7 V abfällt. Diese steuert über die Anschlüsse 2 und 3 den Strombegrenzungstransistor im 723 so an, daß dieser den Ausgangstransistor gerade soweit sperrt, daß der eingestellte Strom nicht überschritten wird. Die Schaltung in *Bild 7.15* verhält sich damit im Prinzip

so, wie in der Kennlinie *Bild 7.7* dargestellt. Der Kondensator C soll das ungewollte Schwingen des 723 verhindern. Mit dem Verhältnis der Widerstände R_1 und R_2 wird die Ausgangsspannung der Schaltung eingestellt. Wählt man $R_1 =$ Null, so liegt am Eingang des Differenzverstärkers die volle Ausgangsspannung, die dann so geregelt wird, daß sie gerade so groß wie die Referenzspannung ist. Für die Berechnung der Ausgangsspannung gilt die einfache Gleichung

$$U_A = U_{Ref} \frac{R_1 + R_2}{R_2}.$$

Da die Referenzspannung etwa 7,15 V beträgt, kann der Spannungsteiler R_1, R_2 für jede gewünschte Spannung innerhalb des Arbeitsbereiches dieser Schaltung dimensioniert werden. In der angegebenen Beschaltung des 723 kann die Ausgangsspannung nie kleiner als die Referenzspannung werden. Die größte Ausgangsspannung ist mit etwa 35 V durch die Spannungsfestigkeit des 723 gegeben. Für die Anwendungen in der Kraftfahrzeugelektronik reicht dieser Spannungsbereich vollkommen aus.

Wenden wir uns wieder *Bild 7.13*, der Schaltung des eigentlichen Ladegerätes, zu: Der 723 dient hier als Treiber für den pnp-Transistor T_2, der einen Strom von etwa 1 A liefern kann. T_2 wiederum steuert T_1 an, der für Ströme von weit mehr als 5 A ausgelegt ist. T_1 ist damit zwar überdimensioniert, bietet dadurch aber die Gewähr für sicheres Funktionieren des Gerätes auch unter harten Bedingungen. Wie zum Beispiel das Diagramm in *Bild 7.8* erkennen läßt, fließt während des ersten Ladeabschnittes über mehrere Stunden ein hoher Strom, wenn die Batterie stark entladen war. Der scheinbar überdimensionierte Transistor T_1 ist nämlich auch in der Lage, mit der bei einer solchen Phase auftretenden Wärme gut fertig zu werden, wenn man ihn richtig kühlt. Im Mustergerät wurde T_1 auf einen Kühlkörper mit einem Wärmewiderstand von 1,5 °C pro W montiert. Dies bedeutet, daß der Kühlkörper für jedes Watt elektrischer Verlustleistung an T_1 eine Temperaturdifferenz von 1,5 °C zwischen Transistorgehäuse und umgebender Luft besitzt. Bei der Schaltung in *Bild 7.13* wird T_1 mit einer maximalen Verlustleistung von etwa 50 W bei völlig entladener Batterie beaufschlagt. Der Kühlkörper und der Transistor sind damit ausreichend ausgelegt. Auch T_2 benötigt einen kleinen Kühlkörper, der aber unkritisch ist.

Zum Schutz des Gerätes muß wie schon erwähnt der Maximalstrom begrenzt werden. Dieser Strom wird durch den Widerstand R_3 bestimmt:

$$I_{max} = \frac{U_{2-3}}{R_3}$$

Die Ansprechspannung für die Strombegrenzung in der Schaltung 723 liegt bei $U_{2-3} = 0{,}65$ V (Raumtemperatur). Dies ergibt den Maximalstrom der Schaltung:

$$I_{max} = \frac{0{,}65\ \text{V}}{0{,}12\ \Omega} \approx 5\ \text{A}.$$

Die Ausgangsspannung des Ladegerätes kann an P_1 zwischen etwa 13 und 15 V eingestellt werden, wodurch Toleranzen von Bauelementen ausgeglichen werden können. Hochverstärkende Schaltungen wie der Baustein 723 neigen bei ungünstigem Schaltungsaufbau und unsachgemäßer Leitungsverlegung zu hochfrequenten Eigenschwingungen, die den Baustein zerstören oder seine Regelaufgabe unmöglich machen können. Um dies unter allen Umständen zu vermeiden und damit das Ladegerät nachbausicher zu gestalten, sind in der Schaltung die Kondensatoren C_2, C_3 und C_4 vorgesehen.

Zum Abgleich des Gerätes kommt man um das Ausleihen eines analogen oder digitalen Spannungsmeßgerätes mit einem Meßbereich von etwa 15 V nicht herum. Ein richtiger Autoelektriker sollte solch ein Gerät, das heutzutage nicht mehr allzu teuer ist,

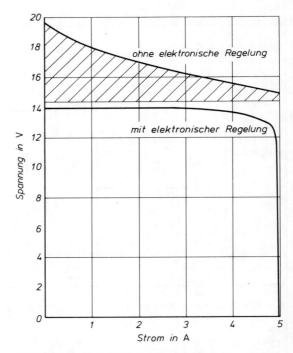

Bild 7.16: Kennlinie des Batterieladegerätes
oben: ohne elektronische Regelung, die Spannung ist zu hoch, der schraffierte Bereich schadet einer Batterie
unten: mit elektronischer Regelung, die Spannung liegt unterhalb der Batteriegasungsspannung

allerdings besitzen. Der Schalter S_1 wird geöffnet, und das Ladegerät wird mit dem Einstellwiderstand P_1 auf eine Ausgangsspannung von 14 bis 14,2 V eingestellt (siehe *Bild 8.17, Seite 76*). Wenn jetzt der Schalter S_1 geschlossen wird, messen wir eine Ausgangsspannung von etwa 13 V. In dieser Einstellung (S_1 geschlossen) ist das Ladegerät auch zum Ladeerhalten geeignet. Wenn wir eine Bleibatterie im Winterschlaf sachgemäß pflegen wollen, gibt es neben der bereits beschriebenen Möglichkeit der Ladeerhaltung mit einem konstanten kleinen Strom noch die Alternative, der Batterie eine konstante Spannung relativ weit unterhalb der Gasungs-Spannung anzubieten. Für eine 12-V-Batterie liegt die günstigste Spannung für den Winterschlaf bei 13 V. Diese Spannung stellt sich im übrigen auch ein, wenn die Ladeerhaltung mit konstantem Strom erfolgt (siehe *Seite 50*).

Wie sich die Regelung der Ausgangsspannung bei einem Ladegerät auswirkt, ist an *Bild 7.16* abzulesen.

In diesem Bild ist die Ausgangsspannung in Abhängigkeit vom Ladestrom aufgetragen. Die obere Kurve gibt die Verhältnisse ohne Regelung wieder. Bei Leerlauf (Ladestrom ist fast Null) steigt die Spannung bis auf über 19 V an, und auch beim vollen Ladestrom liegt die Spannung noch bei 15 V und damit über der Gasungsspannung der Batterie. Der gesamte schraffierte Bereich ist für die Batterie schädlich. Die untere Kurve zeigt das Verhalten bei einer Regelung der Ladespannung. Auch bei voller Batterie, wenn also der Ladestrom gegen Null geht, steigt die Ladespannung nicht über die eingestellten 14 V. Der Maximalstrom wird zum Schutz der Bauteile auf knapp 5 A begrenzt. Damit entspricht unser Gerät recht gut dem in *Bild 7.7* gekennzeichneten Idealzustand. Daß mit einer solchen Charakteristik das Laden einer völlig leeren Batterie etwas länger dauert als mit einem ungeregelten Gerät, stört überhaupt nicht. In jedem Falle reicht die Ladekapazität aus, um in einer Nacht genügend Energie für den morgendlichen Start zu speichern.

Mit dem Bau und der Inbetriebnahme des Automatik-Ladegerätes haben wir eigentlich alles getan, um einer 12-V-Batterie beste Pflege angedeihen zu lassen. Was soll aber der Besitzer eines älteren Fahrzeuges mit 6-V-Anlage (und was gab es da früher für herrliche Sachen!) für seine wertvolle Batterie unternehmen? Nun, ihm kann geholfen werden. Für die Ladeerhaltung sei ihm *Bild 7.9* oder *Bild 7.10* empfohlen. Und für das Laden müssen wir halt die Spannung des Ladegerätes entsprechend absenken. Am einfachsten geht dies, indem wir in *Bild 7.13* die Widerstände R_4, R_5 und R_6 überbrücken, den oberen Anschluß von P_1 also mit dem Plusanschluß des Gerätes verbinden und die Ausgangsspannung mit P_1 entsprechend (auf 7 bis 7,1 V) einstellen. Beim Betrieb müssen wir dann lediglich darauf achten, daß T_1 nicht zu heiß wird (größerer Kühlkörper).

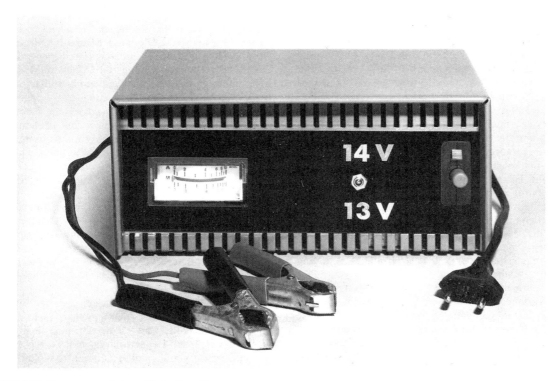

Bild 7.17: Unser neues Automatik-Ladegerät

8. Der Generator – ein leistungsfähiges Kraftwerk

Wie im Kapitel 7 bereits dargestellt, gibt es außer der elektrischen Zündung noch eine Menge anderer Stromverbraucher im Auto, für die eine elektrische Energiequelle benötigt wird. Die Batterie kann nur eine begrenzte Energiemenge speichern und ist meist in ihrer Größe gerade so ausgelegt, daß mit ihrer Hilfe auch bei tiefen Temperaturen der Motor noch gestartet werden kann. Eine längere Fahrt nur mit dem Energievorrat der Batterie ist also gar nicht möglich, wie eine kleine Überschlagsrechnung zeigt: Allein die notwendigsten Verbraucher bei Tag, Zündung und Anzeigeinstrumente, benötigen etwa 35 W. Bei einer 12-V-Anlage ist dies ein Strom von 3 A. Ein Mittelklasse-Pkw mit einer (vollen!) 44-Ah-Batterie käme damit theoretisch knapp 14 Stunden aus, aber nur, wenn während dieser Zeit kein anderer Verbraucher, also auch kein Bremslicht und kein Blinker, eingeschaltet würde. Und regnen darf es natürlich unterwegs auch nicht. Ein Kraftfahrzeug benötigt deshalb eine dauernd funktionierende elektrische Energieversorgung, den Generator.

An einen solchen Generator werden hohe Ansprüche gestellt. Er muß den Stromhaushalt des Fahrzeuges auch unter schwierigen Bedingungen decken können, soll möglichst wenig Wartung erfordern, und er soll natürlich preisgünstig in der Herstellung sein. Dabei wird ihm das Leben gar nicht so leicht gemacht. Denn er wird – meist über Keilriemen – vom Fahrzeugmotor angetrieben, der seine Drehzahl fast ständig ändert. Er wird Hitze und Salzwasser ausgesetzt. Der Generator muß weiterhin in seiner Leistungsangabe sehr variabel sein, weil die meisten Verbraucher nur bei Bedarf eingeschaltet werden.

Für die Elektrik und Elektronik im Kraftfahrzeug ist es aber besonders wichtig, daß der Generator eine Gleichspannung liefert, die wegen der selbsttätigen Batterieladung und auch wegen einiger anderer spannungsempfindlicher Verbraucher konstant sein muß. Damit der Generator vor zu hohen Strömen geschützt ist, muß außerdem noch eine Strombegrenzung vorhanden sein.

Spule und Magnetfeld müssen sich gegeneinander bewegen

Das Prinzip der Erzeugung elektrischer Energie wurde schon Mitte des 19. Jahrhunderts angewendet und hat sich bis heute in den Grundzügen nicht verändert. Es beruht darauf, daß ein elektrischer Leiter in einem feststehenden Magnetfeld bewegt wird, oder umgekehrt – ein Magnetfeld gegenüber einem feststehenden Leiter. Ob Magnetfeld oder Leiter bewegt werden, spielt dabei eigentlich keine Rolle. Wichtig ist nur die Bewegung relativ zueinander. Da für diese Bewegung mechanische Energie eingesetzt werden muß, die meist von drehenden Wellen abgenommen wird, ist diese Relativbewegung in der Technik immer eine Drehbewegung. Dabei wird der sich drehende Teil Rotor oder Läufer genannt, der feststehende Teil Stator oder Ständer.

Bei dieser Relativbewegung wird im Leiter eine elektrische Spannung erzeugt, man sagt auch „induziert"; diese Spannung wird daher Induktionsspannung genannt. Wie sie entsteht, ist vereinfacht im *Bild 8.1* dargestellt. Hier ist der Leiter, eine Windung aus Draht, feststehend angeordnet, das Magnetfeld eines Dauermagneten dreht sich.

Solange der Magnet sozusagen quer vor der Leiterwindung steht, ändert sich das Magnetfeld nicht – die Spannung ist Null. Erst wenn der eine Pol des Magneten sich der Leiterwindung nähert, das Magnetfeld sich gegenüber dem Leiter also verändert, wird eine Spannung induziert. Wie der Zeigerausschlag des Instrumentes und das Diagramm zeigen, ist

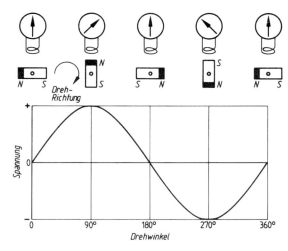

Bild 8.1: Bei einer Umdrehung des Läufers ändert die Spannung einmal ihr Vorzeichen

diese Spannung im Beispiel positiv. Sie wird nach einer halben Drehung des Magneten (180° Drehwinkel) gegenüber der Ausgangsstellung Null. Beim Weiterdrehen nähert sich der andere Pol des Magneten der Leiterschleife, dabei wird die Spannung im Beispiel negativ.

Wenn die Drehung des Magneten völlig gleichförmig erfolgt, hat die induzierte Spannung einen exakt sinusförmigen Verlauf. Das Diagramm in *Bild 8.1* zeigt dies.

Die durch Induktion erzeugte Spannung hängt im Prinzip von drei Größen ab. Und weil diese Größen für einen Generator besonders wichtig sind, sollen sie im einzelnen näher erläutert werden:

- die Anzahl der Leiterwindungen, meist Windungszahl genannt. Wenn das Magnetfeld sich gleichzeitig in mehreren Leitern ändert, wird in jedem Leiter die gleiche Spannung induziert. Ordnet man die einzelnen Leiter in einer Reihenschaltung an, so addieren sich die Spannungen. Und das geschieht, wenn solch ein Leiter zum Beispiel in Form einer Spule aufgewickelt ist. Dabei ergibt doppelte Windungszahl theoretisch auch doppelte Spannung – die Induktionsspannung ist der Windungszahl proportional;
- die Stärke des Magnetfeldes. Von dieser hängt die Induktionsspannung ebenfalls ab. Und zwar gilt auch hier, daß theoretisch die Spannung der Stärke des Magnetfeldes entspricht;
- die Schnelligkeit der Relativbewegung zwischen Leiter und Magnetfeld. Je schneller die Änderung des Magnetfeldes gegenüber dem Leiter, desto größer die induzierte Spannung – mit größerer Generatordrehzahl nimmt die Spannung linear zu.

Es ist also gar nicht so einfach, eine konstante Generatorspannung im Kraftfahrzeug zu erhalten, denn üblicherweise werden Generatoren vom Motor aus angetrieben, drehen bei doppelter Motordrehzahl auch doppelt so schnell.

Wenn in einem Bordnetz eine Batterie mitarbeitet, und bei allen größeren Motorrädern und Pkw ist das so, dann muß mit einer besonderen Einrichtung die Generatorspannung konstant gehalten – geregelt – werden.

Der Gleichstromgenerator

Zunächst soll aber vom Generator selbst die Rede sein. Grundsätzlich unterscheidet man danach, ob sich Magnetfeld oder Spule drehen. Ursprünglich wurden in Kraftfahrzeug Generatoren mit feststehendem Magnetfeld und drehender Spule verwendet. Zu dieser Generatorart gehört auch der Gleichstromgenerator, der aus dem klassischen Elektromaschinenbau stammt. Gleichstromgenerator heißt er deshalb, weil diese Bauart keinen Wechselstrom wie in *Bild 8.1* abgibt, sondern Gleichstrom. Dafür ist eine Gleichrichtung in der Maschine selbst notwendig, und die geschieht hier mechanisch. Um die induzierte Spannung der sich im Magnetfeld drehenden Spule abnehmen zu können, bedient man sich eines sogenannten Kollektors, von dem über Kohlebürsten der Strom auf die feststehenden Leitungen übertragen wird. Dieser Kollektor hat die Form eines halbierten Ringes und läuft mit der Generatorwelle um. Er ist dabei auf der Generatorwelle so angeordnet, daß er genau bei einem Drehwinkel von 180° (*Bild 8.1*) die Spulenanschlüsse vertauscht, die Spule also umpolt. Dabei entsteht an den Kohlebürsten ein Gleichstrom in Form einer halben Sinuswelle.

In der Praxis wird dieses Prinzip verfeinert. Auf der Generatorwelle sind mehrere Spulen zueinander versetzt angeordnet und der Kollektor besteht aus mehreren Lamellen (*Bild 8.2*). Damit wird nicht nur der Platz besser ausgenutzt, die stark pulsierende Spannung unseres einfachen Modellgenerators schwankt nur noch sehr wenig – ein solcher Generator ist ein echter Gleichstromgenerator.

Sein drehender Teil wird Anker genannt. Die Wicklungen des Ankers sind in einem Weicheisenpaket untergebracht. Dieses Weicheisen setzt dem magne-

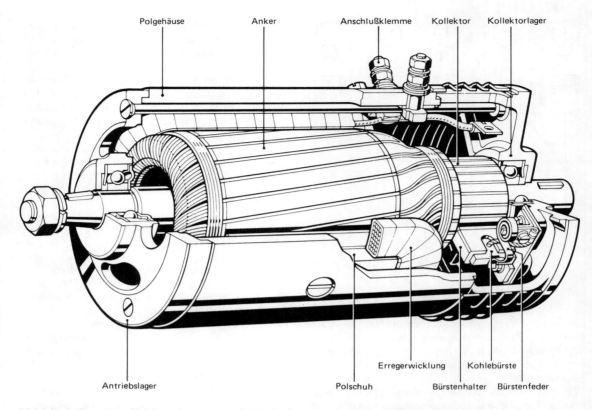

Bild 8.2: Aufbau eines Gleichstromgenerators. Solch ein Generator wurde lange Zeit in allen Pkws verwendet

tischen Feld einen geringeren Widerstand entgegen als Luft, es ist magnetisch besser leitend.

Das Magnetfeld des Generators in *Bild 8.2* ist gegenüber dem einfachen Modellgenerator abgeändert. Es ist kein natürliches Magnetfeld eines Dauermagneten, sondern das Magnetfeld eines Elektromagneten, der aus einer Erregerwicklung auf einem Polschuh besteht. Diese Abkehr vom einfachen Dauermagneten hat zwei Gründe: Erstens kann so ein Dauermagnet nur eine begrenzte magnetische Feldstärke bereitstellen, und dadurch ist die elektrische Leistung des Generators begrenzt. Zweitens bietet ein Elektromagnet die Möglichkeit, durch Änderung des Stromes durch die Erregerwicklung die Generatorspannung zu beeinflussen. Man kann so mit einer besonderen Regeleinrichtung erreichen, daß die Spannung des Generators konstant bleibt. Diese Regeleinrichtung wird allgemein Regler genannt und beeinflußt die Generatorspannung durch Steuerung des Magnetfeldes der Erregerwicklung.

Die mechanische Gleichrichtung durch den Kollektor ist einer der großen Nachteile des Gleichstromgenerators. Durch den Kollektor und die Kohlebürsten fließt nämlich der gesamte Generatorstrom, der bei Pkw-Gleichstromgeneratoren bis 50 A betragen kann. Bei derartig hohen Strömen entstehen Funken, die zur Überlastung führen können. Außerdem ist gelegentlich ein Wechsel der Kohlebürsten notwendig, bei dem meist auch der Kollektor fachmännisch überdreht werden muß. Die elektrische Leistung solcher Gleichstromgeneratoren ist also begrenzt, ihre Lebensdauer ebenfalls.

Der Drehstromgenerator hat das Feld erobert

Es hat deshalb auch nicht an Versuchen gefehlt, durch andere Generatorprinzipien Leistung und Lebensdauer zu vergrößern. Dabei bietet die Umkehrung der Bewegungsart große Vorteile. Der Generatorstrom wird wie in unserem Modellgenerator (*Bild 8.1*) einer feststehenden Wicklung entnommen. Damit entfallen die Schwierigkeiten bei der Übertragung hoher Ströme von drehenden Wicklungen. Allerdings ist die erzeugte Spannung eine Wechselspannung. Es wird deshalb ein elektrischer Gleichrichter erforderlich. Derartige Gleichrichter sind als Selen- oder Kupferoxydulgleichrichter in der Elektrotechnik schon viele Jahrzehnte bekannt. Ihr Einsatz bei Kraftfahrzeuggeneratoren scheiterte aber bisher an schlechtem Wirkungsgrad, großem Bedarf an Raum und Kühlung, vor allem aber an viel zu hohen Kosten.

Erst die Silizium-Leistungsdiode hat hier eine grundlegende Wandlung ermöglicht. Eine solche Diode ist sehr klein und temperaturfest. Außerdem erlaubt die moderne Halbleitertechnologie eine sehr preiswerte Herstellung. Das Gehäuse solcher Dioden (*Bild 8.3*) besteht wegen der guten Wärmeleitung meist aus Kupfer und ist außen gerändelt. Dadurch können diese Dioden in den Kühlkörper eingepreßt werden.

Durch die Umkehr der spannungserzeugenden Bewegung ist nun ein rotierendes Magnetfeld notwendig geworden. Auch hier werden bei neuzeitlichen Kraftfahrzeuggeneratoren, genau wie beim Gleichstromgenerator, nicht Dauermagneten eingesetzt, sondern rotierende Elektromagneten. Dieser benötigt zwar auch eine Stromzufuhr, dieses Mal in umgekehrter Richtung vom festen Generatorgehäuse auf die Rotorwelle, es ist aber kein Kollektor mit Lamellen mehr notwendig. Und der Strom zur Erregung des Elektromagnetfeldes ist wesentlich geringer als der Ankerstrom eines Gleichstromgenerators. Lebensdauer und Wartungsanspruch eines solchen Generators verhalten sich viel günstiger.

Wegen seiner besonderen Art der Spannungserzeugung wird dieser Generator Drehstromgenerator genannt (*Bild 8.4*). Die Spulen, in denen die Spannung induziert wird, sind in einer sogenannten Ständerwicklung zusammengefaßt. Die dazugehörigen Silizium-Leistungsdioden sind in zwei für mehrere Dioden gemeinsame Kühlkörper eingepreßt und mit im Generatorgehäuse untergebracht. Der Erzeuger des Drehmagnetfeldes heißt wegen seiner besonderen Form Klauenpolläufer. Er ist in zwei wartungsfreien Kugellagern im Generatorgehäuse gelagert und wird bei Pkw-Motoren durch eine Riemenscheibe über einen Keilriemen angetrieben.

Bei vielen Motorrädern, den meisten japanischen, aber auch bei einigen europäischen Typen, besitzt der Klauenpolläufer keine eigene Lagerung, sondern ist auf einem Ende der Kurbelwelle des Motors oder auf einer besonderen Zwischenwelle gelagert. Die elektrische Funktion dieser Motorradgeneratoren unterscheidet sich aber nicht von der bei Pkws gebräuchlichen.

Mit der Riemenscheibe ist ein Lüfterrad verbunden, das mit einem Kühlluftstrom durch den Generator für ausreichende Wärmeabfuhr der Leistungsdioden und der Wicklungen sorgt. Am anderen Ende der Läuferwelle sind isoliert zwei Schleifringe angeordnet, über die die Läuferwicklung mit dem Erregerstrom versorgt wird. Zur Übertragung dieses Erregerstromes auf die Schleifringe dienen Kohlebürsten, die in einem besonderen Bürstenhalter befestigt sind und über kleine Federn angedrückt werden. Der Bürstenhalter kann bei den meisten Generatortypen relativ leicht ausgewechselt werden, ohne den Generator auszubauen.

Durch die Anwendung des Klauenpolläufers gelang eine besonders einfache und wirkungsvolle Erregung bei Drehstromgeneratoren. Bei der Betrachtung von *Bild 8.1* wird klar, daß sich eine besonders hochfrequente Wechselspannung erzeugen läßt, wenn statt eines Magneten mit nur einem Nord- und Südpol mehrere Magnete gegeneinander versetzt rotieren

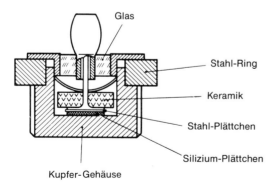

Bild 8.3: Schnitt durch eine Silizium-Leistungsdiode für Drehstromgeneratoren.
Die Diode hat ein gerändeltes Gehäuse und wird in den Kühlkörper eingepreßt

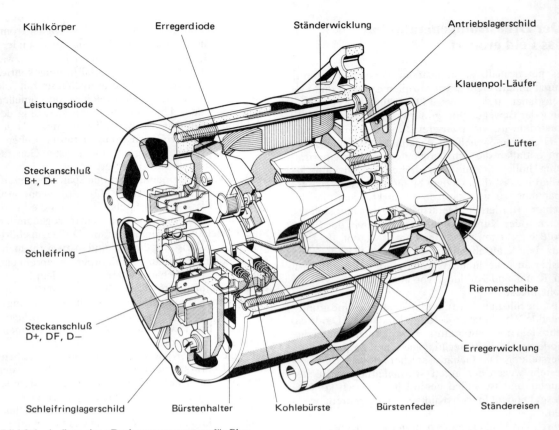

Bild 8.4: Aufbau eines Drehstromgenerators für Pkw

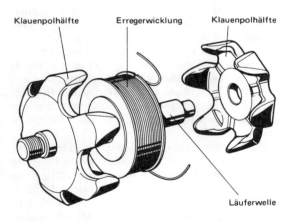

Bild 8.5: Klauenpolläufer eines Drehstromgenerators

würden. Bei der Gleichrichtung einer solch hochfrequenten Wechselspannung ergäbe sich dann auch eine sehr wenig pulsierende Gleichspannung. Auf einen Elektromagneten angewendet, würde eine solche Lösung einen sehr komplizierten und teuren Läufer ähnlich einem Anker in *Bild 8.2* erfordern. Den Entwicklungsingenieuren fiel eine bessere und preiswertere Lösung ein: Sie sahen nur eine rotierende Spule vor, kapselten diese aber von beiden Seiten mit zwei glockenförmigen Weicheisenpolen ein, die mit je sechs Klauen versehen sind (*Bild 8.5*). Diese Klauen sind nun gegeneinander so versetzt angeordnet, daß der Läufer wie ein 12poliger Magnet mit abwechselnd angeordneten 6 Nord- und 6 Südpolen wirkt. Durch diese im Aufbau einfache Anordnung ist die mögliche Drehzahlfestigkeit des Läufers sehr hoch. Wie wir noch sehen werden, ist dies für die Einsatzmöglichkeit von Drehstromgeneratoren von Bedeutung.

Woher hat nun der Drehstromgenerator seinen Namen?

Auch dies hat mit der Frequenz der induzierten Wechselspannung zu tun. Würde nämlich die Ständerwicklung nur aus einer Spule bestehen, so hätte die induzierte Wechselspannung bei einem 12poligen Klauenpolläufer eine Frequenz, die genau 6mal so groß wie die Drehzahl des Generators wäre. Wenn nun auch die Ständerwicklung aus mehreren Teilwicklungen besteht, die versetzt angeordnet sind, kann die Frequenz der Wechselspannung nochmals erhöht werden. Außerdem wird dadurch der Platz für die Ständerwicklung besser ausgenutzt. Wie wir noch sehen werden, brauchen dann auch die einzelnen Dioden – denn jede Ständerwicklung wird zweckmäßig mit eigenen Dioden versehen – keine solch hohen Ströme gleichrichten.

Von den verschiedenen Möglichkeiten, die Ständerwicklung in mehrere Einzelwicklungen zu unterteilen, ist eine besonders günstig: drei um 120° zueinander versetzte Wicklungen. Diese drei Wicklungen sind so verschaltet, wie Bild 8.6 zeigt. Diese Schaltungsart wird in der Elektrotechnik „Sternschaltung" genannt, weil die Wicklungen in Form eines Sternes angeschlossen sind. Daneben gibt es noch eine andere Art der Verbindung von drei Wicklungen, die Dreieckschaltung genannt wird. Beide Schaltungsarten sind auch bei Drehstrommotoren gebräuchlich. Bei Drehstromgeneratoren für Kraftfahrzeuge wird nur die Sternschaltung angewendet. Die drei Anschlüsse der Drehstromwicklung werden mit U, V und W

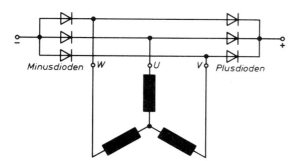

Bild 8.6: Beim Drehstromgenerator sind 3 Wicklungen in Form eines Sternes geschaltet. Die Spannung wird durch 6 Leistungsdioden in Drehstrom-Brückenschaltung gleichgerichtet

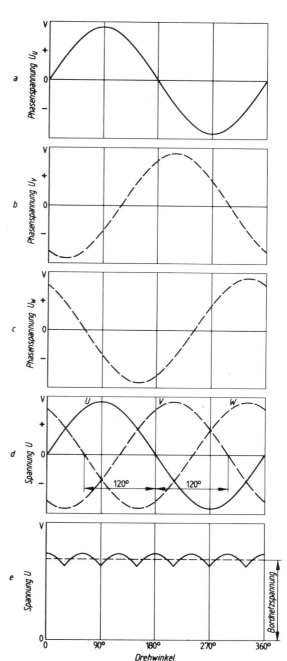

Bild 8.7: Spannungsverlauf in einem Drehstromgenerator.
a) b) c) Spannung in den einzelnen Phasen;
d) die Phasenspannungen sind gegeneinander um 120° verschoben;
e) Spannung nach dem Brückengleichrichter

bezeichnet. Der Mittelpunkt des Sternes ist meist nicht herausgeführt und trägt deshalb auch keine Klemmenbezeichnung. Die in den drei Wicklungen induzierte *Phasenspannung* wird für jede Wicklung getrennt gleichgerichtet, wozu je eine Plus- und eine Minusdiode dient. Die beiden Diodenarten unterscheiden sich nur durch die Polarität. Bei den Plusdioden ist die Diodenkathode mit dem Gehäuse verbunden, bei den Minusdioden die Diodenanode. Dadurch können entsprechend der Schaltung in *Bild 8.6* alle Dioden gleicher Polarität in einen gemeinsamen Kühlkörper eingepreßt werden. Diese Kühlkörper mit der Form eines halben Kreisringes sind ihrerseits im Generatorgehäuse befestigt (*Bild 8.4*).

Entsprechend der Anordnung der drei Wicklungsteile sind die einzelnen Phasenspannungen um 120° phasenverschoben (*Bild 8.7*). Bei der Gleichrichtung werden die Halbwellen der Phasenspannungen so zusammengesetzt, daß ein Spannungsverlauf wie in *Bild 8.7e* entsteht, der schon eine sehr kleine Welligkeit besitzt.

Bild 8.7 zeigt den Spannungsverlauf zur besseren Übersichtlichkeit für die Drehstrombrückenschaltung, wenn ein 2poliger Läufer das Erregerfeld erzeugt. Da übliche Klauenpolläufer aber 12polig ausgelegt sind, entspricht der Spannungsverlauf in Wirklichkeit einer sechstel Läuferumdrehung. Die Welligkeit des Gleichstromes ist also noch 6mal geringer als *Bild 8.7* auf den ersten Blick vermuten läßt.

Die Schaltung der drei Plus- und der drei Minusdioden in *Bild 8.6* heißt auch Drehstrom-Brückenschaltung. Sie wird auch sonst in der Elektrotechnik eingesetzt und entspricht in ihrer Wirkungsweise der einfachen Brückenschaltung, die zum Gleichrichten von Wechselstrom üblich ist (zum Beispiel in *Bild 7.13*). Die Kennlinien der Leistungsdioden sind denen von üblichen Siliziumdioden ähnlich (*Bild 8.8*). Auch hier ist der Durchlaßbereich (rechtes oberes Feld) durch eine vom Durchlaßstrom praktisch unabhängige Durchlaßspannung gekennzeichnet. Das Produkt aus Durchlaßspannung und durch die Diode fließendem Strom ist wieder die Verlustleistung, die über die Kühlkörper abgeführt werden muß. Die zulässige Sperrspannung der im Kraftfahrzeug eingesetzten Leistungsdioden beträgt meist 100 V. Sie reicht damit für den Normalbetrieb völlig aus. Vorsicht ist aber beim Arbeiten an Drehstromgeneratoren und besonders bei der Funktionsprüfung der Dioden geboten: Es dürfen zum Beispiel nicht die in der allgemeinen Elektrotechnik und auch gelegentlich noch in der Kraftfahrzeugelektrik eingesetzten Kurbelinduktoren zur Prüfung benutzt werden. Weiterhin können hohe Spannungsspitzen, wie sie beim Abschalten induktiver Verbraucher vom Bordnetz entstehen, die Dioden zerstören (siehe *Bild 5.5*).

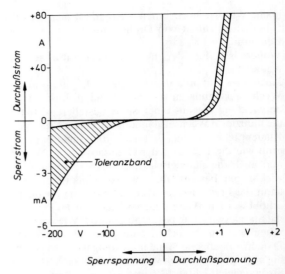

Bild 8.8: Kennlinie einer Silizium-Leistungsdiode. Im Durchlaßbereich fällt eine Spannung von etwa 1 V ab, im Sperrbereich fließt auch bei hohen Spannungen ein sehr geringer Strom. Die Diode wirkt als Gleichrichter

Da die niederohmige Batterie als Puffer für derartige Spannungsspitzen wirkt, ist der Betrieb eines Kraftfahrzeuges ohne angeschlossene Batterie unter Umständen mit Schäden durch zerstörte Dioden verbunden. Ebenso sollte beim Schnelladen der Batterie diese vom Bordnetz getrennt werden, weil bei manchen Schnelladegeräten schädliche Spannungsspitzen entstehen.

Der Erregerstrom beeinflußt die Generatorspannung

Aus der Aufstellung (S. 63) der die Generatorspannung beeinflussenden Faktoren ist zu ersehen, daß bei einem gegebenen Generator (die Windungszahl liegt fest) nur die Drehzahl und der Erregerstrom die induzierte Spannung beeinflussen. Beim Anschluß eines Generators an ein Bordnetz kommt noch eine dritte Einflußgröße hinzu – die Belastung, der vom Generator abgegebene Strom. Was für jede Spannungsquelle gilt, ist auch für den Generator gültig: Der fließende Strom hat nicht nur am Verbraucher, sondern auch am Innenwiderstand der Spannungsquelle einen Spannungsabfall zur Folge. Um diese am Innenwiderstand abfallende Spannung wird die Spannung am Verbraucher gegenüber der im Generator erzeugten Spannung geringer. Zwar ist der ohmsche Widerstand einer Generatorwicklung aus dickem Kupferdraht mit etwa 0,15 Ω sehr gering, der Strom ist dagegen recht groß, wie ein Rechenbeispiel zeigen soll: Beim Maximalstrom eines Generators für einen Mittelklasse-Pkw von 45 A beträgt die Verminderung der erzeugten Spannung

$U = I \cdot R = 45 \text{ A} \cdot 0{,}150 \text{ } \Omega = 6{,}75 \text{ V}.$

Um diesen Spannungsabfall muß nun die im Generator erzeugte Spannung größer sein.

Damit die Generatorspannung von der Belastung durch die Verbraucher und von der Antriebsdrehzahl unabhängig wird, muß in den Vorgang der Spannungsinduzierung eingegriffen werden. Es steht auch ein leicht zu handhabendes Mittel zur Verfügung – der Erregerstrom. Mit seiner Hilfe kann die Generatorspannung in einem weiten Betriebsbereich beeinflußt werden.

Es ist allerdings nicht damit getan, daß der Erregerstrom auf den benötigten Wert eingestellt wird. Die Drehzahl eines Generators wird mit der Motordrehzahl so schnell geändert und die Belastung kann ebenfalls so schnell andere Werte annehmen, daß eine sehr schnelle Änderung des Erregerstromes erfolgen muß. Diese sehr schnelle Änderung wird im Generatorregler bewerkstelligt. Dabei erfolgt die Anpassung des Erregerstromes nicht in analoger Weise durch Verändern eines Widerstandes im Erregerstromkreis, wie dies beim Ladegerät (Bild 7.14) durch die Emitter-Kollektor-Strecke von T_1 bzw. T_2 geschieht. Diese Problemlösung wäre zu aufwendig, ist unter Umständen nicht schnell genug und verursacht Leistungsverluste. Vielmehr wird die Erregerwicklung in mehr oder weniger schneller Folge ein- und wieder ausgeschaltet. Den zeitlichen Verlauf dieses Vorganges zeigt Bild 8.9. Die Erregerwicklung ist als Induktivität anzusehen. Deshalb gilt auch bei ihr das Gesetz, daß beim Anlegen einer Spannung der Strom in ihr zeitlich nachhinkt. Kurve a läßt erkennen, daß es eine Weile (einige Millisekunden) dauert, bis der Erregerstrom seinen vollen Wert erreicht hat. Desgleichen zeigt Kurve b im Diagramm, daß nach dem Abschalten der Spannung der Strom erst nach einiger Zeit auf Null abgefallen ist. Diese Erscheinung kann bei der Generatorregelung ausgenutzt

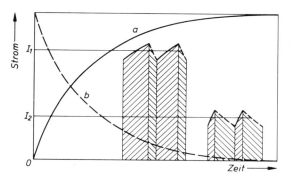

Bild 8.9: Zeitlicher Verlauf des Erregerstromes beim Einschalten (Kurve a) und beim Ausschalten (Kurve b) der Erregerwicklung:
I_1 = großer mittlerer Erregerstrom
I_2 = kleiner mittlerer Erregerstrom

werden. Wird ein hoher (mittlerer) Erregerstrom benötigt (I_1 in Bild 8.9), so ist die Erregerwicklung relativ lange ein- und relativ kurz ausgeschaltet. Man spricht dann von einer langen Ein- und einer kurzen Ausschaltdauer. Bei kleinem Erregerstrom (I_2 in Bild 8.9) ist dagegen die Einschaltzeit kurz, die Ausschaltzeit lang.

Die in Bild 8.9 gezeigten sägezahnähnlichen Änderungen des Erregerstromes wirken sich auf die Ausgangsspannung des Generators nicht störend aus. Einmal werden sie durch die großen beteiligten Induktivitäten nur stark gedämpft übertragen. Zweitens ist auch hier die Batterie ein willkommener Puffer. Drittens erfolgen diese Ein- und Ausschaltvorgänge so schnell (etwa 30 bis 3000mal in der Sekunde), daß im Bordnetz davon nichts mehr zu spüren ist.

Es gibt auch Betriebszustände, bei denen die Erregerwicklung dauernd eingeschaltet ist. Das ist nämlich immer dann der Fall, wenn die Generatordrehzahl noch niedrig, die Belastung aber schon hoch ist; nach dem winterlichen Kaltstart beispielsweise. Für konstanten Erregerstrom gilt nämlich in einem weiten Bereich bei allen Generatoren, daß die Spannung etwa linear mit der Drehzahl anwächst. Man wird deshalb Generatoren zweckmäßigerweise so auslegen, daß sie bereits bei Leerlaufdrehzahl des Motors die Bordnetzspannung erreicht haben (Bild 8.10). Bis zum Punkt A im Bild findet noch keine Regelung statt. Erst da beginnt der geregelte Bereich, wobei kleine Generatordrehzahlen hohe Erregerströme erfordern. Erst bei hohen Drehzahlen nimmt die

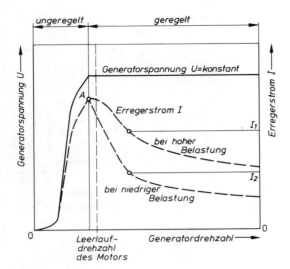

Bild 8.10: Einfluß von Drehzahl und Belastung auf den Erregerstrom

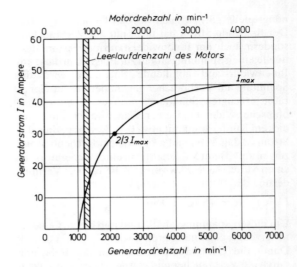

Bild 8.11: Typischer Stromverlauf in Abhängigkeit von der Generatordrehzahl bei einem Drehstromgenerator

Einschaltzeit des Erregerstromes ab. Die Belastung des Generators ist direkt am Erregerstrom abzulesen: Wenn der Generator einen hohen Strom liefern soll, ist auch der Erregerstrom größer als bei niedriger Belastung. Die Werte I_1 und I_2 entsprechen den Werten der zeitlichen Darstellung in *Bild 8.9*.

Der Generatorstrom hängt von der Drehzahl ab

Durch die Regelung des Erregerstromes gelingt es zwar, die Spannung des Generators konstant zu halten. Wunder kann aber auch ein sehr hoher Erregerstrom nicht vollbringen. Aus Gründen der Erwärmung, wegen der Schleifringe, aber auch, weil eine bestimmte Stärke des Magnetfeldes aus physikalischen Gründen (magnetische Sättigung) nicht überschritten werden kann, ist der Erregerstrom begrenzt. Er beträgt bei großen Pkw-Generatoren etwa maximal 6 A, bei üblichen 35-A-Generatoren rund 4 A.

Den Gesetzen der Induktion folgend, kann deshalb ein Generator erst bei hohen Drehzahlen einen großen Strom liefern (*Bild 8.11*). Die Drehzahl, bei der gerade die Bordnetzspannung erreicht wird (Punkt A in *Bild 8.10*), liegt bei $1000 \, \text{min}^{-1}$. Sie wird manchmal auch als „Nullamperedrehzahl" bezeichnet. Dies weist schon darauf hin, daß der Generator noch keinen nennenswerten Strom abgeben kann. Für den praktischen Betrieb ist die Drehzahl besonders interessant, bei der $2/3$ des Maximalstromes abgegeben werden können. Sie sollte möglichst niedrig liegen, damit schon im normalen Fahrbetrieb bei kleineren Drehzahlen ein ausreichend hoher Strom zur Verfügung steht. Besonders interessant ist diese $2/3$-I_{max}-Drehzahl für den winterlichen Kurzstreckenverkehr und für die Ladebilanz der Batterie. Denn gerade dort wird der größte Strom benötigt, der Wetterlage entsprechend aber mit geringen Drehzahlen gefahren.

Der Generator schützt sich selbst

Der Maximalstrom wird erst bei verhältnismäßig hohen Drehzahlen erreicht. Seine Angabe (zum Beispiel 35 A – bei einem 12-V-Generator, der wegen der Batterieladung eine Spannung von 14 V abgibt, sind dies 490 Watt) dient mehr zur Kennzeichnung der Generatorgröße, als daß sie im Fahrbetrieb eine große Rolle spielt. Ein Generator mit hoher Leistung (55 A, 770 Watt also) hat trotzdem seine Vorteile. Er ist heute bei Mittelklassen-Pkw fast schon Standard. Dieser Generator hat nämlich auch im mittleren Drehzahlbereich schon hohe Leistung, sein Strom $2/3 \, I_{max}$ ist groß und wird bei kleinen Drehzahlen erreicht.

Der Maximalstrom I_{max} wird durch die Möglichkeiten der Wärmeabfuhr im Generator und durch die Auslegung von Ständerwicklung, Erregerwicklung und Diodengröße begrenzt. Er stellt sich durch den Innenwiderstand und durch die magnetische Sättigung selbsttätig ein. Für diese Art der Strombegrenzung zum Schutz des Generators ist kein zusätzliches Bauteil erforderlich. Ganz im Gegensatz zum Gleichstromgenerator, bei dem der Strom durch eine besondere Zusatzeinrichtung im Regler zum Schutz des Generators vor Überlastung begrenzt werden muß.

Im Bild fällt auf, daß für die Generatordrehzahl und für die Motordrehzahl andere Maßstäbe am Diagramm gelten. Damit soll ausgedrückt werden, daß der Generator nicht mit Motordrehzahl, sondern etwas schneller dreht, meist etwa 50 % schneller. Dies ist einer der besonderen Vorteile von Drehstromgeneratoren – sie können und dürfen schneller drehen. Dafür ist der fehlende Kollektor und der Klauenpolläufer verantwortlich.

Damit Drehstromgeneratoren schon bei niedrigen Drehzahlen ausreichend Strom liefern, kann man sie ins Schnelle übersetzen. Dies ist der Grund, warum Drehstromgeneratoren in Werbung und Wahrheit nachgesagt wird, schon bei Leerlaufdrehzahl des Motors die Batterie laden zu können. Würde ein Gleichstromgenerator entsprechend übersetzt, könnte auch er das gleiche. Nur würde er bei hohen Motordrehzahlen mechanisch und elektrisch so stark belastet, daß eine solche Auslegung schon während der Garantiezeit des Fahrzeuges Kummer bereiten dürfte. Bild 8.11 läßt bei der typischen Auslegung heutiger Drehstromgeneratoren erkennen, daß bereits bei Leerlaufdrehzahl des Motors ein Strom von etwa 10 A geliefert werden kann, der auch im dichten Stadtverkehr mit vielen Leerlaufzeiten für ausreichende Batterieladung und für weitere Verbraucher genügt.

Drehstromgenerator und Bordnetz

Nachdem wir Funktion und Regelung des Drehstromgenerators näher kennen, wollen wir uns nun mit dem Anschluß an das Bordnetz befassen (Bild 8.12).
Die Anoden der Minusdioden sind gemeinsam über den Kühlkörper mit der Gehäusemasse verbunden ($D-$).
Der Kühlkörper der Plusdioden ist isoliert im Gehäuse befestigt und nimmt die drei Plusdioden auf.

Der Anschluß B+ ist isoliert als M6-Schraube oder als Flachsteckanschluß (manchmal auch doppelt wegen der hohen Ströme, sie Bild 8.4) herausgeführt.
Der in Bild 8.12 gezeigte Generator besitzt zusätzlich drei kleinere Erregerdioden, die wie die Plusdioden verschaltet sind. Mit Absicht sind sie in der Zeichnung auch kleiner dargestellt, weil sie nur den Erregerstrom von maximal 6 A vertragen müssen. Diese Dioden brauchen deshalb auch nur wenig gekühlt zu werden. Sie haben meist ein Plastikgehäuse. Ihr gemeinsamer Kathodenanschluß wird als Klemme D+ (ebenfalls ein Flachsteckanschluß) bezeichnet. Schließlich ist da noch der Anschluß DF, der über einen Schleifring zum Klauenpolläufer führt. Der andere Feldanschluß ist bei praktisch allen europäischen Drehstromgeneratoren, die einen getrennten Regler besitzen, mit der Gehäusemasse über den zweiten Schleifring verbunden.
Wie das Bild 8.12 zeigt, führen also drei Leitungen vom Generator zum Regler, D+, DF und D–. Sie sind deshalb auch bei vielen Generatoren, zum Beispiel bei allen Bosch-Generatoren, zu einem dreipoligen Steckanschluß zusammengefaßt, den Bild 8.4 erkennen läßt. Der dazugehörige Stecker ist so ausgelegt, daß ein nicht zu verwechselnder Anschluß entsteht. Für die Verbindung zum Regler wird häufig (bei deutschen Fahrzeugen immer) ein ganz ähnlicher dreipoliger Steckanschluß eingesetzt.

Die Ladekontrolle

Typisch für deutsche und die meisten italienischen und französischen Generatoren ist die Ladekontrolleuchte (Bild 8.12). Sie erfüllt zwei wichtige Funktionen:
Sie dient der sogenannten Vorerregung des Generators. Bei stehendem Motor liefert der Generator noch keinen Strom, an den Klemmen B+ und D+ liegt dann auch keine Spannung an, der Generator würde nicht erregt. Da zum Starten des Motors auch der Zündschalter (häufig Fahrschalter genannt) geschlossen wird und damit an der Klemme 15 Batteriespannung anliegt, kann über die brennende Ladekontrolleuchte und über den Regler ein Vorerregungsstrom von etwa 0,35 A zur Erregerwicklung fließen. Der Generator kann so schon bei den ersten Motorumdrehungen an der Klemme D+ eine Spannung abgeben, die zur weiteren Erregung ausreicht. Wenn der Motor angesprungen ist und mit Leerlaufdrehzahl dreht, ist die Spannung an Klemme D+ bereits

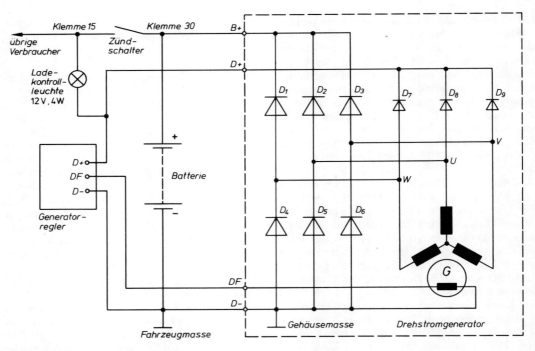

Bild 8.12: Schaltplan eines Bordnetzes mit Drehstromgenerator

auf etwa 14 V gestiegen und die Erregerdioden übernehmen allein die Erregung.

Die Ladekontrolle besitzt außerdem noch eine Kontrollfunktion. Der Reihe nach beim Start: Beim Schließen des Zündschalters liegt, wie wir wissen, an Klemme 15 die Batteriespannung an. Über die Klemmen DF und D+ des Reglers und über die niederohmige Wicklung der Erregerspule bekommt die Leuchte Strom und brennt. Sie zeigt damit ihre Funktionsbereitschaft an, ist zum Beispiel nicht durchgebrannt. Nach dem Anlassen des Motors verlischt die Kontrolleuchte, denn die Klemme D+ bekommt eine Spannung von etwa 14 V, und damit liegt an beiden Leuchtenanschlüssen die gleiche Spannung. Das Verlöschen der Kontrolleuchte zeigt damit an, daß der Generator seine Arbeit aufgenommen hat.

Leuchtet die Kontrolle während der Fahrt auf, zeigt dies zunächst einen Defekt an, denn an einer ihrer Klemmen muß Massepotential liegen. Da dies die Klemme 15 nicht sein kann, denn sonst würde die Zündung nicht arbeiten, kann das nur heißen, daß die Klemme D+ Massepotential führt. Ursache kann ein gerissener Keilriemen des Generatorantriebes sein, weil der Generator dann natürlich keine Spannung erzeugt. Und da meist der Antrieb der Umwälzpumpe für die Kühlflüssigkeit oder das Motorkühlgebläse mit dem gleichen Keilriemen angetrieben wird, trägt die Kontrolleuchte ihren Namen zu Recht. Denn sie verhindert durch ihre Warnfunktion Folgeschäden am Motor durch Überhitzung.

Gezielte Fehlersuche

Ist der Keilriemen aber in Ordnung, dann läßt das Aufleuchten der Kontrolleuchte während der Fahrt auf elektrische Defekte schließen. Es kommen in Frage: Defekter Regler, defekte Erregerdioden und schlechte Kabelverbindungen zwischen Regler und Generator.

Die Reglerfunktion kann mit einem Spannungsmeßgerät parallel zu den Klemmen der Batterie kontrolliert werden. Liegen hier bei laufendem Motor zwischen 13,5 und 14,5 V an, die beim Einschalten der Scheinwerfer um höchstens 0,5 V absinken und ändert sich diese Spannung bei Drehzahländerungen des Motors nur um wenige $^1/_{10}$ V, so arbeitet der Regler richtig.

Zur Funktionskontrolle der Erregerdioden mit Hausmitteln mißt man bei laufendem Motor die Spannung der Klemme D+ gegen Masse oder schließt eine 12-V-Birne mit höchstens 5 W Leistung an (die Erregerdioden sind nur bis etwa 1 A zusätzlich belastbar!). Führt die Klemme eine Spannung von mehr als 12 V oder brennt die Birne hell, sind auch die Erregerdioden in Ordnung.

Dann müssen die Kabel und Verbindungsklemmen auf Kurzschluß oder Unterbrechung durch Korrosion oder Beschädigung überprüft werden.

Die Kontrolle der Funktion von Generator und Regler ist also recht einfach, wenn man die Zusammenhänge kennt. Schäden am Generator selbst sind ebenfalls oft mit Hausmitteln zu lokalisieren. Wenn die Kontrolleuchte beim Anspringen des Motors nicht erlischt, kann auch eine Unterbrechung oder ein Schaden im Erregerstromkreis vorliegen. Die Erregerwicklung, der Klauenpolläufer also, kann defekt sein. Es ist aber auch ein Schaden an den Kohlebürsten möglich. Beides läßt sich mit einem Ohmmeter zwischen den offenen (Regler abgeklemmt) Klemmen DF und D− feststellen. Der dort gemessene Widerstand muß etwa 4 Ohm betragen.

Der Kurzschluß einer Plusdiode macht sich bereits bei stehendem Generator bemerkbar. Über die Ständerwicklung, die Erregerdioden, den Regler und die Erregerwicklung fließt dann ständig ein Strom aus der Batterie, diese wird in kurzer Zeit entladen.

Defekte Minusdioden sind allerdings nicht so leicht zu entdecken. Hier hilft nur Ausbau und Kontrolle mit dem Ohmmeter, wenn unzureichende Generatorleistung so etwas vermuten lassen.

Hat man einen Oszillografen zur Hand, ist die Fehlersuche einfacher. Der zeitliche Verlauf der Generatorspannung bei laufendem Motor hat dann keinen glatten Verlauf wie in *Bild 8.7e*, sondern zeigt regelmäßige Einbrüche, weil dann eine Halbwelle einer Phasenwicklung keine Spannung mehr liefert und kurzgeschlossen wird.

Elektronisch geregelt – genauer geregelt

Bisher wurde vom Regler nur gesagt, daß er den Erregerstrom so regelt, daß die Generatorspannung konstant bleibt. Wir wollen uns jetzt mit dem beschäftigen, was in dem Kästchen mit den drei Anschlüssen D+, DF und D− geschieht.

Ursprünglich arbeiteten Regler elektromechanisch. Sie bestanden aus einem Elektromagneten, der einen Kontakt gegen die Kraft einer Feder dann öffnete, wenn eine bestimmte Generatorspannung erreicht war, und damit den Strom durch das Feld unterbrach. Im Laufe der Entwicklung konnte diesen mechanischen Reglern zwar eine recht große Zuverlässigkeit anerzogen werden. Auch ihre Genauigkeit wurde besser. Die prinzipbedingten Nachteile von Kontakten wie Abbrand, Verschleiß und Änderungen der Regeleigenschaften im Laufe der Zeit, konnten aber höchstens gemildert, nicht beseitigt werden. So gehörte dann auch früher der Austausch eines Reglers zur Routinearbeit in den Werkstätten.

Die Aufgabe, den Erregerstrom zu schalten, läßt sich elektronisch viel besser lösen. Da der Generatorregler den Erregerstrom nur aus- und einschaltet, wirkt er als sogenannter Zweipunktregler – er hat zwei Arbeitspunkte. Statt eines Kontaktes kann deshalb ein Leistungstransistor im reinen Schalterbetrieb arbeiten. Er wird dadurch nicht sehr hoch belastet, weil hoher Kollektorstrom und hohe Kollektorspannung nicht gleichzeitig auftreten – die Verlustleistung ist klein.

Ein Regler ist ja ganz allgemein eine Einrichtung, die einen Istwert mit einem Sollwert vergleicht und über ein sogenanntes Stellglied den Istwert so verändert, daß er gleich dem Sollwert ist. Ideal ist ein Regler dann, wenn er schon kleinste Abweichungen vom Sollwert in unendlich kurzer Zeit ausregelt.

Auf den Generatorregler angewendet, ist das Stellglied der Schalttransistor mit der Erregerwicklung, der Sollwert ist die gewünschte Generatorspannung, der Istwert wird durch die augenblickliche Generatorspannung gebildet, in unserem Schaltbild die Spannung an der Klemme D+. Dieser Anschluß führt praktisch die gleiche Spannung wie der Anschluß B+, weil die Erregerdioden den gleichen Spannungsabfall (die gleiche Durchlaßspannung) wie die Plusdioden verursachen.

Im Regler wird der Sollwert durch die Spannung einer Zenerdiode gebildet. Diese Zenerspannung ist vom durchfließenden Strom in weiten Grenzen unabhängig und bildet dadurch ein Normal, einen Vergleichswert.

Im kompletten elektronischen Regler (*Bild 8.13*) finden wir die notwendigen Funktionen vereinigt. T_2, ein PNP-Darlingtontransistor, bildet zusammen mit der Erregerwicklung das Stellglied. Ein Darlington wurde verwendet, damit der Basisstrom von T_2 den

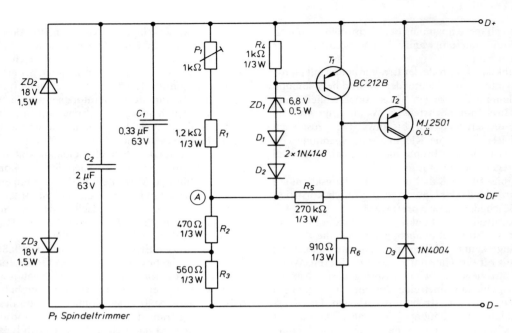

Bild 8.13: Schaltplan des Reglers für einen Drehstromgenerator

Transistor T_1, der den Vergleich zwischen Sollwert und Istwert bildet, möglichst wenig belastet. Die Reihenschaltung von ZD_1, D_1 und D_2 stellt den Sollwert dar. In Reihe zur Zenerdiode liegen 2 in Durchlaßrichtung arbeitende Siliziumdioden, damit die Sollspannung eine besondere Temperaturabhängigkeit erhält. Wir werden darauf noch zurückkommen. Am Punkt A der Schaltung liegt über dem Spannungsteiler P_1, R_1, R_2 und R_3 eine Spannung, die der Generatorspannung, repräsentiert an Klemme D+, direkt proportional ist. Wird nun die Spannung an den Punkten D+ und A, die an den Widerständen P_1 und R_1 anliegt, größer als die Summe der Basis-Emitter-Spannung von T_1 und der Spannungen von ZD_1, D_1 und D_2 (im Beispiel sind das etwa 8,9 V), so wird T_1 leitend. Damit kann T_2 über R_6 keinen Basisstrom erhalten und sperrt: die Erregerwicklung ist stromlos. Die Generatorspannung und auch die Spannung an Klemme D+ sinken. Das Potential an Punkt A fällt ab, weshalb T_1 keinen Basisstrom mehr erhält und sperrt. Über R_6 kann nun Basisstrom für T_2 fließen, der die Erregerwicklung einschaltet. Dieser Vorgang wiederholt sich in schnellem Wechsel.

Damit der Zweipunktcharakter des Reglers gewahrt bleibt, der Regler also definierte Ein- und Ausschaltstellungen einnehmen kann, ist eine kleine Hysterese erforderlich. Der Widerstand R_5 sorgt dafür, indem er das Potential am Punkt A so beeinflußt, daß der Erregerstrom erst bei einer Generatorspannung von 0,1 V unter dem Sollwert ein- und bei dessen Überschreitung von +0,1 V ausschaltet. Die Hysterese beträgt damit ±0,1 V, also 200 mV. Sie ist so gewählt, daß der Regler für den vorliegenden Zweck eine optimale Regelcharakteristik erhält.

Diode D_3 wirkt als Freilaufdiode und schützt dadurch T_2 vor den Abschaltspannungsspitzen der Erregerwicklung. Der Kondensator C_1 dämpft die Welligkeit der Generatorspannung im Istwertkreis, damit der Regler, der ja sehr schnell arbeitet, durch diese Welligkeit nicht beeinflußt wird.

C_2, ZD_2 und ZD_3 bilden das bereits aus *Bild 5.6* bekannte Netzwerk zum Schutz der elektronischen Bauelemente.

Für den Stellwiderstand P_1 wird unbedingt ein Mehrgang-Trimmpotentiometer empfohlen. Mit P_1 wird nämlich die Generatorspannung eingestellt, und die soll sich nicht unbeabsichtigt verändern.

Auch der Generatorregler kann wieder mit Hilfe einer gedruckten Schaltung und eines kleinen Metallgehäuses, gegen Umwelteinflüsse geschützt, ähnlich aufgebaut werden wie der Blinkgeber. *Bild 8.14* zeigt die bestückte Platine, *Bild 8.15* das fertige Gerät.

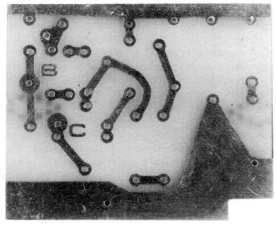

Bild 8.14: Und hier die unbestückte Platine von der Leiterseite. Die Anschlüsse „B" und „C" gehen zum Leistungstransistor. Der untere Leiterstreifen liegt über den angelöteten Befestigungsschrauben auf Masse (Klemme 31), der obere Leiterstreifen gehört an die Klemme D+

Bild 8.15: So wird der fertige Regler aussehen

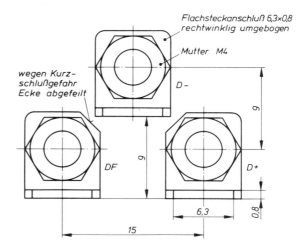

Bild 8.16: Anschlußanordnung für Regler. An den Flachsteckanschlüssen DF und D+ muß jeweils eine Ecke abgefeilt werden, damit kein Kurzschluß mit D− entsteht

Damit der Regler einen Kontaktregler direkt ersetzen kann, sollten auch die Anschlüsse die gleiche Anordnung wie beim Kontaktregler besitzen, wenn dieser eine mehrpolige Steckverbindung wie bei Bosch-Reglern aufweist. Dazu befestigen wir dieses Mal nur 2 Schrauben nach *Bild 6.9* an der Platine, die mit den Anschlüssen DF und D+ verbunden werden. Der dritte Anschluß D− wird direkt mit dem Metallgehäuse verschraubt (er liegt auf Masse) und wie *Bild 8.16* angeordnet. Dann paßt der Reglerstecker ohne Änderung auch auf die Anschlüsse des elektronischen Reglers. Die Einhaltung der Maße (15 und 9 mm) ist dabei sehr wichtig.

Das Einstellen der Generatorspannung ist einfach

Zum Einstellen der Generatorspannung benötigen wir ein Spannungsmeßgerät, das den Bereich von etwa 13–16 V möglichst genau anzeigt. Ein Vielfach-Meßinstrument ist geeignet, wenn es einen Spannungsbereich von 15 V oder 20 V hat. Ein Digitalvoltmeter wäre noch besser. Bevor der Regler an das Fahrzeug angeschlossen wird, stellen wir den Widerstand P_1 auf den größten Wert (Schleifer am Anschluß D+) ein, dann ist die geregelte Generatorspannung am kleinsten. Dies geschieht, damit bei zufällig zu hoch eingestellter Spannung kein Schaden entstehen kann. Nach dem Anschluß des Reglers wird der Motor gestartet und sollte mit leicht erhöhter Leerlaufdrehzahl drehen (wer einen Drehzahlmesser eingebaut hat: ca. 2000 min^{-1}). Die Generatorspannung wird nun gemäß *Bild 8.17* auf etwa 14 V (an der Batterie gemessen) eingestellt. *Bild 8.17* gibt die zur optimalen Batterieladung notwendige Generatorspannung in Abhängigkeit von der Temperatur an.

Die Gasungsspannung von Bleibatterien ist von der Temperatur des Elektrolyten abhängig. Sie sinkt mit steigender Temperatur um etwa 10 mV für 1 K ($\approx 1°$ C). Entsprechend ist die Generatorspannung anzupassen, sie sollte unter der Gasungsspannung liegen. In unserem Regler geschieht dies durch die Dioden D_1 und D_2, normale Siliziumdioden. Die negative Temperaturabhängigkeit ihrer Durchlaßspannung kompensiert zusammen mit dem negativen Temperaturgang der Basis-Emitter-Strecke von T_1 den positiven Temperaturgang von ZD_1.

Bei einer Umgebungstemperatur von 20° C stellen wir also die Generatorspannung auf 14,0 V ein. Sollten wir diese Arbeit gerade im Winter vornehmen und die Batterie eine Temperatur von 0°C angenommen haben, sind 14,2 V einzustellen.

Wir können jetzt überprüfen, ob der Regler seine Funktion richtig erfüllt: Dazu erhöhen wir die Motordrehzahl – die Spannung muß konstant ($\pm$ 0,1 V) bleiben. Auch wenn wir bei etwas höherer Motordrehzahl einen starken Verbraucher einschalten, zum Beispiel die Scheinwerfer, darf sich die Generatorspannung nicht ändern.

Ein altes Gehäuse bekommt einen neuen Inhalt

Für Perfektionisten gibt es eine elegante Möglichkeit, den Regler in ein Gehäuse einzubauen. Sie ist allerdings mit einigem mechanischen Aufwand verbunden. Der Erfolg versöhnt mit den Mühen. Wir benötigen dazu ein altes Reglergehäuse, das wir uns in Form eines defekten Kontaktreglers von der Autoverwertung oder vom Autoelektriker besorgen. Wenn dies nicht hilft, können wir auch einer befreundeten Werkstatt oder einer Tankstelle den Auftrag geben, beim nächsten Reglerwechsel den alten Regler nicht wegzuwerfen.

Am Beispiel eines defekten Bosch-Kontaktreglers wollen wir uns den Werdegang dieser Organverpflanzung etwas näher anschauen. Dazu benötigen wir einen Regler vom Typ AD 1/14 oder ADN 1/14. Das sind die gängigen Kontaktregler, wie sie bis zum Serieneinsatz von elektronischen Reglern in alle Pkw und noch lange danach in einige deutsche Motorräder (BMW) eingebaut wurden.

Zuerst muß der Deckel vom Gehäuse gelöst werden, was vorsichtig mit einem scharfen Schraubenzieher geschehen kann. Der unter dem Reglergehäuse liegende Widerstand wird abgebaut. Dann entfernen wir den Elektromagneten mit dem Kontakt, achten

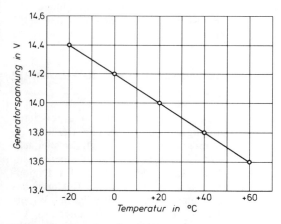

Bild 8.17: Temperaturabhängigkeit der Generatorspannung. Damit die Batterie im Winter immer voll geladen wird und im Sommer nicht gast, muß die Generatorspannung mit steigender Temperatur leicht abnehmen

Bild 8.18: Das Reglergehäuse von oben. Die überflüssigen Teile des Kontaktreglers sind entfernt. Die Löcher werden mit UHU-Plus zugeklebt, nachdem eine Lage Tesafilm daruntergelegt wurde. Neu sind dafür: das große Loch für den (isoliert) aufgebauten Schalttransistor, die beiden kleinen Bohrungen (3,5 mm Ø) für die Befestigung der Platine. Die angenieteten Lötfahnen rechts werden noch zum Anschluß der Leitungen benötigt

aber sorgfältig darauf, daß die drei Steckfahnen nicht beschädigt werden. Denn die sollen ja weiter verwendet werden. Wir haben jetzt das nackte Reglergehäuse vor uns und müssen es nun weiter bearbeiten *(Bild 8.18)*. Die nicht benötigten Bohrungen werden mit UHU-Plus verschlossen, nachdem auf die eine Seite ein Streifen Tesafilm geklebt wird.

bedient werden kann. Durch passende Bohrungen wird die Platine mit dem Gehäuse verbunden *(Bild 8.20)*. Als Darlington können wir einen Plastiktyp im TO-66- oder einen Metalltyp im TO-3-Gehäuse verwenden, je nach Geldbeutel und Beschaffungsmöglichkeit. Wichtig sind nur die Mindestdaten für Strom und Spannung.

Bild 8.19: Die einbaufertige Platine. Alle Bauelemente liegen flach, damit Erschütterungen nicht schaden. Mit dem Platz auf der Platine wurde großzügig umgegangen. Die Befestigungsschrauben (Gewinde M3) mit verbreitertem Schlitz sind auf der Leiterseite verlötet, auf der anderen Seite mit UHU-Plus verklebt

Bild 8.20: Der fertige Regler. Man sieht den isoliert befestigten Leistungstransistor (hier ein Texas-Instruments TIP 145) und die wenigen Verbindungsleitungen zum „Chassis" der Schaltung

Nun wenden wir uns der Platine zu, die *Bild 8.14* von der Leiterseite zeigt. Bevor wir sie bestücken, löten und kleben wir entsprechend *Bild 6.11* kleine Schräubchen ähnlich *Bild 6.9* an. Hier genügen allerdings solche mit M3-Gewinde. Auf der bestückten Platine *(Bild 8.19)* ist die Anordnung der Bauelemente zu sehen. Der Stellwiderstand P_1 ist mit dem Einstellschlitz nach oben so angeordnet, daß er durch eine Bohrung (die wir nachher wieder verschließen müssen) im Gehäusedeckel von außen

Weil der Leistungstransistor im Schaltbetrieb arbeitet, ist nur wenig Kühlfläche notwendig. Die maximale Verlustleistung beim Einsatz des Reglers an einem 770-Watt-Generator beträgt für den Darlington nur etwa 10 W. Er kann deshalb (natürlich isoliert) direkt auf dem Reglergehäuse von unten oder von oben, je nach Transistorausführung, befestigt werden. *Bild 8.20* zeigt dies für einen Transistor im Plastikgehäuse.

Bild 8.21: So sieht der fertige Regler eines Drehstromgenerators aus. Er ist in ein Gehäuse eines defekten Kontaktreglers eingebaut und direkt gegen diesen austauschbar

Verbindungen sind nur wenige erforderlich. Wir sollten sie mit Litze, nicht mit Massivdraht (wegen der mechanischen Schwingungsbeanspruchung) ausführen. Die an die Steckanschlüsse angenieteten Lötfahnen des alten Reglers dienen nun als Anschlüsse für Platine und Transistor. Der fertige Regler (*Bild 8.21*) ist gegen einen Kontaktregler direkt und ohne Umbauten austauschbar.

Diese am Beispiel eines Bosch-Reglers durchgeführte Verwendung alter Reglergehäuse läßt sich auch mit anderen Fabrikaten durchführen. Nur haben leider viele ausländische Fabrikate den praktischen Dreifachanschluß nicht.

Wie bei ausländischen Generatoren vorzugehen ist

Die bisher benutzten Bezeichnungen von Klemmen entsprachen selbstverständlich der deutschen Norm DIN 72 552, die auch von allen deutschen Herstellern verwendet wird. Damit auch Besitzer ausländischer Fahrzeuge in ihrem Betätigungsdrang nicht behindert werden, gibt die Tabelle 5 eine Gegenüberstellung

Bild 8.22: Der Regler in eine andere Gehäuseversion eingebaut (a). Im Auto (Peugeot 104) sitzt er am Radkasten vorn im Motorraum (b).

Tabelle 5

	Batterie Plus	Dynamo Plus	Dynamo Feld	Ladekontrolle	Minuspol
DIN 72 552 und deutsche Hersteller	B+	D+	DF	61	B−, D−, 31
Auto-Lite	B BAT	A ARM	F FLD	I	G GND
Delco-Remy	B BAT	GEN	F	L	GND
Ducellier	B BAT	D DYN	E EXC		M
Fiat	30	15	67		31
Lucas	A B	D	F	WL IND	E —
Paris-Rhone	+	+A	EXC		M

Die Klemme 61 ist nur bei Gleichstromgeneratoren getrennt bezeichnet, bei Drehstromgeneratoren ist sie im allgemeinen mit der Klemme D+ identisch.

der bei ausländischen Generatoren üblichen Bezeichnungen mit denen der deutschen Norm.
Bei ausländischen Generatoren sind noch zwei Besonderheiten zu erwähnen.
Manchmal ist der eine Pol der Erregerwicklung nicht mit Masse wie in *Bild 8.12*, sondern mit D+ verbunden. Die Erregerwicklung ist dann anders herum gepolt. Der Regler in *Bild 8.13* ist trotzdem mit einfachen Änderungen verwendbar: die Klemmen D+ und D− werden vertauscht, alle Dioden anders herum gepolt, und für T_1 und T_2 werden entsprechende NPN-Typen verwendet. Die Eigenschaften der Schaltung ändern sich dadurch nicht.
Einige ausländische Firmen verzichten auf die Erregerdioden D_7 bis D_9 in *Bild 8.12*. Eine Ladekontrolle ist dann nicht möglich. Sie wird bei den entsprechenden Fahrzeugtypen (meist französischen) häufig durch ein Voltmeter im Armaturenbrett ersetzt. Der Regler nach *Bild 8.13* kann auch hier verwendet werden, indem seine Klemme D+ mit der Klemme 15 des Bordnetzes (hinter dem Zündschloß) verbunden wird. Auch hier bleibt die Funktion unverändert.

Ein elektronischer Regler ist heute die Norm

Natürlich ist der Fortschritt der Halbleitertechnologie auch in der Kraftfahrzeugelektronik nicht spurlos vorübergegangen. Waren elektronischer Blinkgeber und Drehstromgenerator mit Siliziumgleichrichter Ende der siebziger Jahre noch die ersten Serienanwendungen von Halbleiterbauelementen im Kraftfahrzeug, so sieht das Bild heute anders aus.
Auch der Serieneinsatz elektronischer Regler ist schon Geschichte. Es hat allerdings ziemlich lange gedauert, bis Automobilfirmen und Zulieferer sich vom Kontaktregler trennen konnten. Maßgebend dafür waren die hohen Kosten von Leistungstransistoren, die einen elektronischen Regler hoher Güte bis vor wenigen Jahren für die Preiskalkulation uninteressant erscheinen ließen. Unterdessen hat auch die Technologie von Leistungshalbleitern Fortschritte gebracht, die das Bild gründlich gewandelt haben. Es gelang sogar mit einer besonderen Art der Hybridtechnik, die Technologie Integrierter Schaltkreise mit der Leistungselektronik zu verknüpfen. Eines ihrer erfolgreichsten Produkte ist der Integrierte Generatorregler.
Seine Funktion und seine Schaltungstechnik unterscheiden sich nicht von der in *Bild 8.13*. Elektrisch besteht der wesentliche Unterschied darin, daß der Widerstand P_1 zum Abgleich der Generatorspannung fehlt. Vielmehr wird der Regler mit einem Laserstrahl in Automaten auf die richtige Spannung abgeglichen, die nach dem Vergießen des Gehäuses nicht mehr verändert werden kann.
Ein weiterer Unterschied besteht darin, daß wegen der Herstellungstechnologie der Leistungstransistor als NPN-Typ ausgeführt ist. Das bedingt eine umgekehrte Polarität des Reglers gegenüber *Bild 8.13* und den Anschluß der Erregerwicklung an D+ statt an Masse.
Weil Generator und Regler elektrisch ohnehin zusammengehören, wurde konsequenterweise der Regler am hinteren Lagerschild des Generators befestigt. Er bildet zusammen mit dem Bürstenhalter eine Einheit und kann mit diesem zusammen von außen gewechselt werden. Diese Anordnung hat nur den Nachteil, daß die Temperaturkompensation dieses Reglers dann auf die Generatortemperatur und nicht mehr auf die Batterietemperatur anspricht, wie es beim getrennt angeordneten Regler durch Anbau in der Nähe der Batterie möglich ist. Bei großer Leistungsabgabe des Generators im Winter kann es

dann sein, daß wegen der Verlustwärme des Generators die Temperaturkompensation des Reglers „tiefe Spannung" signalisiert, obwohl die Batterie wegen ihrer noch niedrigen Temperatur eine höhere Spannung gebrauchen könnte. – Dem Fortschritt müssen schließlich auch Opfer gebracht werden können.

Der Gleichstromgenerator wird modernisiert

Dem Gleichstromgenerator haften einige Nachteile an, die zu seinem fast weltweiten Ersatz durch den Drehstromgenerator geführt haben. Es sind dies

- begrenzte Leistungsfähigkeit bei den für Pkw und Motorräder möglichen Platzverhältnissen;
- durch die Drehzahlbegrenzung von Anker und Kollektor kann die Übersetzung bei den heutigen hochdrehenden Motoren nicht so gewählt werden, daß bereits bei Leerlaufdrehzahl ausreichender Strom zur Verfügung steht;
- relativ großer Wartungsanspruch wegen des größeren Verschleißes von Kohlebürsten und Kollektor;
- Notwendigkeit eines zusätzlichen Schalters, des sogenannten „Rückstromschalters", der verhindern soll, daß bei kleinen Generatordrehzahlen, wenn die Generatorspannung unterhalb der Batteriespannung liegt, und bei Stillstand des Motors die Batterie sich über die Wicklung des Ankers entladen kann;
- Notwendigkeit einer zusätzlichen Strombegrenzung zum Schutz des Generators, weil beim Gleichstromgenerator von der selbsttätigen Strombegrenzung kein Gebrauch gemacht werden kann.

Hinzu kommen höheres Gewicht und größere Herstellungskosten. Viele ältere Fahrzeuge besitzen aber noch die Gleichstromlichtmaschine, wie sie früher häufig genannt wurde. Eine Umrüstung auf den Drehstromgenerator kommt aus Kostengründen und wegen der mechanischen Anbauprobleme meist nicht in Frage.

Gleichstromgeneratoren wurden in der Zeit, in der sie in Serienfahrzeugen eingebaut wurden, immer mit Kontaktreglern ausgestattet, weil vor einigen Jahren die Herstellung von Leistungshalbleitern noch so teuer war, daß ihre Anwendung schon aus diesem Grunde unterbleiben mußte. Beim heutigen Stand

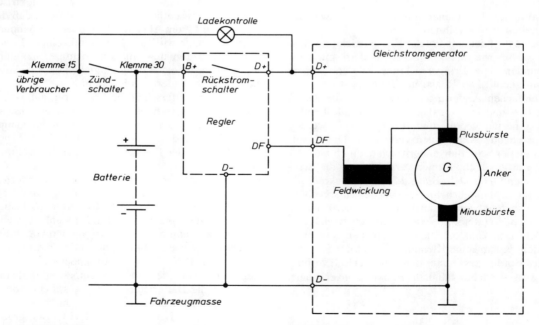

Bild 8.23: Schaltplan eines Gleichstromgenerators mit Kontaktregler und Rückstromschalter

der Halbleitertechnologie ist es mit einem elektronischen Regler und mit einer Leistungsdiode, die den Rückstromschalter ersetzt, möglich, die Gleichstromlichtmaschine nicht unwesentlich zu verbessern.

Besonders bei älteren Fahrzeugen stößt die Beschaffung eines Kontaktreglers immer wieder auf Schwierigkeiten. Teilweise existieren die Herstellerfirmen gar nicht mehr, vor allem bei Motorrädern der Baujahre vor etwa 1958. Hier bietet oft der selbstgebaute elektronische Regler die einzige Möglichkeit, diese Fahrzeuge betriebsfähig zu halten.

Im Prinzip wie bei Drehstrom

Auch beim Gleichstromgenerator wird von der Veränderung des Ankerstromes Gebrauch gemacht, um die Generatorspannung konstant zu halten. Das Prinzip der Regelung entspricht also den *Bildern 8.9* und *8.10*. Wie *Bild 8.23* zeigt, wird auch hier der Regler über drei Kabel mit den Klemmen D+, DF und D− des Generators verbunden. Zusätzlich ist am Regler noch die Klemme B+ vorhanden. Zwischen B+ und D+ liegt im Regler der Rückstromschalter, der den Generator – wie schon erwähnt – von der Batterie trennen soll. Der Anschluß der Ladekontrolle erfolgt wie beim Drehstromgenerator an die Klemmen 15 und D+.

Auch die Funktion der Ladekontrolle ist ähnlich. Häufig ist bei Kontaktreglern für Gleichstromgeneratoren noch eine Klemme 61 vorhanden. Sie dient dem getrennten Anschluß der Ladekontrolle bei einigen Reglerausführungen. Meist ist die Klemme 61 im Regler aber mit der Klemme D+ verbunden und trägt dann häufig die heute nicht mehr genormte Doppelbezeichnung D+/61.

Ältere Gleichstromgeneratoren, die nicht von der Firma Bosch hergestellt wurden, tragen oft völlig andere Klemmenbezeichnungen, weil die Hersteller sich nicht an den Normungsvorschlag von Bosch gehalten haben. Hier muß mit dem Durchgangsprüfer und mit ein bißchen Köpfchen vorgegangen werden, um die richtigen Klemmen zu finden. Dies ist aber nicht allzu schwer, weil die grundsätzliche Schaltung aller Gleichstromgeneratoren so wie in *Bild 8.23* aussieht. Die beiden Bürsten sind gewiß schnell gefunden, und man hat auch schnell erkannt, welche mit dem Plus- und welche mit dem Minuspol des Bordnetzes verbunden ist. Auch ist immer ein Anschluß für die Feldwicklung herausgeführt, der andere Anschluß kann nur an eine der beiden Bürsten führen. Gelegentlich ist bei einigen Herstellern nämlich der zweite Anschluß der Feldwicklung nicht an die Plusbürste, sondern an die Minusbürste geführt. Auf die Funktion des Generators hat dies keinen Einfluß, wohl aber auf die Schaltung des Reglers, wie wir noch sehen werden.

Der Rückstromschalter wird ersetzt

Häufig ist es besonders der Rückstromschalter, der bei Kontaktreglern zu Schwierigkeiten führt. Er muß den gesamten Generatorstrom vertragen können und wird von einer Magnetspule betätigt, die zusätzlich zu einer Spannungswicklung eine Stromwicklung trägt. Diese Magnetspule wirkt so, daß unterhalb einer bestimmten Generatorspannung der Rückstromkontakt geöffnet wird. Ebenfalls geöffnet wird der Kontakt, wenn ein bestimmter Strom von der Batterie zum Generator fließt (etwa bei 2 A). Mit einer Leistungsdiode läßt sich die gleiche Aufgabe viel eleganter lösen *(Bild 8.24)*. Bekanntlich läßt sie den Strom nur in einer Richtung passieren und sperrt in der anderen Richtung praktisch völlig, wie wir von *Bild 8.8* wissen. Es kann somit nie ein Strom in der Gegenrichtung fließen, die Batterie sich nicht entladen. In Kauf nehmen müssen wir dabei allerdings, daß an der Diode in Durchlaßrichtung eine Spannung von knapp 1 V abfällt.

Die Leistungsdiode wird heiß

Entsprechend dem fließenden Durchlaßstrom ergibt sich eine Verlustleistung an der Diode in Höhe von $P = I \cdot 1$ V. Diese Verlustleistung kann also bei größeren Generatoren durchaus $P = 30$ W betragen, ein Wert, der unbedingt eine gute Kühlung der Diode erfordert. Für die Leistungsdioden, wie wir sie hier verwenden können, wird eine maximale Sperrschichttemperatur zugelassen. Bei einer Verlustleistung von $P = 30$ W und einer Umgebungstemperatur von 50° C, die ohne weiteres im Motorraum erreicht werden, wird zur ausreichenden Kühlung der Diode ein Kühlkörper von 2,5° C/W (dieser thermische Widerstand wird vom Hersteller des Kühlkörpers angegeben) oder ein Aluminiumblech von mindestens 380 cm² Fläche (zum Beispiel 20 × 20 cm Kantenlänge) erforderlich. Weil ein solch großes

Blech nicht so einfach unterzubringen ist (es muß außerdem isoliert werden, weil beide Diodenanschlüsse Potential gegen Masse führen), sollte ein geschwärzter Profilkühlkörper verwendet werden, dessen Abmessungen erheblich kleiner sind.

Als Diodentyp eignen sich alle Leistungsdioden der großen Hersteller. Von Siemens zum Beispiel die Typen SSiE 1310 oder SSiE 1410 mit einer zulässigen Sperrspannung von 150 V und einem maximalen Durchlaßstrom von 35 A. Die in deutschen Drehstromgeneratoren häufig eingebauten Dioden vom Typ SSiE 1110 und SSiE 1210 (ebenfalls Siemens) sind ebenfalls gut geeignet. Sie sind mit 25 A dauernd belastbar und damit für die meisten Gleichstromgeneratoren geeignet. Man kann solche Dioden aus defekten Drehstromgeneratoren ausbauen, die auf dem Autofriedhof schon einmal zu erhalten sind. Mit einem Ohmmeter sucht man eine funktionsfähige Diode aus. Da es sich bei diesen Dioden meist um Einpreßdioden nach *Bild 8.3* handelt, müssen sie vorsichtig aus dem Kühlkörper des Generators mit Hilfe eines Dornes entfernt werden. Denn wegen der fehlenden Zwangskühlung durch den Generatorlüfter reicht die wärmeabgebende Oberfläche des Kühlkörpers nun nicht mehr aus. In den neuen Kühlkörper, dessen Mindestdicke der Gehäusetiefe der Dioden entsprechen muß, wird ein Loch mit einem Durchmesser von 0,5 mm unter dem Durchmesser des gerändelten Gehäuseteils gebohrt (bei den erwähnten Siemensdioden eine Bohrung von 12,2 mm) und die Diode vorsichtig in den neuen Kühlkörper eingepreßt.

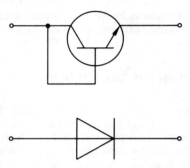

Bild 8.25: Ersatz einer Leistungsdiode durch einen preiswerten Leistungstransistor

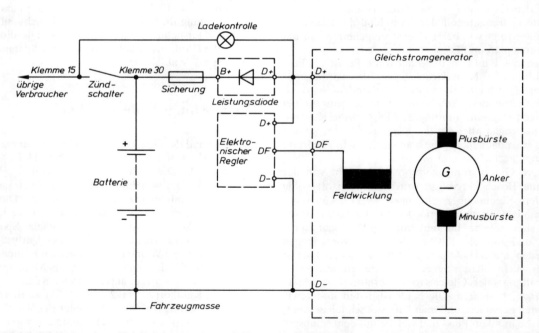

Bild 8.24: Schaltplan eines Gleichstromgenerators mit Ersatz des Kontaktreglers durch Leistungsdiode und elektronischen Regler

Um den Rückstromschalter älterer Motorräder auf diese Weise durch eine Leistungsdiode zu ersetzen, gibt es noch eine sehr preiswerte Lösung: Man verwendet einen überall erhältlichen Transistor 2 N 3055, der einmal das Arbeitspferd der Elektronik genannt wurde, und schaltet ihn als Diode. Dazu verbindet man Kollektor und Basis und erhält eine Leistungsdiode mit einem Maximalstrom von 15 A (*Bild 8.25*), die wegen des praktischen Transistorgehäuses auch noch leicht einzubauen ist. Da die Leistung der Generatoren dieser Motorräder höchstens 90 W betrug (bei 7 V Generatorspannung), reicht ein Strom von 15 A für den Leistungsgleichrichter aus.

Die Spannung des Gleichstromgenerators muß neu eingestellt werden

Der Vorteil des unproblematischen Rückstromschalters (er kann nicht mehr durch Kontaktverschleiß ausfallen und hält bei richtiger Dimensionierung von Diode und Kühlung ewig) muß allerdings mit einem Nachteil erkauft werden. Wegen der Durchbruchspannung der Diode von 0,8 bis 1 V muß die Generatorspannung an Klemme D+ um diesen Betrag vergrößert werden, bei 7-V-Generatoren auf 8 V, bei 14-V-Generatoren auf 15 V. Dies bedeutet für den Generator eine höhere Mindestdrehzahl, bei der die Batteriespannung erreicht wird (eine größere Nullamperedrehzahl). Denn wir wissen ja, daß die Generatorspannung von der Drehzahl abhängt. Und das gilt auch für den Gleichstromgenerator. In der Praxis wirkt sich diese Erhöhung der Mindestdrehzahl nicht sehr stark aus, wenn mit der Leistungsdiode auch ein elektronischer Regler benutzt wird (*Bild 8.24 und 8.26*).

Ein elektronischer Regler hat seine Vorteile

Den Rückstromschalter durch eine Leistungsdiode zu ersetzen, ist eigentlich nur eine halbe Maßnahme. Statt den Kontaktregler so zu verstellen, daß die Generatorspannung um 1 V höher liegt, sollte gleich auch der Regler elektronisch arbeiten. Gerade beim Gleichstromgenerator bietet dies Vorteile. Die meisten Kontaktregler von Gleichstromgeneratoren sind nämlich mit einer Strombegrenzung kombiniert. Damit der Regler trotzdem einfach im Aufbau wird, wird für die Strombegrenzung keine eigene Magnetspule mit getrennter Funktion im Regler eingesetzt, sondern diese Funktion mit dem Spannungsregler kombiniert. Dadurch kann der Spannungsregler seine Aufgabe nur unvollkommen erfüllen. Es entsteht eine sogenannte geneigte Kennlinie. Diese Reglercharakteristik hat zur Folge, daß mit steigendem Generatorstrom die Generatorspannung auf einen kleineren Wert geregelt wird, um dadurch den Generator vor Überlastung zu schützen. Daß diese Art der Regelung für optimal helles Fahrlicht und ausreichende Batterieladung nicht gerade gut ist, leuchtet ein.

Der elektronische Regler mit seiner großen Genauigkeit und seinem an die Batterie angepaßten Temperaturverhalten ist bestens geeignet, um einem Gleichstromgenerator einige seiner Nachteile zu nehmen. Wunder kann er zwar auch nicht wirken, aber er ist – richtig dimensioniert und aufgebaut – wartungsfrei, besitzt eine unbegrenzte Lebensdauer und sorgt für eine konstante Generatorspannung.

Im Bild 8.24 ist gezeigt, wie ein elektronischer Regler bei einem Gleichstromgenerator zusammen mit einem Leistungsgleichrichter als Rückstromschalter geschaltet wird.

Der Leistungsgleichrichter verbindet die Klemmen D+ und B+. Die Schaltung der Ladekontrolle ändert sich nicht.

Der elektronische Regler besitzt drei Anschlüsse für D+, DF und D−.

Die Schaltung des Reglers (*Bild 8.26*) arbeitet ähnlich wie die des Reglers für den Drehstromgenerator (*Bild 8.13*). Auch hier wird die Istspannung an der Klemme D+ – durch den Spannungsteiler P_1, R_1 bis R_3 heruntergeteilt – mit einer Sollspannung verglichen. Dazu dient wieder eine Reihenschaltung von Zenerdiode ZD_1 mit zwei Siliziumdioden in Durchlaßrichtung D_1, D_2 zur Einstellung der gewünschten Temperaturabhängigkeit.

Statt eines Darlingtontransistors werden T_2 und T_3 eingesetzt, was den Vorteil hat, daß in durchgeschaltetem Zustand an der Kollektor-Emitter-Strecke nur etwa 0,2 V Spannungsabfall entsteht. Der Erregerstrom des Gleichstromgenerators kann deshalb den bei der gegebenen Spannung höchsten Wert annehmen, ohne daß an T_3 nennenswerte Verluste entstehen.

Steigt die Spannung an D+ über den Sollwert, wird T_1 leitend und sperrt T_2. Dadurch kann für T_3 kein Basisstrom fließen und er sperrt ebenfalls. Die Erregerwicklung wird abgeschaltet. Als Folge davon sinkt die Spannung an D+ unter den Sollwert. T_1

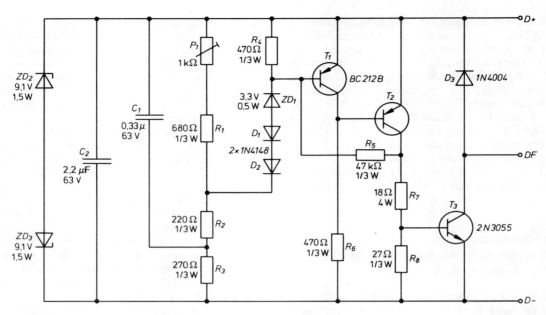

Bild 8.26: Schaltplan eines Reglers für Gleichstromgenerator 7 V. Für 14 V Generatorspannung sind folgende Werte zu ändern: $R_1 = 1\,\text{k}\Omega$; $R_2 = 470\,\Omega$; $R_3 = 560\,\Omega$; $R_4 = 1\,\text{k}\Omega$; $R_5 = 100\,\text{k}\Omega$; $R_6 = 1\,\text{k}\Omega$; $R_7 = 33\,\Omega$, 4 W; $ZD_1 \cdot 6{,}8$ V; $ZD_2 = ZD_3 = 18$ V
T_2 muß vom Typ 2N2905 sein.

wird gesperrt, und T_2 erhält über R_6 Basisstrom. T_2 wird dabei durchgeschaltet und läßt über R_7 Basisstrom für T_3 fließen, der das Feld einschaltet. Auch bei dieser Schaltung wiederholt sich der Vorgang des Ein- und Ausschaltens in schneller Folge entsprechend dem notwendigen Erregerstrom. R_5 dient zur Einhaltung stabiler Schaltzustände, weil er eine Hysterese von ± 0,1 V verursacht. Mit C_1 wird die Welligkeit der Generatorspannung vom Regler ferngehalten. Das Netzwerk aus ZD_2, ZD_3 und C_2 sorgt für den Schutz elektronischer Bauelemente.

P_1, auch hier wieder ein Mehrgangtrimmer, gestattet eine genaue und sich durch Erschütterungen und andere Umwelteinflüsse nicht verändernde Generatorspannung. Sie wird wegen des Spannungsabfalls an der Rückstromdiode auf 8 V bei 7-V-Generatoren und auf 15 V für 14-V-Generatoren eingestellt. Auch hier gelten die Empfehlungen über den Einfluß der Temperatur von S. 76 sinngemäß.

Bild 8.27a zeigt den Aufbau des Reglers auf einer Platine. In *Bild 8.27b* ist ein elektronischer Regler im Gehäuse eines alten Kontaktreglers zu sehen. Er ist damit gegen diesen austauschbar.

Ähnlich wie beim Regler für den Drehstromgenerator (S. 76ff.) können Edelbastler aus dem alten Reglergehäuse den Inhalt vorsichtig entfernen. Die Schraubenanschlüsse belassen wir allerdings, damit wir an den Anschlüssen der Kabel nichts ändern müssen. Der Leistungstransistor wird mit einem kleinen Kühlkörper liegend auf dem Gehäuseboden befestigt, der auf diese Weise bei der Wärmeableitung hilft. Die anderen Bauelemente sind wieder auf einer gedruckten Schaltung angeordnet, die auf dem Boden befestigt ist.

Bei der Auswahl der Bohrungen für die Befestigung von Transistor und Platine achte man auf die Originalanschlüsse des Reglers. Durch geschickte Anordnung kann nämlich erreicht werden, daß man mit einem Minimum an Kabelverbindungen im Regler auskommt. Da die Schraubanschlüsse des Reglers auf dem Gehäuse mit Hilfe von Kunststoffplättchen isoliert befestigt sind, achte man beim Bohren neuer Löcher, daß nicht ungewollt ein Kurzschluß entsteht. Ein Durchgangsprüfer (Ohmmeter) ist für solche Arbeiten eine gute Hilfe.

Die Leistungsdiode als Rückstromschalter wird zweckmäßig getrennt angeordnet, weil sie eine große Kühlfläche benötigt.

Wenn bei einem Generator die Feldwicklung einpolig an Masse liegen sollte – nur bei wenigen Typen ist

Bild 8.27: Der Gleichstromregler mit „handgemachter" Platine, eingebaut in ein altes Kontaktreglergehäuse. Außen neu: die Leistungsdiode und ihr Kühlkörper

dies der Fall – gilt sinngemäß die Empfehlung von S. 79.

Bei allen Vorteilen kann der elektronische Regler nach *Bild 8.26* keine Strombegrenzung erreichen. Dies wäre zwar auch elektronisch nach dem Prinzip von S. 58 und *Bild 7.13* wie beim Ladegerät möglich, würde aber eine nochmalige Erhöhung der Generatorspannung an Klemme D+ zum Ausgleich des Spannungsabfalls an diesem Widerstand bedeuten.

Es gibt zwar elektronische Möglichkeiten, den Strom des Generators zu begrenzen. Sie scheitern aber für den Selbstbau meist an unüberwindlichen Schwierigkeiten bei der Beschaffung der notwendigen Bauelemente. Diese Bauelemente sind magnetfeldabhängige Halbleiter. Sie nutzen den Effekt mancher Halbleiter-Kristallstrukturen aus, bei Anlegen eines Magnetfeldes eine Spannung abzugeben oder ihren Widerstand zu ändern. Diese Halbleiter werden Hallgeneratoren und Feldplatten genannt und haben sich in der industriellen Elektronik ein weites Anwendungsgebiet erobert. Für eigene Experimente sind sie den meisten Lesern noch nicht zugänglich, weshalb auf ihre Anwendung in diesem Buch verzichtet werden soll.

Für die Anwendung im Kraftfahrzeug ist der Schutz eines Gleichstromgenerators durch eine Schmelzsicherung am einfachsten möglich. Es geht ja in erster Linie darum, den Generator vor Zerstörung durch Kurzschluß zu schützen. Eine kurzzeitige Überlastung durch einen etwas höheren Batterieladestrom schadet einem Gleichstromgenerator nicht. Zwar werden Bürsten und Kollektor dann durch den höheren Strom auch mehr beansprucht. Bei einem in Ordnung befindlichen Bordnetz – und bei den Lesern dieses Buches sollte man dies voraussetzen können – dauert dieser Zustand nur kurzzeitig nach dem winterlichen Kaltstart an, wenn die Batterie einen großen Ladestrom benötigt.

In *Bild 8.24* ist deshalb eine Schmelzsicherung zwischen der Klemme B+ der Leistungsdiode und der Klemme 30, Plusklemme des Bordnetzes, vorgesehen. Für diese Sicherung eignet sich eine der im Kraftfahrzeugbordnetz übliche träge Sicherung mit einem Strom, der sich aus dem Höchststrom des Generators ergibt. Für Motorräder wäre dies eine Sicherung von 15 A, bei üblichen Pkw-Generatoren reichen 25 A. Der Ausfall dieser Sicherung durch zu hohen Generatorstrom wird spätestens an der absinkenden Batteriespannung und der Beeinträchtigung der Funktion der angeschlossenen Verbraucher (Zündung, Licht) bemerkt. Wer ganz sicher gehen will, um das Durchschmelzen der Sicherung rechtzeitig zu bemerken, kann eine kleine Kontrolleuchte parallel zur Sicherung zwischen die Klemmen B+ und die Klemme 30 des Bordnetzes (Pluspol der Batterie) schalten. Für eine solche Leuchte eignet sich eine Birne mit 2,2 V, wie sie in Akkuleuchten und kleinen Taschenlampen verwendet wird. Weil bei Ausfall der Sicherung kein Generatorstrom mehr fließt, ist der Spannungsabfall an der Leistungsdiode so gering, daß an Klemme B+ etwa 7,5 V anliegen. Die durch Verbraucher belastete Batterie hat eine Spannung von etwa 6 V, wenn sie durch Ausfall der Sicherung nicht geladen wird, so daß eine 2,2-V-Birne dann ausreichend hell warnt.

9. Der zündende Funke

Der sogenannte Ottomotor, nach seinem Erfinder Nikolaus Otto benannt und inzwischen 100 Jahre alt, arbeitet mit Fremdzündung. Dies bedeutet, daß zum Einleiten der Verbrennung von außen Energie zugeführt werden muß, um die Verbrennung in Gang zu setzen. Unter Verbrennung wird dabei der Prozeß der Energieumwandlung im Motor bezeichnet, bei der die im Kraftstoff in chemischer Form gebundene Energie über den Umweg Wärmeenergie in mechanische Energie umgesetzt wird.

Die zur Fremdzündung nötige Energiezufuhr von außen könnte zum Beispiel in Form eines Glühstiftes geschehen. So wurde auch der erste Ottomotor betrieben. Bei den heute erreichten Drehzahlen von Fahrzeugmotoren ist eine solche ungesteuerte Zündung fehl am Platze. Sie tritt höchstens ungewollt – und mit schädlichen Folgen für den Motor – auf, wenn Kraftstoff schlechter Qualität getankt wurde und der Motor nach dem Ausschalten der Zündung munter weiterläuft. Er dieselt nach, weil das Gemisch aus Kraftstoffdampf und Luft durch glühende Stellen im Brennraum gezündet wird. Glühzündungen nennt man diesen Vorgang. Der heutige schnellaufende Ottomotor benötigt eine gesteuerte Zündung, das heißt, die Verbrennung muß im richtigen Augenblick eingeleitet werden. (Dieselfans können das folgende Kapitel getrost überlesen, weil der Dieselmotor ein Selbstzünder ist.)

Eine sehr gute Möglichkeit, die Verbrennung einzuleiten, kennen wir aus dem täglichen Leben, obwohl sie erheblich jünger als der Ottomotor ist – das elektrisch gezündete Gasfeuerzeug. Das aus einer Düse austretende Gas wird durch einen elektrischen Funken gezündet. Und genau diesen Weg gingen die Motorenbauer vor fast 100 Jahren. Sie stellten fest, daß ein elektrischer Funken sehr gut in der Lage ist, ein brennfähiges Gemisch aus Kraftstoffdampf und Luft zu zünden. Denken wir nur an die Batterie, bei der das Knallgas versehentlich durch einen Funken gezündet werden kann (siehe S. 51). Zum Zünden benötigen wir prinzipiell zwei Dinge:
Eine elektrische Energiequelle, die die zum Zünden notwendige Energie liefern kann. Und ein Bauteil, an dem der Funke überspringen kann.

Die Zündkerze – eine Funkenstrecke

Warum der Name „Zündkerze" entstanden ist, kann nicht mehr genau festgestellt werden. Vermutlich stammt die Bezeichnung aus der Zeit der Glührohrzündung, bei der zum Anlassen des noch kalten Motors ein mit speziellen Chemikalien getränkter Docht eingebracht wurde.

Heute ist die Zündkerze aus dem Autoleben nicht mehr wegzudenken. Von Anfang an war dieses Bauteil zum Auswechseln gedacht, damit bei Störungen Ersatz möglich war. Dies war in der Vergangenheit (und ist es auch heute noch) dringend erforderlich, denn die ersten Zündkerzen mußten häufig gewechselt werden. Sie sind aber auch thermisch und mechanisch sehr hoch beansprucht, denn die höchste Temperatur erreicht Werte von 850° C und der größte Druck im Brennraum etwa 70 bar. Das ist 35mal Reifenluftdruck!

Elektrisch gesehen ist die Zündkerze eine in den Brennraum eingebaute Funkenstrecke (*Bild 9.1*). Zwischen ihre Elektroden (8) und (9) wird eine sehr hohe Spannung angelegt (10 bis 20 kV). Durch diese hohe Spannung wird das kleine Gasvolumen zwischen den Elektroden elektrisch leitend. Wenn die Hochspannung einen bestimmten Wert erreicht und das Gasvolumen einen bestimmten elektrischen Widerstand unterschritten hat, erfolgt der Funkenüberschlag, der das Gasvolumen kurzzeitig auf eine sehr hohe Temperatur (einige 1000° C) erhitzt. Durch diesen Vorgang wird die Verbrennung eingeleitet, das kleine erhitzte Gasvolumen gibt einen Teil seiner Wärme an das benachbarte Gas ab, die Verbrennung hat begonnen.

Das ganze spielt sich in sehr kurzer Zeit ab, denn vom Anlegen der Hochspannung an die Zündkerzenelektroden bis zum eigentlichen Beginn der Verbrennung vergeht weniger als der 1000. Teil einer Sekunde.

Es gibt nun Zustände im Motor, bei denen zwar der elektrische Funke überspringt, das Gemisch aber nicht zu brennen beginnt. Dies ist immer dann der Fall, wenn zwischen den Zündkerzenelektroden oder in ihrer Nähe kein brennbares Gemisch zur Verfügung steht. Häufig tritt dies bei noch kaltem Motor auf, oder wenn die Bildung des Gemisches durch Defekte im Vergaser oder in der Einspritzanlage nicht richtig zustande kommt. Fälschlicherweise wird dann manchmal von „Zündaussetzern" gesprochen, obwohl der Zündfunke ordnungsgemäß übergesprungen ist. In Wahrheit muß man solche Zustände „Verbrennungsaussetzer" nennen, weil die Einleitung der Verbrennung nicht funktionierte. Echte Zündaussetzer haben dagegen elektrische Ursachen. Entweder steht keine Zündenergie zur Verfügung, weil die Zündanlage keine ausreichende Hochspannung liefern kann, oder die Hochspannung hat sich wegen verschmutzter und feuchter Zündkabel oder verschmutzter Zündkerzen einen leichteren Weg zur Masse gesucht als über die Kerzenelektroden.

Mit der Funkenstrecke im Brennraum allein ist es nicht getan. Wegen der hohen Spannungen ist hochwertige Isolation erforderlich. Und die schwierigen Betriebsbedingungen im Brennraum erfordern Maßnahmen, damit eine Zündkerze – wie heute üblich – ihren Dienst während etwa eines Autojahres erfüllen kann. Und so sind heutige Zündkerzen in langer Entwicklung entstandene und mit großem Aufwand hergestellte Zubehörteile, deren Aufbau eine genauere Beschreibung rechtfertigt (*Bild 9.1*). Der Isolator (3) besteht aus einer keramikartigen Masse, die zum größten Teil Aluminiumoxid (Al_2O_3) enthält und gegen Kriechströme meist Rippen (1) trägt. In ihn eingebettet ist der Anschlußbolzen (2) zur Mittelelektrode (8). Beide sind mit einer leitenden Glasschmelze (5) gasdicht verbunden. Zur gasdichten Befestigung des Isolators im Zündkerzengehäuse (13) dienen zwei Dichtringe (12) und (13), wobei während der Zündkerzenherstellung die Zone (4) des Gehäuses durch einen speziellen Erwärmungsvorgang schrumpft und so für ausreichende Verspannung sorgt. Das Einschraubgewinde (7) ist den Einbaubedingungen im Motor angepaßt. Die meisten Pkw-Zündkerzen haben ein Gewinde M 14 × 1,25, wobei die Gewindelänge 12,7 und 19 mm beträgt (sogenannte Kurz- und Langgewindezündkerzen). Viele Motorräder haben wegen der beengten Platzverhältnisse ein Gewinde M 10 × 1 oder M 12 × 1,25. Zur Abdichtung dient ein Dichtring (6), dessen besondere Form ein Verlieren normalerweise unmöglich macht. An das Zündkerzengehäuse ist die Masseelektrode (9) angeschweißt, die damit mit der Motormasse verbunden ist. Zum Anschluß des Hochspannungskabels ist der Anschlußbolzen am oberen Ende mit einem M4-Gewinde versehen, auf das bei

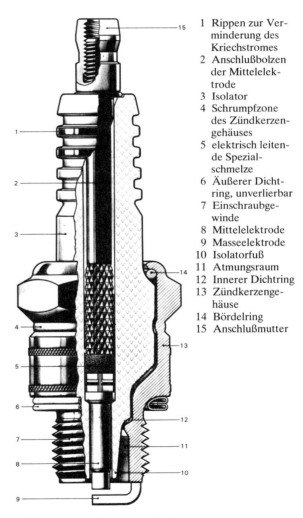

1 Rippen zur Verminderung des Kriechstromes
2 Anschlußbolzen der Mittelelektrode
3 Isolator
4 Schrumpfzone des Zündkerzengehäuses
5 elektrisch leitende Spezialschmelze
6 Äußerer Dichtring, unverlierbar
7 Einschraubgewinde
8 Mittelelektrode
9 Masseelektrode
10 Isolatorfuß
11 Atmungsraum
12 Innerer Dichtring
13 Zündkerzengehäuse
14 Bördelring
15 Anschlußmutter

Bild 9.1: Schnittbild einer Zündkerze

manchen Kraftfahrzeugherstellern noch eine genormte Anschlußmutter aufgeschraubt wird. Das Festschrauben der Zündkerzen sollte mit einem speziellen Zündkerzenschlüssel geschehen, der bei 14-mm-Zündkerzen eine Schlüsselweite von 20,6 mm besitzt. Beim Einbau richtig behandelt wird eine Zündkerze, wenn man sie mit der Hand bis zum Anschlag (Aufsitzen des Dichtringes) eindreht und mit dem Schlüssel danach $1/4$ Umdrehung festschraubt (bei neuen Zündkerzen, bei gebrauchten ist nach dem Eindrehen von Hand $1/12$ Umdrehung richtig). Besondere Bedeutung kommt bei Zündkerzen dem Material der Mittelelektrode (8), dem Isolatorfuß (10) und dem Atmungsraum (11) zu. Da die Mittelelektrode nicht nur elektrisch, sondern auch thermisch isoliert ist, wird sie im Betrieb sehr heiß. Der Elektrodenwerkstoff soll also die Wärme gut leiten, wird aber durch die heißen Verbrennungsgase und den Funkenüberschlag in seiner Struktur erosiv stark beansprucht. Für normale Anforderungen werden die Elektroden aus Nickel-Chrom-Legierungen hergestellt. Bei höheren Anforderungen an die Wärmeabfuhr wird beim gleichen Werkstoff ein Kupferkern eingesetzt. Elektroden aus Silber sind bei besonders harten Einsatzbedingungen (zum Beispiel Rennfahrzeuge) nötig, aber entsprechend teurer.

Die Form des Isolatorfußes und der Atmungsraum bestimmen die Eigenschaften der Zündkerze maßgeblich, vor allem das Verhalten bei verschiedenen Temperaturen. Die Isolatorspitze darf nämlich im Betrieb nicht heißer als etwa 880° C (bei voller Autobahnfahrt) werden, damit von ihr keine Glühzündungen (S. 86) ausgehen. Kälter als etwa 450° C ist allerdings auch nicht erwünscht, damit die Zündkerze bei langsamem Großstadtverkehr nicht verrußt, also durch Niederschläge von Kraftstoff- und Ölrückständen nicht leitend wird. Für jeden Motor muß deshalb ein Kompromiß zwischen diesen Extremen gefunden werden, damit der gesamte Betriebsbereich abgedeckt werden kann.

Am Wärmewert kann man sie erkennen

Die Isolatortemperatur kann durch die Ausbildung des Isolatorfußes gesteuert werden. Macht man die wärmeaufnehmende Oberfläche des Isolatorfußes groß und damit auch den Atmungsraum, so bekommt der Isolatorfuß bereits bei geringem Wärmeanfall die oben genannte Mindesttemperatur, ist aber dann auch nur bei Zündkerzen für niedrig belastete Motoren geeignet (*Bild 9.2*). Man spricht dann von einer

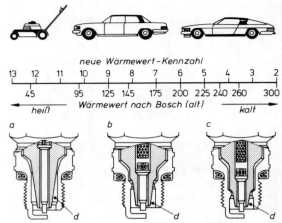

Bild 9.2: Wärmewert von Zündkerzen
a) heiße Zündkerze, große wärmeaufnehmende Oberfläche
b) mittlere Zündkerze, mittlere wärmeaufnehmende Oberfläche
c) kalte Zündkerze, kleine wärmeaufnehmende Oberfläche
d) Atmungsraum

„heißen" Zündkerze. Umgekehrt wird bei Zündkerzen für hochbelastete Motoren die wärmeaufnehmende Oberfläche klein gemacht, was auch einen entsprechend kleinen Atmungsraum ergibt. Solche Zündkerzen werden „kalte" Zündkerzen genannt. Zur Kennzeichnung dieser für das Verhalten im Motor sehr wichtigen Eigenschaften dient der Wärmewert. Dies ist eine Kennzahl, die für jeden Motortyp die Auswahl der richtigen Zündkerze erlaubt. Die Motorenhersteller legen zusammen mit den Zündkerzenlieferanten für jedes Fahrzeug den optimalen Wärmewert fest, der einerseits auch bei Urlaubsfahrten nach Südeuropa vor Glühzündungen schützt, zum anderen Stadtverkehr im Winter erlaubt. Die deutschen Zündkerzenhersteller Bosch und Beru benutzten bis Frühjahr 1978 eine Wärmewertskala entsprechend *Bild 9.2*, bei der kalte Zündkerzen hohe, warme dagegen niedrige Wärmewerte erhielten. Danach waren die meisten Pkw mit Wärmewerten zwischen 145 und 240 gut bedient. Für Motorräder lagen die richtigen Wärmewerte bei 200 bis 280. Entsprechend der internationalen Gepflogenheit, kalte Zündkerzen mit einer niedrigen Zahl, warme dagegen mit einer hohen Ziffer zu kennzeichnen, werden jetzt auch in Deutschland neue Wärmewertkennzahlen eingeführt, die in der kleinen Skala auf *Bild 9.2* den alten gegenübergestellt werden.

Wer mit Überlegung Zündkerzen auswählt, kann von den Empfehlungen der Fahrzeughersteller abweichen, aber nur in der richtigen Richtung. Ein Fahrzeug, das fast ausschließlich auf langen Autobahnstrecken verkehrt, wird mit einer Zündkerze „einen Wert kälter" sehr zufriedenstellend arbeiten und noch weniger als sonst ohnehin schon zu Glühzündungen neigen. Das typische Kurzstrecken-Stadtfahrzeug wird sicher für „eine Zahl wärmer" dankbar sein. Diese Empfehlung gilt aber nur für bewußte Fahrzeuglenker, die dann auch wissen, daß der ausnahmsweise für eine Fernstrecke benutzte Stadtwagen mit einer zu warmen Zündkerze schwere Motorschäden erleiden kann, wenn er mit Höchstgeschwindigkeit bewegt wird.

Um Gewissensbisse und dauernden Zündkerzenwechsel zu vermeiden, ist die einschlägige Industrie nicht untätig gewesen. Sie hat Zündkerzen mit erweitertem Wärmewertbereich entwickelt, deren Mittelelektrode wegen eines Kupferkernes nicht so heiß wird. Bei Fahrzeugen mit sehr unterschiedlichen Betriebsbedingungen sind solche Zündkerzen zu empfehlen, obwohl sie teurer sind.

Zündkerzen – selbst gewechselt

In den letzten Jahren hat sich durch Supermärkte und ähnliche Einrichtungen gerade bei Zündkerzen eine Preisentwicklung ergeben, die Werkstätten sicher nicht recht ist, den Fahrzeugbenutzer aber freut. Die meisten Zündkerzen sind für unter drei Mark erhältlich, nur bei einigen exotischen Fahrzeugen muß man tiefer in die Tasche greifen. Falls beim Wechsel der Zündkerzen richtig vorgegangen wird, ist gegen das Selbstmachen nichts einzuwenden. Nur sollte man gerade dabei sorgfältig vorgehen:
- Zündkerzenhöhle vor dem Ausbau der alten Zündkerzen säubern und ausblasen;
- keine große Gewalt beim Herausschrauben anwenden, notfalls erst einige Umdrehungen herausschrauben, dann ein wenig Rostlösungsmittel benutzen, nach einiger Zeit erneuter Versuch;
- Zündkerzensitz am Motor mit Lappen säubern und kontrollieren, ob der alte Dichtring nicht kleben geblieben ist;
- bei der neuen Zündkerze auf Dichtring (6) in *Bild 8.1* achten und nach S. 88 vorgehen, Schlüssel nicht verkanten, damit Isolator nicht beschädigt wird;
- Zündkerzenstecker auf Risse und sonstige Beschädigungen kontrollieren, ein neuer Stecker ist billiger als der Pannenhilfsdienst!

Wegen der geringen Preise heutiger Zündkerzen lohnt eine früher übliche Reinigung und Nachstellung der Zündkerzen vor ihrer erneuten Verwendung nur noch in seltenen Ausnahmefällen. Man sollte sich zur Regel machen, eine Zündkerze, die nach einjährigem Betrieb ausgebaut wurde, gleich durch eine neue zu ersetzen – ohne Ansehen der Person.
Nach etwa 10 000 bis 15 000 km Laufstrecke hat eine Zündkerze zwar noch nicht ausgedient, ist aber nicht mehr ganz jungfräulich. Eine weitere Verwendung ist mit erhöhtem Risiko verbunden.

Verschiedene Elektrodenformen

Neben Gewindeausführung und Wärmewert ist eine Zündkerze noch durch die Form ihrer Elektroden gekennzeichnet. Je nach der Art des Motors ergeben sich unterschiedliche geometrische Abmessungen und Formen. Wichtig ist vor allem die Lage der Funkenstrecke im Brennraum, die auf die sogenannte Gemischzugänglichkeit einen großen Einfluß hat. Nur eine in Versuchen als optimal gefundene Form der Elektroden sichert für jeden Motor gutes Verhalten besonders im Leerlauf und beim Beschleunigen. Es gibt deshalb eine Reihe von Elektrodenformen, die in *Bild 9.3* zusammengestellt sind.
Für die meisten Fahrzeugmotoren ist die voll oder halb überdeckte Stirnelektrode am besten geeignet. Zweitaktmotoren erfordern manchmal ringförmige Elektroden, besonders manche Außenbordmotoren. Bei Rennmotoren ist die Funkenstrecke häufig weit zurückgezogen, weil das Verhalten im Leerlauf unwichtig, die thermische Belastbarkeit aber wesentlich ist.
Elektroden aus Platin sind gegen chemische Angriffe der Verbrennungsgase besonders unempfindlich, können aus diesen und anderen Gründen dünner sein und ergeben dadurch bei sportlichen Motoren oft bessere Eigenschaften bei langsamer Fahrt. Der mehrfache Preis gegenüber Standard-Zündkerzen rechtfertigt ihre Verwendung selten.
Gleitfunken-Zündkerzen sind auf Sonderanwendungen bei Zweitakt- und Rennmotoren beschränkt und erfordern spezielle Zündanlagen. Sie haben keinen eigentlichen Atmungsraum, der Funke gleitet teilweise auf der Oberfläche des Isolators. Manche sind wärmewertlos, also nicht in die Skala auf *Bild 9.2* einzuordnen. Zweifel an der Wahl der richtigen Zündkerze beseitigt zuverlässig die Bedienungsanleitung des Fahrzeuges. Nicht der Zündkerzenhersteller ist wichtig, sondern der richtige Zündkerzentyp. Jede

Elektrodenform	Eignung
Stirnelektrode voll überdeckt 	Standard-Zündkerzen
Stirnelektrode halb überdeckt 	Standard-Zündkerzen, vorteilhaft für Zweitaktmotoren
Ring- und Ringseitenelektrode 	eignet sich besonders für Zweitaktmotoren
Innenliegende Funkenstrecken 	nur für Rennmotoren
	nur für Rennmotoren
Platin-Seitenelektrode 	vollkommen unempfindlich gegen chemische Angriffe der Verbrennungsgase
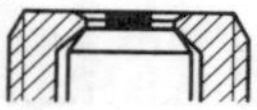 Gleitfunkenstrecke	vorteilhaft in Verbindung mit HKZ bzw. MHKZ bei Zweitaktmotoren
Luftgleitfunkenstrecke	mit Steuerelektrode (2) (1 = Ringelektrode)

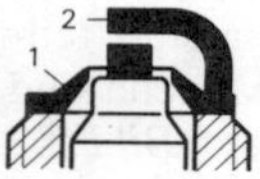

Bild 9.3: Elektrodenanordnung von Zündkerzen

größere Werkstatt hat Vergleichslisten, die über gegeneinander austauschbare Zündkerzentypen verschiedener Hersteller Auskunft geben. Einige – besonders ausländische – Fahrzeuge sollten unbedingt mit der vom Hersteller bindend vorgeschriebenen Original-Zündkerze, die leider häufig teurer ist, ausgerüstet werden.

Experimente mit von der Herstellerempfehlung abweichender Elektrodenform und Zündkerzenausführung sollten den Versuchsingenieuren überlassen bleiben. Die können nämlich einen durch falsche Kerzenwahl zerstörten Motor als der Erkenntniserweiterung dienlich mit Recht abschreiben, der Normalverbraucher wohl kaum.

Die Zündanlage – ein Energiespeicher

Das Gemisch im betriebswarmen Motor benötigt zur Verbrennungseinleitung nur eine relativ kleine elektrische Energie, wenige tausendstel Joule (Energieeinheit) genügen. Zum Start des winterkalten Motors kann die erforderliche Energie bis zu 100mal größer sein. Zur Abdeckung auch ungünstiger Betriebsverhältnisse ist deshalb bei der Zündanlage eine Energie von 60 bis 120 Millijoule (= 60 bis 120 Milliwattsekunden) vorzusehen. Diese schon recht bedeutende Energiemenge braucht aber nur zum Zeitpunkt der Zündung bereitzustehen. In den Zeitabschnitten dazwischen ist sie nicht erforderlich.

Deshalb machten schon die ersten Anwender der elektrischen Zündung im Kraftfahrzeug von der Möglichkeit Gebrauch, die Zündenergie in der Zeit zwischen zwei Zündungen zu speichern. Für den Energiehaushalt der elektrischen Anlage und für die Kosten der Zündanlage ist dies ein großer Vorteil.

Aber nicht nur die Menge der elektrischen Energie ist für die Zündung wichtig. Gleiche Rangordnung hat auch die Höhe der Spannung an den Elektroden der Zündkerze. Denn auch unter ungünstigen Bedingungen muß diese Spannung so hoch sein, daß ein Funkenüberschlag entstehen kann.

Die Höhe der Spannung hängt unter anderem auch vom Abstand der Zündkerzenelektroden ab. Damit beim Überschlag des Zündfunkens ein bestimmtes Mindestgasvolumen auf die hohe Temperatur gebracht werden kann, um genügend viele benachbarte Gasteilchen zur Verbrennung anzuregen, muß der Elektrodenabstand eine bestimmte Mindestgröße besitzen. Üblich sind hier 0,6 bis 0,7 mm. Bei diesem Abstand und dem im Brennraum herrschenden

Druck muß die an den Elektroden anliegende Spannung für einen sicheren Funkenüberschlag 12 bis 25 kV betragen. Die Zündanlage muß demnach neben der Funktion der Energiespeicherung eine genügend hohe Spannung bereitstellen.

Weiterhin ist es Aufgabe der Zündanlage, die Hochspannung genau zum richtigen Zeitpunkt, zum Zündzeitpunkt, an die Zündkerze zu schalten. Dies muß mit großer Genauigkeit geschehen, bei einer Drehzahl von 7000 min^{-1} eines Motors beispielsweise auf $^2/_{100000}$ Sekunden (20 Mikrosekunden = 20 µs) genau.

Von den in der Technik bekannten Möglichkeiten der Steuerung ist nur die elektrische Steuerung in der Lage, diese Anforderungen zu erfüllen.

Die Zündanlage hat also im Prinzip eine dreifache Aufgabe:

- Speicherung der Zündenergie,
- Erzeugung der Hochspannung,
- Steuerung des Zündzeitpunktes.

Von der Energiespeicherung soll zunächst die Rede sein.

Wenn wir einen 4-Takt-4-Zylindermotor zugrunde legen (er ist zahlenmäßig mit Abstand am meisten verbreitet, zumindest in Europa), steht für eine Umdrehung bei einer Drehzahl von 7000 min^{-1} eine Zeit von etwa 8,5 ms zur Verfügung. Der Zylinder eines 4-Takt-Motors benötigt bei jeder zweiten Umdrehung einen Zündfunken. Da die 4 Zylinder gleichmäßig versetzt sind, müssen bei jeder Umdrehung dieses Motors zwei Zündungen erfolgen, die Zeit zwischen zwei Zündungen beträgt nach *Bild 9.4* genau 4,29 ms.

Der Funkenüberschlag erfolgt in wenigen Mikrosekunden, danach findet aber an der Zündkerze eine – wie wir noch sehen werden – für die Verbrennung

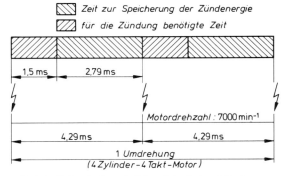

Bild 9.4: Zeitaufteilung bei der elektrischen Zündung

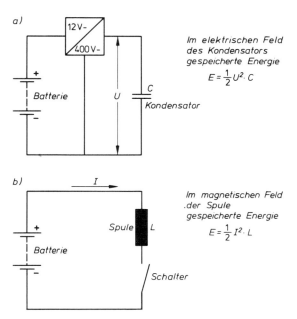

Bild 9.5: Möglichkeiten der Energiespeicherung für die elektronische Zündung.
a) Energiespeicherung im elektrischen Feld des Kondensators
b) Energiespeicherung im magnetischen Feld der Spule

sehr günstige Glimmentladung von etwa 1,5 ms Dauer statt. Für die Speicherung der Zündenergie stehen also nur noch ca. 2,8 ms zur Verfügung, weil aus elektrischen Gründen während der Zündung selbst keine Speicherung möglich ist. In dieser recht kurzen Zeit muß die Speicherung der Zündenergie abgeschlossen sein. Bei einem 8-Zylinder-Motor ist die Speicherzeit halb so groß (bei gleicher Drehzahl), bei Motorradmotoren mit vielen Zylindern und noch höheren Drehzahlen steht manchmal ebenfalls weniger Zeit zur Verfügung. Physikalisch gibt es zwei Möglichkeiten, elektrische Energie in sehr kurzer Zeit zu speichern (die Art der Energiespeicherung in einer Batterie gehorcht, wie wir wissen, anderen Gesetzen und ist viel zu langsam). Nach *Bild 9.5* sind dies das elektrische Feld eines Kondensators und das Magnetfeld einer stromdurchflossenen Spule. Beide Möglichkeiten werden dann auch im Kraftfahrzeug angewendet. Die erste wird zum Unterschied zu ähnlichen Systemen im Turbinenbau „Hochspannungs-Kondensator-Zündung" (HKZ) genannt. Die Speicherung in einem Magnetfeld heißt „Spulen-Zündung" (SZ).

Wenn die Kapazität des Kondensators und die an ihm anliegende Spannung bekannt sind, kann die gespeicherte elektrische Energie einfach berechnet werden, denn es gilt:

Energie $E = \frac{1}{2} \cdot U^2 \cdot C$.

Ein auf 400 V aufgeladener Kondensator von 1 µF hat eine Energie

$$E = \frac{1}{2} \cdot 400^2 \cdot 0{,}000\,001 = 80\,\text{mWs}$$

gespeichert. Der im *Bild 9.5* gezeigte Spannungswandler muß die Batteriespannung auf 400 V anheben, damit nach obiger Gleichung eine Energiespeicherung überhaupt sinnvoll ist. Wäre die Spannung niedriger, müßte der Kondensator entsprechend größer gewählt werden, denn Elektrolytkondensatoren sind für diesen Zweck völlig ungeeignet, große Folienkondensatoren aber sehr teuer und platzraubend. Eine Spannung von etwa 400 V am Kondensator ist auch deshalb nötig, damit die nachfolgende Transformierung in die notwendige Hochspannung technisch realisierbar bleibt.

Bei der Speicherung im Magnetfeld einer Spule ist dagegen die Batteriespannung unwichtig, theoretisch zählt nur der Strom. Es gilt für eine Spule mit einer Induktivität L von 4 mH, durch die ein Strom I von 2 A fließt:

Energie $E = \frac{1}{2} \cdot I^2 \cdot L$

$$E = \frac{1}{2} \cdot 2^2 \cdot 0{,}004 = 80\,\text{mWs}.$$

Diese Energie ist aber erst gespeichert, wenn der Strom seinen Ruhewert von $I = 2$ A im Beispiel erreicht hat. Wie wir noch sehen werden, dauert es eine gewisse Zeit, bis dies der Fall ist.

Auch bei der Energiespeicherung im Magnetfeld ist das Erreichen einer gewissen Mindestspannung notwendig, damit die Erzeugung der Hochspannung leichter möglich ist. Man nutzt hier den schon auf S. 91 und *Bild 5.5* beschriebenen Vorgang aus, daß beim Abschalten einer Induktivität von der Spannungsquelle, wenn also der Strom plötzlich zu fließen aufhört, hohe Abschaltspannungen auftreten können, die ein Mehrfaches der Batteriespannung erreichen. Im allgemeinen ist diese Wirkung der Selbstinduktivität unerwünscht, weil sie Halbleiter durch zu hohe Spannungen gefährdet. Bei der Zündanlage ist dieser Vorgang dagegen von großem Nutzen. Beim Abschalten des Spulenstromes durch den Schalter entstehen an der Spule Spannungen bis zu einigen 100 V, die eine weitere Erhöhung zur Hochspannung verhältnismäßig leicht machen.

Ein Transformator für die Hochspannung

Mit den Spannungen von etwa 200 bis 400 V, die im Kondensator gespeichert werden, oder die beim Abschalten des Stromes in einer Spule entstehen, kann ein Funkenüberschlag an den Elektroden einer Zündkerze nicht erreicht werden. Wie wir bereits wissen, benötigen wir dafür je nach Betriebsbedingungen des Motors etwa 60mal so hohe Spannungen (12 bis 25 kV). Das Prinzip des Transformators ist für diesen Zweck geeignet. Genau so wie bei üblichen Netztransformatoren die Herabsetzung der Netzspannung von 220 V auf die in der Elektronik üblichen Spannungen von 5 bis etwa 60 V möglich ist, kann auch umgekehrt aus einer niedrigen Spannung eine hohe Spannung gewonnen werden. Vom Prinzip her ist es dabei nicht wesentlich, ob die Niederspannung aus einem aufgeladenen Kondensator oder aus der Abschaltspannungsspitze einer Spule stammt.

Die Spulenzündung ist am weitesten verbreitet

Nachdem wir nun die beiden grundsätzlichen Möglichkeiten der elektrischen Energiespeicherung für Zündsysteme kennen, wollen wir uns der praktischen Ausführung von Zündanlagen zuwenden (*Bild 9.6*). Von den im Laufe der Zündungsentwicklung entstandenen Ausführungsarten hat sich die kontaktgesteuerte Spulenzündung am meisten durchgesetzt. Dies liegt an ihrem einfachen Aufbau, der keine Spezialkenntnisse voraussetzenden Wartung und natürlich auch an den relativ geringen Kosten. Bis in die jüngste Zeit hat diese Zündung bei ordnungsgemäßer Wartung die Anforderungen des Motors an eine Zündanlage erfüllen können. Erst durch die Verschärfung der Abgasbestimmungen, die hohen Personalkosten bei der Wartung und das Vordringen elektronischer Bauelemente erwachsen der guten alten Spulenzündung Konkurrenten, die sie in den nächsten Jahren vom Markt verdrängen werden. Vorerst aber ist sie ein wesentlicher Bestandteil der elektrischen Anlage unserer Fahrzeuge. Die Prinzipschaltung in *Bild 9.7* zeigt, daß die Spulenzündung mit nur wenigen elektrischen Bauteilen auskommt:

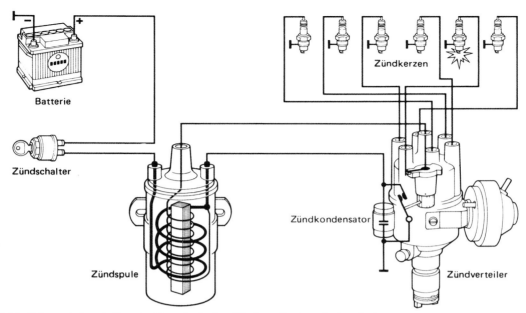

Bild 9.6: Schematischer Aufbau der Batterie-Spulen-Zündung für einen Sechszylindermotor

- dem Zündschalter, manchmal auch Fahrschalter genannt, der die Spannungsversorgung der Zündanlage einschaltet;
- der Zündspule, die die Funktionen Energiespeicherung und Hochspannungstransformierung in sich vereinigt;
- den Zündverteiler, in dem ein elektrischer Kontakt den Zündzeitpunkt steuert und ein Hochspannungsverteiler die Hochspannung im richtigen Augenblick auf die Zündkerzen verteilt;
- den Zündkerzen, durch die die Funkenstrecke im Brennraum gebildet wird.

Das Zusammenspiel dieser wenigen Bauteile und ihre Funktion sind allerdings recht kompliziert und sollen einer näheren Betrachtung unterzogen werden.

Zum Zündschalter ist nicht viel zu sagen. Es handelt sich um einen einfachen Einschalter, der lediglich für die auftretenden Spitzenströme von bis zu 20 A ausgelegt werden muß.

Die Zündspule dagegen übernimmt verschiedene Funktionen. In ihrem Magnetfeld wird die Zündenergie gespeichert, wenn durch die Primärwicklung L_1 ein Strom fließt. Darüber hinaus bilden Primärwicklung L_1 und Sekundärwicklung L_2 einen Hochspannungsübertrager.

Entsprechend der Aufgabe, die auf der Primärseite entstehende Abschalt-Spannungsspitze auf die Hochspannung zu transformieren, besitzt die Zünd-

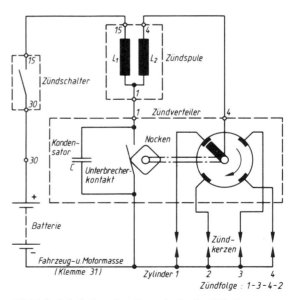

Bild 9.7: Schaltplan einer Batterie-Spulen-Zündung

spule ein Übersetzungsverhältnis (Verhältnis der Windungszahlen von L_2 zu L_1) von etwa 80 bis 100. Rein theoretisch würde nach S. 92 ein Windungszahlverhältnis von etwa 60 genügen. Wegen unvermeidlicher Verluste beim Transformieren auf die hohe Spannung muß in der Praxis ein höherer Wert gewählt werden.

Die Wicklung L_1 besitzt daher nur wenige Windungen (ca. 100) aus allerdings dickem Draht, da ein hoher Strom durch sie fließt. Für die Sekundärwicklung reicht dünner Draht aus, weil nur wenig Strom fließt. Das Schalten des Primärstromes übernimmt ein mechanisch betätigter Schalter, den man auch Unterbrecher nennt. Er wird von nockenartigen Erhebungen betätigt, dem Unterbrechernocken, der so viele „Buckel" besitzt wie der Motor Zylinder hat. Parallel zum Unterbrecherkontakt ist ein Kondensator geschaltet, der eine ganz wesentliche Doppelfunktion erfüllt und dessen Ausfall die Zündanlage gebrauchsuntüchtig macht. Wie kommt das?

Beim geschlossenen Unterbrecherkontakt fließt durch die Primärwicklung der Zündspule ein hoher Strom (etwa 3 A). Im Augenblick des Öffnens des Kontaktes wird der Primärstrom in sehr kurzer Zeit unterbrochen und es entsteht die schon bekannte Abschalt-Spannungsspitze, auch Selbstinduktionsspannung genannt. Dabei steigt diese Spannung, die ja auch am Kontakt anliegt, schneller an als der Abstand zwischen beiden Kontakten, die sich beim Öffnen voneinander entfernen. Denn der Unterbrechernocken kann aus mechanischen Gründen (Verschleiß) das Öffnen nicht beliebig schnell durchführen.

Die sehr schnell ansteigende Spannung am Kontakt würde ausreichen, um an ihm einen Funken überspringen zu lassen. Dabei ginge der größte Teil der gespeicherten Zündenergie bereits in diesem Funken verloren. Außerdem würde der Kontakt durch den entstehenden Funken sehr schnell verschleißen, regelrecht verbrennen. Dies verhindert der Kondensator in *Bild 9.7*. Beim Öffnen des Kontaktes lädt er sich schnell auf die Abschaltspannung auf und verhindert damit sowohl Verlust an Zündenergie als auch vorzeitigen Kontaktverschleiß. Die Größe von C muß auf die Eigenschaften der Zündspule und die des Kontaktes abgestimmt sein. Üblich ist ein Wert von 0,2 bis 0,4 µF.

Es leuchtet ein, daß die geschilderten Vorgänge dem Unterbrecherkontakt trotz des schützenden Kondensators das Leben nicht gerade leicht machen. Er muß in schneller Folge Ströme bis maximal 4 A schalten.

Bei einem 4-Zylinder-4-Takt-Motor, der 7000 Umdrehungen in der Minute dreht, wird der Unterbrecherkontakt außerdem 14000mal in der Minute betätigt. Dabei treten vor allem bei niedrigen Drehzahlen, wenn der Kontakt relativ langsam öffnet, trotz des Kondensators am Unterbrecher Spannungen von 100 V und mehr auf. Dies erklärt auch, warum vor allem bei Fahrzeugen, die viel im Stadtverkehr mit niedrigen Drehzahlen gefahren werden, der Kontakt eher verschleißt als bei langen Fahrten mit hohen Drehzahlen. Vor allem bei hochdrehenden Motoren mit vielen Zylindern ist deshalb der Unterbrecherkontakt schon lange ein Ärgernis, was dazu führte, daß zuerst bei diesen Motoren die Entlastung oder der Ersatz des Unterbrechers durch andere Steuerungsorgane begann.

Wegen der nötigen genauen Zuordnung des Zündzeitpunktes zum Arbeitsprozeß im Motor wird der Unterbrechernocken immer mechanisch mit der Kurbelwelle gekoppelt, meist über Zahnräder oder Kette, in den letzten Jahren zunehmend über Zahnriemen. Bei 4-Takt-Motoren, die bei zwei Umdrehungen des Motors einmal zünden, muß der Unterbrechernocken mit halber Kurbelwellendrehzahl angetrieben werden und ist deshalb oft mit der Nockenwelle verbunden, die ebenfalls mit halber Kurbelwellendrehzahl läuft. Was liegt näher, als auch die Verteilung der Hochspannung auf die einzelnen Zylinder, die mit gleicher Drehzahl erfolgen muß, mit der Unterbrecher-Nockenwelle zu vereinigen. Das so entstandene Bauteil wird Zündverteiler nach der letzt genannten Funktion genannt. Die meisten Pkw-Motoren besitzen solch einen Zündverteiler mit den beiden Funktionen Steuerung des Zündzeitpunktes durch den Unterbrecherkontakt und Verteilung der Hochspannung.

Bei vielen Mehrzylindermotoren an Motorrädern ist das allerdings nicht so. Im Gegensatz zu *Bild 9.7* wird bei Zweirädern oft für jeden Zylinder eine Zündspule mit einem eigenen Unterbrecher vorgesehen. Eine Hochspannungsverteilung entfällt dann. In *Bild 9.7* ist sie aber vorgesehen und zwar in der Ausführung für einen 4-Zylinder-Motor. Da nicht alle Zylinder gleichzeitig zünden, sondern in einer bestimmten Reihenfolge schön hintereinander, ist die Erzeugung der Hochspannung für alle Zylinder gemeinsam in einer Zündspule und eine anschließende Verteilung in der richtigen Reihenfolge sehr sinnvoll. Der Verteiler ist dabei eine Anordnung von kleinen Funkenstrecken. Er besteht aus feststehenden, in guter Isolation eingebetteten Kontaktstellen und einem an diesen vorbeilaufenden Verteilerfinger, der über einen mittigen Schleifring die Hochspannung von der Zündspule erhält. Dabei müssen natürlich Unterbrechernocken und Verteilerfinger so synchron zueinander laufen, daß immer beim Öffnen des Unterbrecherkontaktes der Verteilerfinger einem Hochspannungskontakt möglichst direkt gegenübersteht. Trotz dieser Maßnahme ist ein geringer Verlust an Zündenergie in der Verteilerfunkenstrecke nicht zu vermeiden, wird aber in Kauf genommen, weil dadurch die Zündanlage einfacher wird.

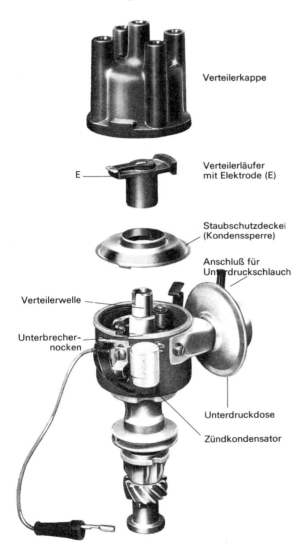

Bild 9.8: Mit dem Verteiler wird der Zündfunke verteilt

Die Zündfolge muß stimmen

Bild 9.7, das wieder die genormten Klemmenbezeichnungen enthält, zeigt für einen 4-Zylinder-Motor auch gleich die Reihenfolge der Zündung für die einzelnen Zylinder, Zündfolge genannt. Sie lautet für einen Motor dieser Zylinderzahl mit in Reihe angeordneten Zylindern fast immer 1 – 3 – 4 – 2 und kann nicht beliebig gewählt werden. Bei Arbeiten an den Hochspannungskabeln ist deshalb unbedingt auf die Verbindung mit den Zündkerzen in richtiger Reihenfolge zu achten, weil der Motor sonst den Zündfunken in den einzelnen Zylindern zur falschen Zeit bekommt und meist seine Tätigkeit gar nicht aufnimmt. Eine Skizze mit Kennzeichnung der Kabelenden erspart hier lästiges Suchen und vielen Ärger. Erleichtert wird das richtige Vorgehen durch eine Markierung am Verteilergehäuse für die Stellung des Verteilerfingers zum Zünden des Zylinders 1 (*Bild 9.8*). Außerdem ist bei den meisten Verteilern die Drehrichtung mit einem Pfeil am Gehäuse markiert (ähnlich wie in *Bild 9.7* angedeutet). Da hier für die Zündfolge der vielen Motorvarianten keine allgemein gültigen Hinweise gegeben werden können, muß das genaue Studium der Betriebsanleitung helfen.

Strom- und Spannungsverlauf erklären vieles

Die relativ verwickelten Vorgänge beim Speichern der Zündenergie und beim Überschlag des Zündfunkens sind am einfachsten in Form eines Diagrammes darzustellen (*Bild 9.9*). Wie der zeitliche Verlauf des Primärstromes zeigt, fließt beim Schließen des Unterbrechers zuerst nur ein kleiner Strom durch die Primärwicklung, weil die Induktivität der Spule verzögernd wirkt. Zuerst schnell, dann immer langsamer, steigt der Strom bis auf seinen Endwert an, der durch den Ohmschen Widerstand der Primärwicklung gegeben ist. Der Unterbrecher ist während dieser Zeit geschlossen. Mit dem Zeitpunkt des Öffnens geht der Strom fast schlagartig auf Null zurück und erzeugt dabei die hohe Spannungsspitze in der Primärwicklung, die im Diagramm etwa 130 V erreicht. Der anschließende Schwingungsvorgang von Primärspannung und Primärstrom soll andeuten, daß trotz des Kondensators eine Funkenbildung nicht ganz vermieden werden kann. Teilweise sind diese Schwingungen aber auch von dem Aufbau der Sekundärspannung, der zum Zünden nötigen Hochspannung, verursacht. Induktivität L_1 und Kondensator C (*Bild 9.7*) bilden nämlich einen Schwingkreis mit einer Eigenfrequenz von etwa 3 kHz. Dies ist erwünscht, weil dadurch die Primär- und damit auch die Sekundärspannung mit der ersten Halbwelle der Schwingung sehr schnell (in weniger als 0,1 ms) ihren Maximalwert erreichen. Dieser Schwingungsvorgang ist in der zeitlichen Darstellung der Sekundärspannung nur noch sehr abgeschwächt zu erkennen. Der sekundäre Spannungsverlauf ist nämlich nur durch Erläuterung der elektrischen Vorgänge in der Zündanlage nicht zu erklären. Dazu muß man auch die Vorgänge an der Zündkerze heranziehen.

Die Kapazität der Zündkerze ist an allem schuld

Der Funkenüberschlag zwischen den Elektroden der Zündkerze ist nämlich kein einfacher Vorgang. Wissenschaftler einiger Sparten haben lange gebraucht, bis sie die Vorgänge an der Zündkerze durch Messungen und Rechnungen hinreichend genau verfolgen konnten. Die Zündkerze und das angeschlossene Hochspannungskabel stellen nämlich eine Kapazität dar. Die Zündkerzenkapazität beträgt im Mittel etwa 10 pF, ein sehr kleiner Wert also. Diese Kapazität wird während des ersten Anstieges der Sekundärspannung in *Bild 9.9* auf die Hochspannung aufgeladen. Ohne Funkenüberschlag würde die Sekundärspannung an der Zündkerze einen ähnlichen Schwingungsvorgang wie die Primärspannung mit einer Frequenz von etwa 3 kHz ausführen. Reicht aber die Höhe der Spannung, auf die die Zündkerzenkapazität aufgeladen ist, zum Funkenüberschlag aus, dann wird durch die anliegende Spannung das Gas zwischen den Elektroden teilweise in elektrisch geladene Teilchen aufgespalten und damit leitend. Über diesen leitenden Gaskanal entlädt sich nun die Zündkerzenkapazität mit einem extrem kurzen, aber sehr hohen Strom (einige A bis einige 10 A), wobei die Spannung an der Zündkerze sehr schnell fast bis auf Null absinkt, weil keine Ladung in der Zündkerzenkapazität mehr vorhanden ist. Der Schwingungsvorgang auf der Primärseite hat unterdessen aber angedauert und sorgt für erneute Energiezufuhr in die Zündkerzenkapazität. Weil der Gaskanal aber nun schon elektrisch leitend ist, wiederholt sich der erste Vorgang nicht mehr, sondern an den Elektroden der Zündkerze bildet sich eine Glimmentladung ähnlich wie bei einer Glimmlampe mit sehr niedrigem Strom und Spannungen von etwa 1 kV aus. Die dabei sich einstellende Spannung wird Brennspannung genannt.

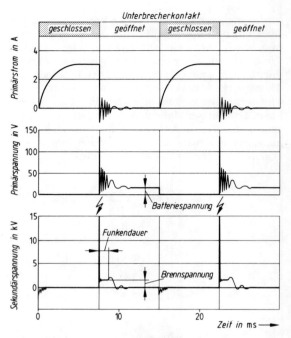

Bild 9.9: Strom- und Spannungsverlauf bei der Spulenzündung

Als Funkendauer wird die Zeit bezeichnet, in der diese Glimmentladung andauert; solange, bis die Energie aus dem primären Schwingungsvorgang umgesetzt ist.

Die Spulenzündung hat ihre Vorteile

Die sich an den nur wenige μs andauernden Funkenüberschlag anschließende Funkendauer von etwa 1 bis 1,5 ms ist entscheidend für die richtige Einleitung der Verbrennung auch unter ungünstigen Bedingungen. Dem ersten Funken gelingt es häufig nur zum Teil, die Gemischmoleküle zwischen den Zündkerzenelektroden so wirkungsvoll zu entzünden, daß die Verbrennung von allein fortschreitet. Verbrennungsaussetzer sind dann die Folge.
Durch die nachfolgende Glimmentladung steigen die Chancen für eine ordnungsgemäße Einleitung der Verbrennung wesentlich an.
Dieses in Reinkultur nur der Spulenzündung eigene Verhalten ist der Grund für ihre weite Verbreitung und für ihre stetige Weiterentwicklung.
Auch elektronische Zündanlagen der Zukunft, deren Serieneinsatz schon begonnen hat und deren Ver-

breitung nicht mehr aufzuhalten ist, bedienen sich dieses Prinzips der Spulenzündung, wenn auch in weiterentwickelter Form. So wird vor allem die Zündenergie erhöht, die Steilheit des Sekundärspannungsanstieges verbessert und der Unterbrecherkontakt entweder durch elektronische Steuerelemente ersetzt oder durch Schalttransistoren von hohen Strömen entlastet. Doch davon später.

Für Sonderzwecke: Hochspannungskondensatorzündung

Eine weitere Eigenschaft der Spulenzündung ist dagegen nicht gerade beliebt. Durch die zur ausreichenden Energiespeicherung notwendige Primärinduktivität ist die Frequenz des beim Abschalten des Stromes einsetzenden Schwingungsvorganges begrenzt. Damit erfolgt auch der Anstieg der Sekundärspannung auf den zum Funkenüberschlag notwendigen Wert in einer Zeit von mindestens 100 µs. Bei feuchten Zündanlageteilen auf der Hochspannungsseite oder bei verschmutzten Zündkerzen (man bezeichnet diese Erscheinung mit Nebenschluß) kann in dieser Zeit ein Teil der Zündenergie wirkungslos gegen Masse abfließen und die Zündung stören, im Extremfall ganz lahmlegen.

Durch zweckmäßige Materialauswahl und Gestaltung der Hochspannungsteile sowie durch Sauberkeit an diesen Teilen ist diese unerwünschte Erscheinung aber beherrschbar. Bei elektronischen Zündanlagen kann durch andere Dimensionierung der Zündspule mit kleineren Induktivitäten, aber größeren Strömen der Anstieg der Hochspannung ausreichend schnell gemacht werden.

Es gibt aber einige Motorenarten, bei denen das Verschmutzen des Zündkerzenisolators durch Ablagerungen vorprogrammiert ist, und dann hilft die beste Spulenzündanlage wenig. Bei diesen Motoren handelt es sich besonders um Zweitaktmotoren für Motorräder und Boote. Durch die Art ihrer Schmierung bedingt, gelangen in den Brennraum größere Mengen von Schmieröl, das bei der Verbrennung besonders unangenehme Rückstände hinterläßt.

Um hier keine Zündaussetzer durch Nebenschlüsse an der Zündkerze zu erhalten, ist ein besonders schneller Hochspannungsanstieg notwendig. Ebenfalls bei Rennmotoren ist dies erwünscht.

Hier bietet das Prinzip der Energiespeicherung in einem Kondensator Vorteile (*Bild 9.10*).

Auch bei diesem Zündungsprinzip ist ein Hochspannungstransformator erforderlich. Da dieser aber keine Speicherfunktion mehr erfüllen muß, kann er für einen schnellen Spannungsanstieg an der Zündkerze mit sehr niedriger Induktivität ausgeführt werden. Der Zündzeitpunkt ist bei dieser Zündung dann gegeben, wenn der aufgeladene Kondensator über die Primärwicklung des Übertragers entladen wird und damit auf der Sekundärseite die Hochspannung erzeugt wird. Da beim Entladen des Kondensators kurzzeitig sehr hohe Ströme fließen, muß als gesteuerter Schalter ein Leistungsthyristor eingesetzt werden, der vom Unterbrecher oder von einer kontaktlosen Steuerung über einen Impulsformer am Gate angesteuert wird.

Optimal ausgelegt, erfolgt der Hochspannungsanstieg bei dieser Zündung bis zu 100mal schneller als bei der Spulenzündung. Damit können Nebenschlüsse nicht mehr wirksam werden.

Wie meist in der Technik, hat aber auch dieses Prinzip Nachteile. Neben dem größeren elektrischen Aufwand für Spannungswandler, Thyristor und Impulsformung ist es vor allem die fehlende Funkendauer an der Zündkerze. Der Spannungsverlauf an den Zündkerzenelektroden besteht fast nur noch aus einem steilen Hochspannungsimpuls, der auch auf guten Oszillographen kaum noch sichtbar gemacht werden kann. Nach dem sehr stromstarken Funkenüberschlag ist die gesamte Zündenergie verbraucht.

Mit Kunstschaltungen kann man zwar eine kurze Glimmentladung von bis zu 0,3 ms erreichen, aber auch das ist für die heutigen Fahrzeugmotoren unter ungünstigen Bedingungen häufig zu kurz. Die Anwendung der HKZ ist deshalb auf die genannten Sonderfälle beschränkt, wo man mit ihr hervorragende Ergebnisse erzielt.

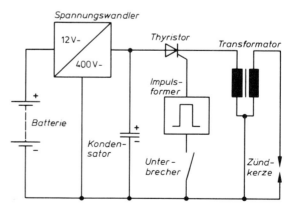

Bild 9.10: Prinzip der Hochspannungs-Kondensator-Zündung

Die Spulenzündung ist verbesserungsfähig

Die für die meisten Motoren günstige Charakteristik der Spulenzündung hat nicht nur zu ihrer weiten Verbreitung beigetragen, sondern sie hat auch die Entwickler nicht ruhen lassen, diese Zündung zu verbessern. Dabei ist der Unterbrecherkontakt der begrenzende Faktor, denn er kann höchstens mit einem Strom von 5 A belastet werden, aus Gründen der Lebensdauer meist nur mit etwa 3 A. Dabei beträgt der zulässige ohmsche Widerstand der Zündspulen-Primärwicklung bei einem Bordnetz mit 14 V

$$R_{\text{Spule primär}} = \frac{U}{I} = \frac{14\text{ V}}{3\text{ A}} = 4{,}67\ \Omega.$$

Die meisten Standard-Zündspulen besitzen primärseitig etwa diesen Gleichstromwiderstand. Sogenannte Hochleistungszündspulen, in den letzten Jahren wegen der gestiegenen Anforderungen vermehrt eingesetzt, erfordern bei einem Primärwiderstand von ca. 3,5 Ω schon einen Primärstrom von 4 A und belasten den Unterbrecherkontakt entsprechend stärker. Nach der Formel für die Energie des Magnetfeldes einer Spule könnte man die notwendige Zündenergie sehr einfach durch Erhöhung der Primärinduktivität erreichen. Bei langsam laufenden Motoren wird dies auch mit Erfolg getan. Heutige schnellaufende Motoren lassen aber bald die Grenzen einer solchen Maßnahme erkennen. Bei einer Erhöhung der Primärinduktivität wird dem schnellen Anstieg des Stromes in *Bild 9.9* ein noch größerer Widerstand entgegengesetzt. Der Primärstrom hat dann bei hohen Drehzahlen noch nicht seinen Höchstwert erreicht, bevor die nächste Zündung erfolgt. Dies führt zur Verminderung der Zündenergie bei hohen Motordrehzahlen, als Folge davon zu Aussetzern.

Warum dies so ist, soll ein Beispiel zeigen:
Wir nehmen einmal an, daß eine Batterie mit einer Spannung $U_B = 14$ V zur Verfügung steht, an die über den Unterbrecherkontakt die Primärwicklung der Zündspule eingeschaltet wird (*Bild 9.11*). Diese Primärwicklung hat die Induktivität L_1 und den Gleichstromwiderstand (ohmschen Widerstand) R_1. Für das Fließen des Stromes wirken diese beiden Größen in Reihenschaltung. Im Schaltplan stellt man dies so dar, als seien eine reine Induktivität (die dann den Gleichstromwiderstand Null besitzt) mit einem reinen, also induktionslosen Widerstand in Reihe geschaltet. Wird der Schalter geschlossen, so ist im

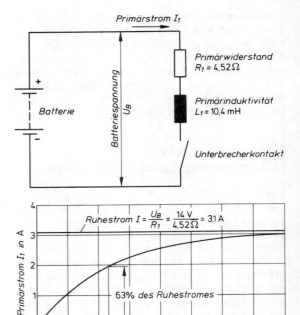

Bild 9.11: Zur Zeitkonstante der Zündspule

ersten Augenblick der Strom Null, da der Aufbau des Magnetfeldes verzögert einsetzt. Der Strom steigt dann in Form einer typischen Kurve an, die von den Mathematikern auch als e-Funktion bezeichnet wird. Wir können aus der Kurve im *Bild 9.11* unten ersehen, daß der Strom erst schnell, dann immer langsamer ansteigt, bis er nach sehr langer Zeit seinen Ruhewert erreicht hat. Dieser Ruhewert wird von der Induktivität überhaupt nicht beeinflußt, sondern hängt nur vom Gleichstromwiderstand R_1 der Primärwicklung ab. Er beträgt nach dem Ohmschen Gesetz

$$I_1 = \frac{U_B}{R_1} = \frac{14\text{ V}}{4{,}52\ \Omega} = 3{,}1\text{ A},$$

ist also für den Unterbrecherkontakt zulässig. Die Anstiegsgeschwindigkeit, die zeitliche Zunahme des Stromes also, wird von beiden Kennwerten der Primärwicklung, der Induktivität L und dem Gleichstromwiderstand R, beeinflußt.
Ein Charakteristikum dafür ist die Zeitkonstante

einer solchen „Spulen-Widerstands-Kombination". Sie gibt an, in welcher Zeit der Strom auf 63 % seines Maximalwertes angewachsen ist. Die Formel dafür lautet

$$\tau = \frac{L_1}{R_1}.$$

Beträgt zum Beispiel $L_1 = 10{,}4$ mH und $R_1 = 4{,}52\ \Omega$, dann gilt:

$$\tau = \frac{L_1}{R_1} = \frac{10{,}4\text{ mH}}{4{,}52\ \Omega} = 2{,}3\text{ ms}.$$

(Die Induktivität wird in mH [Milli-Henry] angegeben.)

Aus *Bild 9.11* können wir entnehmen, daß eine gewisse Zeit nötig ist, bis der Strom genügend hoch ist. Was hat das für Auswirkungen auf die Zündenergie?

Wir wissen von S. 92, daß die gespeicherte Energie sozusagen doppelt von der Stromstärke beeinflußt wird:

$$E = \frac{1}{2} \cdot I^2 \cdot L_1,$$

E wächst also mit dem Quadrat von I. Diese Zusammenhänge auf unsere Zündung bezogen, bedeutet, daß wir den Primärstrom möglichst lange fließen lassen müssen, um eine möglichst hohe Energie zu speichern.

Allzuviel Zeit steht aber gar nicht zur Verfügung, wie wir aus *Bild 9.4* wissen. Dort war ja festgestellt worden, daß bei hohen Drehzahlen, zum Beispiel bei 7000 min^{-1} eines 4-Zylinder-4-Takt-Motors für die Speicherung nur eine Zeit von 2,8 ms zur Verfügung steht. Bei niedrigeren Drehzahlen ist diese Zeit zwar bedeutend größer, die Zündanlage muß aber für die höchsten zugelassenen Drehzahlen eines Motors ausgelegt sein. Und das sind bei europäischen Motoren vielfach etwa 7000 min^{-1}.

Reicht die Zeit aus? Im *Bild 9.12* ist oben noch einmal der zeitliche Stromverlauf aus *Bild 9.11* aufgezeichnet und angegeben, welche Zündenergien gespeichert werden können.

Beim Ruhestrom von 3,1 A für die angegebene Zündspule – sie entspricht einer üblichen Zündspule heutiger Pkw mit Spulenzündung – wird eine Zündenergie von

$$E = \frac{1}{2} \cdot I^2 \cdot L_1 = 50\text{ mWs}$$

gespeichert, ausreichend für Motoren mit nicht allzu hohen Ansprüchen, schon etwas knapp bei modernen Motoren, besonders, wenn sie den Abgasbestimmungen genügen sollen.

Lassen wir den Primärstrom aber nur 2,8 ms lang fließen, weil nicht mehr Zeit zur Verfügung steht, so erreicht er nur einen Höchstwert von 2,2 A. Das ergibt eine Zündenergie von 25 mWs, die mit 50 % des möglichen Maximalwertes nicht mehr als ausreichend angesehen werden kann. Auf dem *Bild 9.12* entspricht die Fläche auf der rechten Seite der Zündenergie. Die große Fläche ist die maximale Energie (50 mWs), die kleine Fläche kennzeichnet die noch verbleibende Energie bei einer Einschaltdauer des Stromes von 2,8 ms.

Die Zündspule kann natürlich grundsätzlich auch anders ausgelegt werden. Damit die Zeitkonstante kleiner wird, der Strom also schneller ansteigt, muß die Induktivität verkleinert werden. Was dadurch an Zündenergie verloren geht, muß durch Erhöhung des Primärstromes ausgeglichen werden. Dazu nimmt

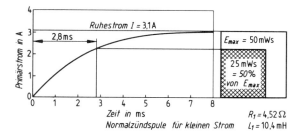

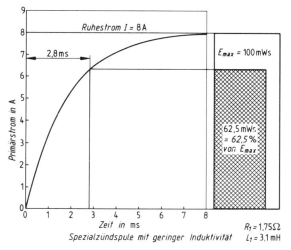

Bild 9.12: Vergleich von zwei Zündspulen

man eine Zündspule mit kleinem Gleichstromwiderstand. Er darf aber nur maßvoll klein sein, weil sonst die Zeitkonstante wieder steigt. Ein Beispiel soll das zeigen:

Wir wählen eine Zündspule mit der Induktivität $L_1 = 3{,}1$ mH und einem Gleichstromwiderstand $R_1 = 1{,}75$ Ω. Der maximale Ruhestrom beträgt dann $I = 8$ A. Die maximal gespeicherte Zündenergie berechnet sich zu

$$E = \frac{1}{2} \cdot I^2 \cdot L_1 = \frac{1}{2} \cdot 8^2 \cdot 3{,}1 = 100 \text{ mWs.}$$

Die Zeitkonstante ist auf

$$\tau = \frac{L_1}{R_1} = \frac{3{,}1 \text{ mH}}{1{,}75 \text{ Ω}} = 1{,}77 \text{ ms}$$

gesunken.

Bild 9.12 zeigt im unteren Teil, was wir mit dieser Maßnahme gewonnen haben: Im Vergleich zur Normalzündspule steigt der Strom viel schneller an und erreicht nach 2,8 ms bereits einen Wert von 6,35 A. Die Zündspule hat also bereits eine Energie von $E = 62{,}5$ mWs, das sind 62,5% des Maximalwertes, gespeichert, mehr als die Normalzündspule überhaupt schaffen konnte. Die Flächen rechts zeigen die Verhältnisse in anschaulicher Weise.

Wohin mit der Wärme?

Das Ziel unseres rechnerischen Experiments, nämlich die Speicherung einer hohen Energie in kurzer Zeit, hätten wir damit erreicht. Doch sind damit leider auch wieder Nachteile verbunden, für deren Beseitigung es aber in der Technik Möglichkeiten gibt.

Ein wunder Punkt ist die Verlustwärme. Durch den hohen Strom wird natürlich ein ziemlich großer Teil der aus der Batterie aufgenommenen elektrischen Energie in Wärme umgewandelt, die Zündspule müßte sehr heiß werden. Wir wollen wieder die Rechnung zu Hilfe nehmen, um uns Klarheit zu verschaffen. Die in einem ohmschen Widerstand umgesetzte elektrische Leistung wird bestimmt aus

$$P = I^2 \cdot R_1 \text{ oder } \frac{U_B}{R_1} = 112 \text{ Watt.}$$

Das ist eine recht hohe Leistung, etwa doppelt soviel, wie eine H4-Halogenlampe in heutigen Scheinwerfern aufnimmt. Natürlich gilt dies nur, wenn der Strom dauernd durch die Zündspule fließt, was ja nicht der Fall ist. Das kleine Rechenbeispiel sollte trotzdem zeigen, mit welchen Leistungen wir es dabei zu tun haben, und daß auch bei normalem Arbeiten recht große Wärmemengen anfallen. Es gibt aber eine verhältnismäßig einfache Möglichkeit, der Wärme Herr zu werden.

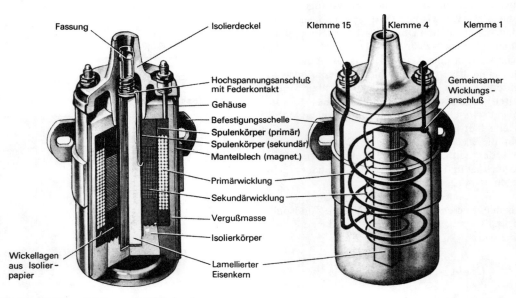

Bild 9.13: Schnittbild und Schema der Zündspule

Wenn nämlich ein Teil des Gleichstromwiderstandes aus der Zündspule heraus in einen getrennten Widerstand verlegt wird, ändert sich weder an der Zeitkonstante noch an der gespeicherten Energie etwas. Die elektrischen Verhältnisse bleiben gleich. Der größte Teil der elektrischen Verlustleistung (Verlustleistung, weil sie in Wärme umgewandelt wird und zum Zwecke der Zündung nicht notwendig, also ein Verlust, ist) entsteht dann an dem ohmschen Widerstand, wo sie durch Kühlung gut abgeführt werden kann und die Funktion der Zündspule nicht beeinflußt. Dieser getrennte ohmsche Widerstand wird allgemein als Vorwiderstand bezeichnet und ist in Reihe mit der Primärwicklung der Zündspule geschaltet, etwa wie es *Bild 9.11* zeigt. Die Primärwicklung der Zündspule besteht dann aus besonders dickem Draht und hat selbst nur einen Gleichstromwiderstand von 0,4 bis etwa 1,5 Ohm, je nach Ausführung und Verwendungszweck.

Im Prinzip sind übrigens die meisten Zündspulen wie *Bild 9.13* aufgebaut. Auf einem Eisenkern ist innen die sehr gut (wegen der hohen Spannung) isolierte Sekundärwicklung angeordnet, darüber die Primärwicklung, damit die Wärme über das Metallgehäuse gut abgeführt werden kann. Die Wicklung wird mit einer gut isolierenden Vergußmasse vergossen und nach außen durch den Isolierdeckel abgedeckt. An diesem Isolierdeckel sind auch die Anschlüsse angebracht, zwei Schraub- oder Steckanschlüsse für die Klemmen 1 und 15 und der Hochspannungsanschluß (Klemme 4). Eine Schelle dient zur Befestigung der Zündspule, meist an der Fahrzeugkarosserie oder am Rahmen. Wegen der Wärmeentwicklung sollte die Zündspule nicht gerade über dem Auspuff, sondern an einer möglichst kühlen Stelle angebracht werden. Neben der gezeigten Zündspulenausführung gibt es noch andere mit einem geschlossenen Eisenkern, ähnlich wie wir ihn von Transformatoren kennen. Bezüglich der Funktion und der technischen Daten besteht kein wesentlicher Unterschied.

Auch hier – ein Transistor als Schalter

Der hohe Strom einer Zündspule mit kleiner Induktivität und großer Energie ruft neben der Wärmebelastung der Zündspule noch ein anderes Problem hervor: Der Unterbrecherkontakt (auch aus besonders teuren Materialien, zum Beispiel Platin) wird hoffnungslos überfordert. Auch wenn für kurze Zeit ein Strom von 8 A mit solchen exotischen Kontakten geschaltet werden könnte (im Rennmotor waren diese Kontakte einige Zeit unbedingte Voraussetzung für hohe Zündleistung), der Verschleiß ist so groß, daß ein Serieneinsatz wegen der Wartungsansprüche nicht in Frage kommt.

Hier kann nur der Transistor helfen. Er ist, wie wir wissen, zum Schalten hoher Ströme bestens geeignet, verschleißt nicht und benötigt damit auch natürlich keine Wartung.

Bild 9.14 zeigt, wie im Prinzip ein Transistor zum Schalten einer Zündspule eingesetzt wird. Man verwendet hier vorzugsweise NPN-Transistoren, weil sie für die speziellen Anforderungen in Zündanlagen besser herstellbar sind. Eine durch einen Schalttransistor ergänzte Spulenzündanlage wird im deutschen Sprachraum allgemein Transistor-Spulen-Zündung, abgekürzt TSZ genannt. Zum Ansteuern des Transistors wird eine elektronische Schaltung benötigt, die die Ansteuerimpulse aufbereitet und den notwendigen Basisstrom liefert. Gegen zu hohe Spannungen muß der Transistor mit einer Schutzbeschaltung gesichert sein. Alle diese Funktionen sind in einem sogenannten *Schaltgerät* zusammengefaßt. Die Klemmenbezeichnungen des Schaltgerätes sind noch nicht genormt, weshalb wir die von Bosch (dem größten Hersteller von Transistor-Spulen-Zündungen in Europa) eingeführten Bezeichnungen verwenden wollen. Klemme 15 und 31 haben die bereits bekannte Funktion, sie verbinden das Steuergerät mit den beiden Polen der Betriebsspannung. Die Klemme 16 des Schaltgerätes wird an Klemme 1 der

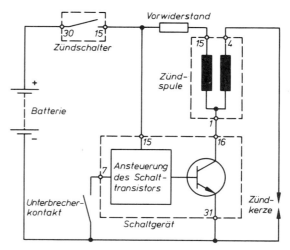

Bild 9.14: Prinzip der Transistor-Spulen-Zündung (TSZ) (dargestellt für 1-Zylinder-Motor)

Zündspule angeschlossen. Zum Anschluß des Steuerimpulses dient Klemme 7. Der Steuerimpuls kann von einem kontaktlosen Impulsgeber erzeugt werden, oder vom herkömmlichen Unterbrecherkontakt. Da dieser keine hohen Ströme mehr schalten muß und auch die Abschaltspannung der Primärwicklung nicht mehr an ihm anliegt, ist er sehr gering belastet. Funken an den Kontakten treten überhaupt nicht mehr auf, und Verschleiß beschränkt sich auf das Kunststoffklötzchen, auf das der Unterbrechernocken wirkt.

Ein so durch den Transistor entlasteter Unterbrecherkontakt ist für die meisten Motoren ein idealer Impulsgeber, weil er preiswert ist und keine Veränderungen im Zündverteiler oder an der sogenannten Zündplatte (bei Motorrädern) erfordert. Er ist so auch sehr gut geeignet, eine Transistor-Spulen-Zündung anzusteuern – für nachträgliche Umbauten die gegebene Lösung.

Die richtige Einstellung macht's

Wir sehen, daß der Unterbrecherkontakt noch lange nicht ausgedient hat. Damit er aber sowohl in der konventionellen Spulenzündung als auch in der Transistor-Spulen-Zündung seinen Dienst richtig erfüllt, ist neben einwandfreiem Zustand die exakte Einstellung erforderlich.

Zum ordentlichen Zustand gehört zuerst einmal, daß die Lagerung des beweglichen Kontaktes einwandfrei und die Kontaktfeder nicht angebrochen ist. Diese Feder – aus einem Stahlband in Form einer Blattfeder bestehend – sorgt für den notwendigen Anpreßdruck beim Schließen, ist zur Funktion also lebensnotwendig. Außerdem wird durch sie der bewegte Kontakt mit dem Verteileranschluß Klemme 1 verbunden. Es fließt dann der gesamte Primärstrom hindurch.

Bei der Spulenzündanlage wird durch den hohen Primärstrom das Kontaktmaterial stark angegriffen. Es wandert sozusagen vom bewegten Kontakt zum feststehenden Massekontakt. Dadurch bildet sich auf dem bewegten Kontakt eine kleine Grube, der auf dem Massekontakt ein kleiner Höcker (*Bild 8.15*) entspricht. Wie wir noch sehen werden, ist eine genaue Einstellung dann nicht mehr möglich. Auch das kleine Kunststoffklötzchen am bewegten Kontaktteil verschleißt, weil es vom Nocken bei jedem Zündvorgang angehoben wird. Diesen Verschleiß kann man aber zuverlässig beseitigen, zumindest stark vermindern, wenn man wie im *Bild 9.15* in Drehrichtung des Nockens hinter dem Klötzchen einen kleinen Fettkeil aus speziellem Fett anbringt. Allzu viel ist hier aber auch nicht gut, die Menge einer Streichholzkuppe reicht. Besonders geeignet ist dafür ein Spezialfett von Bosch, Ft 1 v 4, das unter der Bestell-Nr. 5 700 002 005 in jeder Kfz-Elektro-Werkstatt oder bei Bosch-Diensten erhältlich ist.

Einen wesentlichen Einfluß auf ausreichende Zündenergie hat der Kontaktabstand des Unterbrechers. Er bestimmt die Zeit, in der der Unterbrecher geschlossen ist, während also Primärstrom fließt. Wie wir von S. 99 ff. wissen, hängt ja die gespeicherte Energie ganz wesentlich von der Höhe des Abschaltstromes ab. Damit dieser in der zur Verfügung stehenden Zeit möglichst groß wird, muß die Schließzeit ebenfalls groß werden. Hier gibt es aber eine Grenze, die durch genügend lange Funkendauer bei hohen Drehzahlen und durch den Kontaktverschleiß gegeben ist. Würde nach *Bild 9.4* die Schließzeit länger als etwa 2,8 ms dauern, stünde für den Entladungsvorgang an der Zündkerze nicht mehr genügend Zeit zur Verfügung. Hinzu kommt, daß bei großer Schließzeit der Unterbrecherkontakt zu Anfang vom Nocken relativ langsam angehoben wird. Die dabei schnell ansteigende Abschaltspannung führt trotz Kondensator zur Funkenbildung und damit zum Verschleiß (siehe S. 94). Ein Teil der Zündenergie wird im Unterbrecherkontakt nutzlos verpulvert.

Für die Schließzeit muß also ein Kompromiß vorgenommen werden, der beide Extreme vermeidet und sowohl bei hohen Drehzahlen ausreichende Zündenergie ermöglicht als auch bei niedrigen Drehzahlen vorzeitigen Verschleiß vermeidet. Da Schließzeit und Öffnungszeit von der Motordrehzahl abhängen, benutzt man zur Einstellung des Unterbrecherkontak-

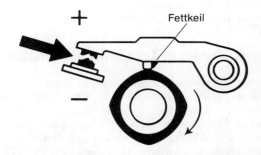

Bild 9.15: Materialwanderung am Unterbrecherkontakt und richtige Schmierung

tes einen von der Drehzahl unabhängigen Wert, den *Schließwinkel*. Das ist der Anteil des Unterbrechernockenumfanges, bei dem der Kontakt geschlossen ist (*Bild 9.16*). Er wird in Grad angegeben, wobei einer vollen Drehung der Verteilernockenwelle 360 Grad entsprechen.

Bei einem 4-Zylinder-Motor mit Hochspannungsverteilung besitzt der Unterbrechernocken 4 Nocken, bei einem 6-Zylinder-Motor 6 Nocken. Die Nockenanzahl entspricht also der Zylinderzahl, solange wir es mit einer üblichen Zündanlage mit einer Zündspule für alle Zylinder und Verteilung der Hochspannung in einem Verteiler zu tun haben (*Bild 9.6*). Bei Motorradmotoren ist dies anders. Sie besitzen selten einen Verteiler und oft für zwei Zylinder eine gemeinsame Zündspule.

Der Schließwinkel hängt von der Zylinderzahl ab, denn für einen Zündvorgang steht bei einem 4-Zylinder-Motor zum Beispiel ein Gesamtwinkel von 90° der Verteilernockenwelle zur Verfügung, bei einem 6-Zylinder-Motor 60° und bei einem 8-Zylinder-Motor 45°. Auf die Schließzeit hat die Kontur des Nockens einen nicht unerheblichen Einfluß. Viel Freiheit haben die Konstrukteure hier allerdings nicht, weil die Nockenform überall gleichen Anforderungen genügen muß: den Kontakt möglichst schnell zu öffnen, ohne die mechanische Beanspruchung zu hoch werden zu lassen. Und so ergeben sich für den Schließwinkel bei allen Verteilern etwa folgende Werte:

4-Zylinder   50° oder 56%,
5-Zylinder   42° oder 58%,
6-Zylinder   38° oder 63%,
8-Zylinder   33° oder 73%.

Die %-Angaben sind mit aufgeführt, weil in den Bedienungsanleitungen der Fahrzeughersteller häufig dieser Wert angegeben wird. Er gibt den Schließwinkel im Verhältnis zum Gesamtverteilernockenwinkel an, der bei den einzelnen Motoren für einen Zündvorgang möglich ist. Beispiel: 50° Schließwinkel bei einem 4-Zylinder-Motor sind etwa 56% von 90°. Interessant ist auch, daß der prozentuale Schließwinkel mit steigender Zylinderzahl größer wird. Der Grund ist schnell gefunden: Bei größeren Zylinderzahlen steht für den Speichervorgang wenig Zeit zur Verfügung, die möglichst gut ausgenutzt werden muß. Da Motoren mit größeren Zylinderzahlen meist nicht solch hohe Drehzahlen erreichen, reicht die Zeit für den eigentlichen Zündvorgang oft gerade noch aus. Wo das nicht mehr der Fall ist, kann nur noch die Transistor-Spulen-Zündung mit Zündspulen besonders kleiner Zeitkonstante helfen. So ist diese Zündung auch zuerst in 6- oder 8-Zylinder-Motoren serienmäßig eingesetzt worden, bevor sie auch bei kleineren Zylinderzahlen Eingang fand.

Zur Messung des Schließwinkels verwenden Werkstätten heute meist ein spezielles Schließwinkelmeßgerät. Solche Geräte sind im Zubehörhandel – oft kombiniert mit einem Drehzahlmesser oder einem Vielfachmeßinstrument – zu haben. Das Meßprinzip beruht auf der Eigenschaft von Zeigermeßinstrumenten, schnellen Vorgängen nicht schnell genug folgen zu können. Sie zeigen bei entsprechender Umformung der an der Primärwicklung der Zündspule anliegenden Spannungsimpulse einen zeitlichen Mittelwert an, der dem Schließwinkel entspricht. Der Selbstbau solcher Geräte lohnt wegen fehlender Eichmöglichkeiten kaum. Wer die Wartung seines

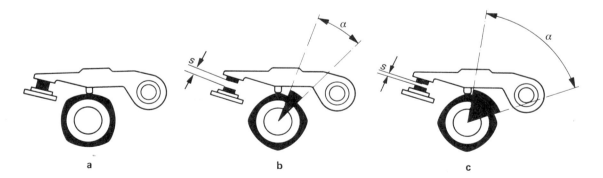

Bild 9.16: Unterbrecherkontakt mit Nocken
a) Kontakt geschlossen, b) Kontaktabstand groß – Schließwinkel, c) Kontaktabstand klein – Schließwinkel, s = Abstand der Kontakte bei vollem Öffnen (größter Nockenhub), α = Schließwinkel

Fahrzeuges selbst vornimmt, hat eine recht einfache Möglichkeit, den Schließwinkel einzustellen – den Kontaktabstand des Unterbrechers.

Wie *Bild 9.16* zeigt, besteht zwischen dem Schließwinkel und dem Kontaktabstand ein eindeutiger Zusammenhang. Unter Kontaktabstand wird dabei der Abstand der beiden Kontakte bei vollem Hub des Unterbrechernockens verstanden, den man mit einer Fühlerlehre (sie sollte sauber sein – wegen der Kontaktverschmutzung) sehr genau messen kann. Großer Kontaktabstand bedingt demnach einen kleinen Schließwinkel und umgekehrt. Solch eine Messung des Kontaktabstandes mit mechanischen Hilfsmitteln, die dafür aber preiswert sind, hat allerdings nur bei neuen und wenig verschlissenen Kontakten Sinn, weil nur dort eine genaue Messung möglich ist. Sehen die Kontakte erst einmal wie in *Bild 9.15* aus, sollten sie ausgewechselt werden. Auch eine Messung des Schließwinkels kann bei diesen Kontakten eine einwandfreie Funktion der Kontakte nicht mehr gewährleisten.

Der zum richtigen Schließwinkel gehörige Kontaktabstand wird in den Anleitungen der Fahrzeughersteller fast immer angegeben. Er beträgt bei 4-Zylinder-Motoren im Mittel 0,35 mm und sollte nicht unter 0,25 mm bei 6-Zylinder-Motoren liegen. Notfalls liefert die Nachfrage in Werkstatt oder Tankstelle den Sollwert, den der Hersteller vorschreibt.

Auch Transistor-Spulen-Zündungen mit Kontaktsteuerung benötigen den richtigen Schließwinkel, weil auch hier der Unterbrecherkontakt die Schließzeit der Primärwicklung bestimmt. Weil richtig ausgelegte Zündungen dieser Art aber genügend hohe Zündenergien abgeben und weil Funkenbildung am Kontakt wegen der niedrigen Steuerströme völlig fehlen, ist der Schließwinkel nicht so kritisch wie bei reinen Spulenzündungen. Damit auch bei hohen Drehzahlen genügend Zeit für den Zündvorgang zur Verfügung steht (etwa 1,2 bis 1,5 ms), sollte der Schließwinkel bei 4-Zylinder-Motoren nicht über etwa 60° (entsprechend ca. 67%) vergrößert werden. Das bedeutet einen Mindestkontaktabstand von 0,3 mm. Durch Verschleiß des Kunststoffklötzchens am Unterbrecherhebel wird der Schließwinkel im Laufe der Zeit etwas geringer, er sollte deshalb etwa alle 10000 km kontrolliert und nachgestellt werden. Da der Kontakt selbst so wenig beansprucht wird, ist sein Wechsel frühestens bei etwa 50000 km notwendig, dann aber sinnvoll, weil nach dieser Laufzeit die Gefahr besteht, daß die Blattfeder bricht. Sie wird besonders bei hochdrehenden Motoren ziemlich beansprucht.

Der Verfasser hat sich den Spaß erlaubt, einmal fast 100000 km mit einem Kontakt in einem relativ schnell drehenden Motor zurückzulegen. Die elektronische Zündung erforderte nur ein einziges Mal ein geringfügiges Nachstellen des Kontaktabstandes. Bis auf den regelmäßigen Wechsel der Zündkerzen eine (fast) wartungsfreie Zündanlage. Zur Nachahmung aber nur bedingt empfohlen!

Der Zündzeitpunkt wird vom Unterbrecherkontakt bestimmt

Bisher war öfter von der steuernden Funktion des Unterbrechers die Rede. Wir wissen jetzt, daß dieser die Zeit des Stromflusses durch die Primärwicklung der Zündspule bestimmt und damit für die Höhe der im Magnetfeld der Zündspule gespeicherten Energie mit verantwortlich ist.

Eine weitere, für den Verbrennungsmotor ganz wesentliche Aufgabe des Unterbrecherkontaktes kommt hinzu – er steuert auch den Zeitpunkt der Zündung. Der Verbrennungsvorgang im Motor läuft nur dann mit bestem Wirkungsgrad ab, also mit größter Leistung bei niedrigstem Verbrauch, wenn er zu einem genau bestimmten Zeitpunkt von der Zündkerze eingeleitet wird. Dieser Zeitpunkt kann nicht beliebig gewählt werden, auch keine allgemein gültigen Regeln helfen weiter: Die sehr verschiedenartige Gestaltung heutiger Verbrennungsmotoren und die im Interesse reiner Luft schärfer werdenden Abgasbestimmungen erfordern lange Versuchsreihen bei Motorenherstellern und Zulieferern, bis für jeden Motor individuell eine optimale Wahl des Zündzeitpunktes bei allen Betriebsbedingungen festliegt. Dabei ist dieser Zündzeitpunkt von so vielen Einflußgrößen abhängig, daß man schon lange von einem Zündzeitpunktkennfeld sprechen kann, bei dem für jeden nur denkbaren Motorbetriebszustand der optimale Zündzeitpunkt festgelegt wird. Eine kurze Aufstellung soll die Vielfalt der Einflüsse zeigen:

- Motordrehzahl;
- Gaspedalstellung, also Belastung des Motors;
- Temperatur des Motors, seines Kühlmediums;
- Temperatur der angesaugten Luft;
- barometrischer Druck der angesaugten Luft;
- Mischungsverhältnis Brennstoff/Luft;
- Art des verwendeten Brennstoffes.

Dies gilt für einen gegebenen Motor. Daneben gibt es noch Einflüsse auf den Zündzeitpunkt, die von der

Motorkonzeption selbst abhängen, vom Verdichtungsverhältnis oder von der Gestalt des Brennraumes etwa. Die Anzahl der Einflüsse ist kaum übersehbar.

Nachdem das Zündzeitpunktkennfeld festliegt, man spricht häufig von der Zündverstellung, wird sie in Deutschland Bestandteil der sogenannten „Allgemeinen Betriebserlaubnis", die vom Kraftfahrt-Bundesamt in Flensburg für jeden in der Bundesrepublik zugelassenen Fahrzeugtyp vor Beginn des Verkaufs erteilt werden muß. Die Zündzeitpunktverstellung gehört damit zur Visitenkarte eines Fahrzeuges oder Motors, ähnlich wie die Festlegung des Vergasers oder des Auspuffs. Sie darf deshalb auch nicht willkürlich verändert werden, weil man sich damit strafbar macht – das Fahrzeug wäre im Sinne des Gesetzgebers nicht mehr für den Straßenverkehr zugelassen.

Aber nicht nur aus diesem Grunde ist eine willkürliche Veränderung des Zündzeitpunktes verwerflich. Da Verbrauch, Abgasverhalten und natürlich auch Leistung eines Motors entscheidend vom richtigen Zeitpunkt des Beginns der Verbrennungseinleitung abhängen, sollte im eigenen Interesse jeder Fahrzeugbenutzer für die Einhaltung des Sollwertes sorgen. Die meisten geben ihr Fahrzeug in die Werkstatt und fahren (hoffentlich) nicht schlecht damit. Vom Leserkreis dieses Buches kann erwartet werden, daß er die Zündung selbst einstellen möchte.

Nicht ganz einfach: die Zündeinstellung

Eine Aufstellung der Einstellanweisung für die am häufigsten verbreiteten Fahrzeuge mit ihren oft vielen Varianten würde bereits den Rahmen eines Experimente-Buches bei weitem sprengen. Wichtiger ist das Wissen von „Warum" und „Wie".

Zum „Warum": Von den oben aufgeführten Einflüssen für den Zündzeitpunkt haben vor allem Motordrehzahl und Motorbelastung entscheidende Bedeutung. Deshalb wird bei allen üblichen Pkw- und Motorradmotoren die Zündung zumindest in Abhängigkeit von der Drehzahl des Motors verstellt. Eine Ausnahme bilden nur Rennmotoren sowie einige Moped- und Kleinkraftradmotoren.

Die Einleitung der Verbrennung im Motor benötigt eine gewisse, wenn auch kleine, Zeit. Sie liegt in der Größenordnung von etwa 1 ms. Ebenfalls dauert es eine gewisse Zeitspanne, bis das im Brennraum befindliche Gemisch aus Luft und verdampftem Kraftstoff soweit verbrannt ist, daß durch den entstehenden Druck die größtmögliche Arbeit an den Kolben abgegeben werden kann. Der größte Druck im Brennraum soll dann herrschen, wenn der Kolben kurz nach dem oberen Totpunkt steht.

Oberer Totpunkt ist die Stellung des Kolbens, bei der das Volumen des Brennraums am kleinsten ist (*Bild 9.17*, Mitte).

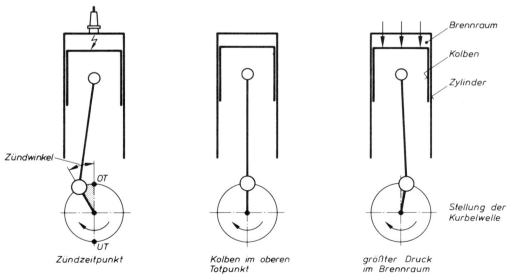

Bild 9.17: Zur Festlegung des Zündzeitpunktes   OT = Oberer Totpunkt, UT = Unterer Totpunkt

Die Zündung muß also genügend früh vor dem oberen Totpunkt des Kolbens erfolgen (*Bild 9.17*, links), man spricht deshalb auch von „Frühzündung". Die Zeit von der Zündung bis zur Ausbildung des größten Druckes (*Bild 9.17*, rechts) ist von der Drehzahl nicht sehr stark abhängig, in weiten Bereichen der Motordrehzahl sogar annähernd konstant. Je schneller nun der Motor dreht, desto größer ist der Drehwinkel, den die Kurbelwelle während dieses Zeitraumes zurücklegt. Um das auszugleichen, muß die Zündung bei steigender Drehzahl immer früher erfolgen, sie muß nach früh – also vor dem oberen Totpunkt – verstellt werden.

Es gibt aber einige Gründe, warum dies nicht kontinuierlich erfolgen kann, mit steigender Drehzahl also keine lineare Frühverstellung notwendig ist. Einer dieser Gründe ist die angenehme Tatsache, daß bei sehr hohen Motordrehzahlen das Gemisch im Brennraum mit orkanartiger Geschwindigkeit durch die Aufwärtsbewegung des Kolbens verwirbelt wird. Die Verbrennung erfolgt dabei schneller als bei niedrigen Drehzahlen und der Zündzeitpunkt muß nicht mehr so stark nach früh verstellt werden. Bei einer bestimmten Drehzahl wird dieser Einfluß so stark, daß ab da die Frühzündung konstant bleiben kann. *Bild 9.18* zeigt diese Verhältnisse in einer Grafik am Beispiel eines typischen Pkw-Motors. Beim Anlassen und bei Leerlaufdrehzahl bleibt der Zündwinkel – wie die Frühverstellung auch in Bezug zum Drehwinkel der Kurbelwelle genannt wird – konstant. Bei den meisten Motoren ist dieser Zündzeitpunkt etwa 2° bis 5° Kurbelwinkel vor dem oberen Totpunkt. Dicht oberhalb 1200 min^{-1} beginnt die Frühverstellung und nimmt im Beispiel linear bis 3000 min^{-1} zu. Der Zündzeitpunkt liegt dabei 25° Kurbelwinkel vor dem oberen Totpunkt. Bis 5000 min^{-1} wird die Frühverstellung dann abgeschwächt und erreicht 35° Kurbelwinkel, um dann bei noch höheren Drehzahlen konstant zu bleiben. Diese Verhältnisse gelten bei der höchsten Motorlast, wenn Vollgas gegeben wird (durchgezogene Linie in *Bild 9.18*). Bei geringer Motorbelastung, bei normaler Straßenfahrt auf der Landstraße zum Beispiel, wird weniger Gemisch angesaugt, weil ja auch weniger Leistung verlangt wird. Die Verbrennung dauert dann etwas länger. Auch dies wird von der Zündverstellung ausgeglichen, indem die Zündung bei diesen Betriebszuständen – sie sind im Fahrzeugbetrieb die häufigsten – zusätzlich nach früh verstellt wird.

Wie geschieht nun die Verstellung? Für die drehzahlabhängige Frühverstellung hat sich ausschließlich das Prinzip nach *Bild 9.19* durchgesetzt. Der Unterbrechernocken – im Bild für einen 6-Zylinder-Motor – ist auf seiner Antriebswelle (zum Beispiel Verteilerwelle) zusätzlich drehbar gelagert. In der Ruhestellung (kleine Drehzahl oder stehender Motor) werden

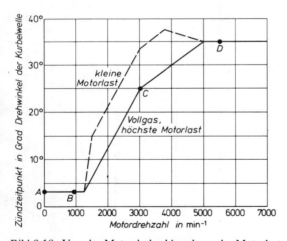

Bild 9.18: Von der Motordrehzahl und von der Motorlast abhängige Verstellung des Zündzeitpunktes nach „Früh" (Zündzeitpunkt *vor* dem oberen Totpunkt des Kolbens).
A: statische Grundeinstellung mit Ohmmeter oder Prüflampe bei stehendem Motor;
B: dynamische Einstellung mit Blitzlampe (Zündlichtpistole) bei Leerlaufdrehzahl des Motors;
c) + d): dynamische Einstellung bei vorgeschriebener Drehzahl mit Blitzlampe

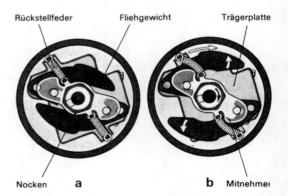

Bild 9.19: Zündverstellung nach „Früh" in Abhängigkeit der Motordrehzahl durch Fliehgewichte
a) Ruhestellung, Motor steht oder dreht mit Leerlaufdrehzahl;
b) Arbeitsstellung, Motor hat höhere Drehzahl

die Fliehgewichte von den Rückstellfedern nach innen gezogen und der Nocken wird gegenüber seiner Antriebswelle nicht verdreht. Bei steigender Drehzahl wird die Fliehkraft der Fliehgewichte immer größer. Sie wandern gegen die Kraft der Rückholfedern nach außen und verdrehen über einen Mitnehmer den Unterbrechernocken. Eigentlich würde ein Fliehgewicht genügen. Bei zwei Fliehgewichten wird aber die Belastung der Teile geringer, und man hat die Möglichkeit, die Steilheit der Frühverstellung in zwei Stufen wie in *Bild 9.18* gezeigt vorzunehmen. Dazu wird die eine Rückholfeder so schwach ausgelegt, daß das eine Fliehgewicht bei einer bestimmten Drehzahl (in *Bild 8.18* sind es 3000 min^{-1}) an einem festen Anschlag anliegt und von da ab nicht mehr wirksam ist. Bei weiterer Drehzahlsteigerung wirkt jetzt nur noch das andere Fliehgewicht – die Verstellung wird geringer (weniger steil). Ab 5000 min^{-1} liegt auch dieses Fliehgewicht an einem Anschlag an, der Zündwinkel bleibt ab da konstant.

Durch Auswahl von Rückholfedern, Größe der Fliehgewichte und Form der Mitnehmer kann so eine große Zahl von Verstellkurven realisiert werden, die auch nicht geradlinig verlaufen müssen, wie in *Bild 9.18*. Es ist vielmehr möglich, *fast beliebige* Verstellkurven zu erzeugen, was in der Praxis auch oft nötig ist.

Es gibt zum Beispiel Betriebszustände des Motors, bei denen eine unerwünschte Art der Verbrennung stattfindet, die als „Klopfen" bezeichnet wird. Oft wird wegen der akustischen Ähnlichkeit auch von Klingeln gesprochen. Diese Erscheinung ist für den Motor durch hohe Temperaturen in besonderem Maße gefährlich und kann zu teuren Schäden führen. Klopfen tritt unter anderem durch zu große Frühzündung auf. Durch geschickte Wahl der Verstellkurve kann in den gefährdeten Drehzahlbereichen die Frühverstellung abgeschwächt und damit Klopfen vermieden werden.

Um die Zündverstellung auch von der Motorbelastung abhängig zu machen, bedient man sich weltweit des Unterdruckes im Motoransaugrohr. Bei Vollgas ist dieser Unterdruck sehr klein und hat keinen Einfluß auf die Verstellung (ausgezogene Linie in *Bild 9.18*). Bei wenig Gas, bei niedrigen Geschwindigkeiten, herrscht im Ansaugrohr ein hoher Unterdruck, der zur Verstellung herangezogen wird. Dazu ist in *Bild 9.20* der Unterbrecherkontakt auf einer drehbaren Scheibe gelagert und kann zusätzlich gegenüber dem Unterbrechernocken verstellt wer-

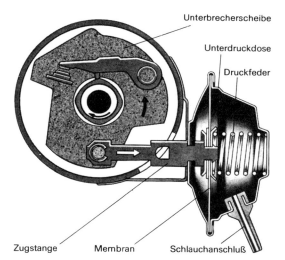

Bild 9.20: Zündverstellung nach „Früh" durch Unterdruck im Ansaugrohr

den. Die Verstellung geschieht über eine Zugstange durch eine Membran. Auf der einen (im Bild linken) Seite wirkt der Außenluftdruck, auf der rechten Seite der kleinere Druck im Saugrohr. Er wird Unterdruck genannt, weil er immer kleiner als der Luftdruck ist. Je nach Größe der Differenz dieser beiden Drücke wird die Membran gegen eine Feder mehr oder weniger nach rechts gezogen und verdreht dadurch die Unterbrecherscheibe entgegen dem Uhrzeigersinn in Richtung Frühzündung. Die gestrichelte Linie in *Bild 9.18* gilt für den höchsten Unterdruck, also sehr kleine Motorlast. Zwischen dieser und voller Motorbelastung ist jeder Zwischenwert möglich.

Mit der Kombination aus Fliehkraft- und Unterdruckverstellung kann normalerweise für jeden Motor und für fast alle Betriebszustände der günstigste Zündzeitpunkt eingestellt werden.

Zur Erfüllung der immer strenger werdenden Abgasbestimmungen reicht aber dies oft nicht mehr aus. Zusätzliche Verstellungen nach „Spät", ebenfalls über den Unterdruck, oder in Abhängigkeit von der Kühlmitteltemperatur werden dann notwendig und erfordern kompliziertere Verstellkurven.

Weil derartige Verstellungen immer häufiger werden, ist die Angabe eines Rezeptes für die Einstellung des Zündzeitpunktes nicht mehr möglich. Wer seine Zündung selbst einstellen möchte, ist daher auf die Angaben des Herstellers angewiesen.

Einige Bedienungsanweisungen von Fahrzeugen informieren so gründlich und umfassend, daß mit ihrer

Hilfe und etwas Sorgfalt nichts verkehrt gemacht werden kann. Vielfach sind die Angaben über die Zündeinstellung aber so dürftig, daß der Weg zum Buchladen zwecks Kauf eines Reparaturhandbuches oder Reparaturleitfadens (gibt es für fast alle europäischen Fahrzeugmodelle) nicht zu umgehen ist. Vielleicht hilft auch die Werkstatt oder eine gute Tankstelle mit Informationen. Grundsätzlich gilt zur Einstellung des Zündzeitpunktes, daß zuvor der Schließwinkel oder Kontaktabstand kontrolliert und eingestellt worden ist. Denn diese Einstellung beeinflußt den Zündzeitpunkt teilweise sehr stark.

Weiterhin ist immer eine Markierung auf der Riemenscheibe an der Kurbelwelle oder an der Schwungscheibe angebracht, die häufig allerdings wegen Schmutz und Rost gesucht und gesäubert werden muß. Zu dieser Markierung gehört eine ähnliche am Kurbelgehäuse oder in einer kleinen Öffnung im Getriebegehäuse. Bei VW-Käfern ist diese feste Markierung die senkrechte Trennfuge des Kurbelgehäuses.

Die verbreitetsten Einstellmethoden sind in *Bild 9.18* eingezeichnet. Punkt A kennzeichnet die sogenannte statische Grundeinstellung. Das ist die Einstellung bei stehendem Motor, mit der jede Zündeinstellung nach Wechsel der Unterbrecherkontakte oder Ausbau des Verteilers beginnen sollte. Fast alle Motoren besitzen für sie eine Markierung. Als Meßgerät genügt ein Ohmmeter oder ein Durchgangsprüfer. Das Kabel vom Unterbrecherkontakt zur Zündspule oder zum Steuergerät der elektronischen Zündung wird gelöst, das Ohmmeter zwischen Klemme 1 des Unterbrecherkontaktes und Masse gelegt. Der Motor wird mit einem Schraubenschlüssel in der richtigen Drehrichtung (meist im Uhrzeigersinn auf die Keilriemenscheibe geblickt) gedreht. Wo kein Platz für einen entsprechend großen Schraubenschlüssel ist oder wenn er fehlt, kann auch der oberste Gang eingelegt und das Fahrzeug geschoben werden – nach vorn natürlich wegen der richtigen Drehrichtung. Im Zündzeitpunkt, wenn beide Markierungen sich also decken, muß das Ohmmeter vom Wert Null (Kontakt geschlossen) auf unendlich (Kontakt offen) springen. Steht der Zündzeitpunkt zu früh (das Ohmmeter zeigt unendlich an, bevor die Markierungen sich decken), muß die Scheibe, auf der der Unterbrecher befestigt ist, in Drehrichtung des Unterbrechernockens verdreht werden. Bei zu spätem Zündzeitpunkt sinngemäß umgekehrt.

Solange noch keine elektronische Zündanlage in das Fahrzeug eingebaut ist, kann mit einer Prüflampe (z. B. 5 W) die Grundeinstellung erfolgen. Nur bei einer elektronischen Zündanlage ist von der Verwendung einer Prüflampe dringend abzuraten, weil der hohe Strom durch den kleinen Kaltwiderstand der Leuchte Bauteile im Steuergerät zerstören kann. Für die Prüflampe muß die Zündung eingeschaltet sein und das Verbindungskabel zwischen den Klemmen 1 von Unterbrecherkontakt und Zündspule muß angeschlossen bleiben. Die Prüflampe wird parallel zum Kontakt, zwischen Klemme 1 und Masse, angeschlossen und zeigt den richtigen Zeitpunkt der Grundeinstellung durch Aufleuchten an.

Für alle weiteren Zündeinstellungen, die auch als dynamisch bezeichnet werden, ist eine sogenannte Zündlichtpistole notwendig. Ein solches Gerät arbeitet nach dem Prinzip eines Elektronenblitzes, indem in einer Gasentladungsröhre ein kleiner Blitz durch eine Spannung von etwa 500 V gezündet wird. Das helle Licht dauert nur Bruchteile von Millisekunden an. Wird eine solche Blitzlampe von der Sekundärspannung der Zündspule aus angesteuert, so leuchtet der Blitz genau im Augenblick der Zündung auf und läßt aus dem dunkel und versteckt liegende Zündzeitpunktmarkierung sichtbar erscheinen. Auch bei drehendem Motor steht dann die Markierung auf der Kurbelwelle scheinbar still – man spricht dann vom Stroboskopeffekt.

Punkt B in *Bild 9.18* zeigt die Einstellung bei Leerlaufdrehzahl des Motors. Ein vorhandener Unterdruckschlauch muß je nach Herstellerangaben häufig abgezogen werden, weil schon bei Leerlaufdrehzahl des Motors die Unterdruckverstellung wirksam sein kann. Punkt C wird bei einigen Herstellern zur Einstellung benutzt, weil er mitten in der Verstellkurve liegt und damit die Prüfung der Verstellkurve erlaubt. Zusätzlich ist manchmal noch der Punkt D in *Bild 9.18* als Kontrollpunkt angegeben. Die Frühverstellung ist hier zu Ende, und die Einstellung beziehungsweise Kontrolle bei dieser hohen Drehzahl kann besonders bei Motoren wichtig sein, die hohe Drehzahlen erreichen und entsprechend gefahren werden.

Für die dynamischen Einstellungen des Zündzeitpunktes ist natürlich ein Drehzahlmesser erforderlich (siehe Kapitel 10). Der Selbstbau einer Zündlichtpistole ist kein allzu großes Kunststück, wenn alle Spezialteile erhältlich sind. Bereits die Beschaffung der Blitzröhre bereitet aber Schwierigkeiten, vom Spannungswandler für ca. 500 V gar nicht zu reden. Der naheliegende Umbau eines Elektronenblitzgerätes kann auch nicht empfohlen werden, weil die

Blitzfolge nur mit erheblichen Änderungen so groß gemacht werden kann, daß sie schon für Leerlaufdrehzahl ausreicht. Billiger und besser ist eine fertig gekaufte Zündlichtpistole. Bei Angeboten ausländischer Hersteller in Kaufhäusern und Supermärkten ist allerdings Vorsicht geboten, wenn sie besonders preiswert sind. Häufig reicht die Helligkeit nicht aus. Oft ist auch die Zeitverzögerung zwischen Zündzeitpunkt und Zünden des Blitzes durch Schwächen der Auslöseelektronik so groß, daß scheinbar eine zu späte Zündung mit solchen Zündlichtpistolen signalisiert wird. Im Bestreben, die Zündung früher einzustellen, wird dann der größte zulässige Zündwinkel überschritten, und ein teurer Motorschaden kann die Folge sein.

Es seien deshalb die erprobten Geräte bekannter Hersteller empfohlen, wobei in Deutschland besonders Geräte der Firmen Bosch und Prüfrex in größeren Autozubehörgeschäften zu haben sind. Für den Hausgebrauch reichen einfache Geräte ohne eingebaute Verstellwinkelanzeige, die nur Vorteile bringt, wenn am Fahrzeug außer der Markierung für den oberen Totpunkt keine andere Marke vorhanden ist. Gute Erfahrungen wurden mit der sogenannten Pocketpistole von Bosch, Bestell-Nr. 0 684 100 303 gemacht, die so handlich ist, daß sie auch in engen Motorräumen benutzt werden kann. Sie ist schon für 100 DM in Kauf- oder Versandhäusern erhältlich (zum Beispiel Neckermann, Bestell-Nr. 589/756; Quelle, Bestell-Nr. 827.613). Diese einfachen Geräte müssen galvanisch mit dem Hochspannungskabel verbunden werden. Für rund den doppelten Preis bekommt man eine äußerlich ähnliche Zündlichtpistole, deren induktiver Geber in Form einer Zange einfach um das Hochspannungskabel geklemmt wird und damit berührungslos und ohne Gefahr des Elektrisierens arbeitet (Bosch, Bestell-Nr. 0 684 100 300). Die Bedienungsanleitungen dieser ausgereiften Zündlichtpistolen ersparen jeden weiteren Kommentar.

Selbst gebaut: Transistorzündung

Lange Zeit war trotz bereits großer Fortschritte der Halbleitertechnik der Selbstbau einer Transistor-Spulen-Zündung ein hoffnungsloses Unterfangen. Zwar gab es schon seit geraumer Zeit preiswerte Leistungstransistoren für hohe Ströme (zum Beispiel der bekannte 2 N 3055 und seine Abkömmlinge). Doch lag die zulässige Kollektor-Emitter-Spannung mit etwa 100 V so niedrig, daß durch eine entsprechende Schutzbeschaltung mit Zenerdioden der Transistor vor der Zerstörung bewahrt werden mußte. Diese Schutzdioden mit zum Beispiel 80 V Zenerspannung begrenzen die primärseitige Abschaltspannungsspitze derart nachdrücklich, daß die Zündenergie selten ausreichte. Es kam hinzu, daß Transistoren vom Typ 2 N 3055 für hochdrehende Motoren manchmal zu langsam waren. Beim Öffnen des Transistors wurde der Primärstrom nicht schnell genug abgeschaltet, was zur weiteren Verminderung der Zündenergie und zur zusätzlichen Belastung des Transistors beitrug.

Diese Beschränkungen führten dazu, daß in der einschlägigen Fachliteratur, in Elektronikzeitschriften und Bastelanleitungen, fast ausschließlich Hochspannungs-Kondensator-Zündungen beschrieben wurden. Die dafür notwendigen Halbleiter waren erhältlich, der höhere Aufwand durch den Spannungswandler wurde ebenso in Kauf genommen wie die oft zu kurze Funkendauer.

Seit einigen Jahren ist nun ein Wandel eingetreten. Zuerst für Anwendungen in Fernsehgeräten entwickelt, erschienen Leistungstransistoren in einer neuen Technologie, sogenannte dreifach diffundierte Transistoren. Sie zeichneten sich durch große Ströme, hohe Sperrspannungen, kurze Schaltzeiten und hohe Impulsbelastbarkeit aus. Und sind damit für den Einsatz als Leistungsschalter in Zündanlagen gut geeignet. Inzwischen gibt es von einigen Herstellern speziell für Transistor-Spulen-Zündanlagen entwickelte Darlington-Transistoren, die Ströme bis zu 15 A bei Spannungen bis zu 400 V schalten können. Sie vertragen dabei kurzzeitige Impulsbelastungen von weit mehr als 1000 Watt!

Für den Selbstbau einer Transistor-Spulen-Zündanlage kommen nur diese Spezialtransistoren in Frage, weil nur sie in Verbindung mit speziellen Zündspulen echte Vorteile versprechen, wie höhere Zündenergie und kleinere Zeitkonstanten für höhere Drehzahlen ohne Verbrennungsaussetzer.

Wem es nur auf die Schonung des Unterbrecherkontaktes vor den Primärströmen der Zündspule ankommt, kann natürlich die serienmäßige Zündspule beibehalten und durch einen Transistor schalten. Ein Wechsel des Unterbrecherkontaktes alle Jahre oder öfter ist dann aber billiger.

Alle Transistor-Spulen-Zündungen arbeiten nach dem Prinzip von *Bild 9.14*. Unterschiede bestehen nur in der Wahl des Schalttransistors, in der Art seiner Schutzbeschaltung und in der Ansteuerung. Den Unterbrecherkontakt durch eine kontaktlose

Ansteuerung zu ersetzen, ist technisch heute möglich. Immer aber erfordern solche kontaktlosen Geber derartig einschneidende mechanische Veränderungen an Zündverteiler oder Unterbrecherscheibe, daß mit Hausmitteln ein Selbstbau unmöglich wird. Hinzu kommt die heute noch mangelhafte Temperaturfestigkeit der im Handel erhältlichen kontaktlosen Geber. Denn im Innenraum von Verteilern oder an der Unterbrechergrundplatte von Motorrädern (besonders mit einer Verkleidung) wurden schon Temperaturen von 100°C und mehr gemessen, meist kurz nach dem Abstellen des Motors!

Statt mechanischer Kunstgriffe zum Aufbau einer kontaktlosen Ansteuerung, die dann nach erfolgter hochsommerlicher Fahrt über die Großglockner-Hochalpenstraße ihren Dienst zur unpassenden Zeit einstellt, wollen wir uns deshalb lieber der Elektronik zuwenden. Sie kennt bei richtiger Dimensionierung und sachgemäßem Anbau keine Temperaturprobleme mehr.

Über eines müssen wir uns beim Bau einer elektronischen Zündung nach dem Prinzip der Transistor-Spulen-Zündung aber im klaren sein: die Zündanlage kann immer nur so gut sein wie die Zündspule. Diese speichert die Energie, sorgt für die notwendige Hochspannung und ergibt durch niedrige Induktivität das günstige zeitliche Verhalten mit geringer Zeitkonstante. Die elektronischen Bauelemente dienen lediglich dazu, die Zündspule in der richtigen Art und Weise zu betreiben.

Weiterhin sei mit dem schönen Glauben aufgeräumt, eine elektronische Zündung könne Wunder vollbringen, 15% und mehr Kraftstoff sparen, wie es oft in Reklameschriften und Zeitschriftenartikeln behauptet wird. Solche Behauptungen halten exakten Messungen nie stand, genausowenig wie das Versprechen, der Motor habe nach dem Umbau mehr Leistung.

Was eine elektronische Zündanlage (hier Transistor-Spulen-Zündung) bewirkt, ist neben dem sehr stark reduzierten Unterbrecherkontaktverschleiß folgendes:

- zuverlässiger Start des kalten und heißen Motors;
- besseres Laufverhalten bei kaltem oder noch nicht betriebswarmem Motor;
- besseres Verhalten bei sehr kleinen Drehzahlen (Leerlauf) wegen der beim Transistor nicht auftretenden Energieverluste durch zu langsames Öffnen des Unterbrechers;

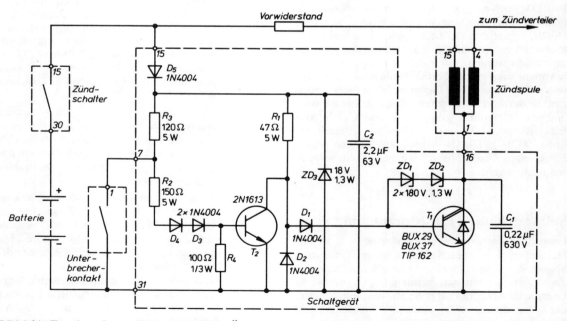

Bild 9.21: Transistor-Spulen-Zündung für 12 V. Änderungen für 6-V-Bordnetz: $R_1 = 15\ \Omega$, 6 W; $R_3 = 68\ \Omega$, 6 W; R_2 entfällt

- besserer Motorlauf bei sehr hohen Drehzahlen wegen der dann noch ausreichenden Zündenergie;
- geringere Empfindlichkeit gegen Verschmutzen von Zündkerzen und Hochspannungsteilen, weil der Innenwiderstand der Transistorzündspulen etwas geringer ist.

Für den Betrieb des Fahrzeuges stellen sich damit Vorteile ein, die den Einbau einer solchen Zündanlage rechtfertigen.
Bei vielen Fahrzeugen kann bei Anwendung einer Transistor-Spulen-Zündung und der zugehörigen Zündspule hoher Energie der Elektrodenabstand der Zündkerzen etwas vergrößert werden. Werte von 0,9 bis 1,2 mm sind dabei gebräuchlich und möglich, weil durch die höhere Energie und die größere bereitgestellte Hochspannung ein zuverlässiger Funkenüberschlag stattfinden kann. Das Volumen des vom Funken entzündeten Gemisches wird dabei fast verdoppelt, was eine sichere Einleitung der Verbrennung zur Folge hat. Besonders Kaltstart und Warmlauf profitieren davon. Bei manchen Fahrzeugen kann auch noch der CO-Gehalt des Abgases im Leerlauf etwas abgesenkt werden. Der Motor verträgt ohne Aussetzer eine magere Vergasereinstellung und wird dabei im Leerlauf und bei kleinen Belastungen etwas geringeren Verbrauch haben.
Bild 9.21 zeigt den kompletten Schaltplan einer Transistor-Spulen-Zündung mit den notwendigen Anschlüssen. Über Klemme 15 wird das Steuergerät mit dem Bordnetz verbunden. Klemme 16 ist der Ausgang zur Primärwicklung der Zündspule. Die Klemme 31 wird mit der Motormasse über ein kurzes Kabel verbunden, und Klemme 7 dient zum Anschluß des Unterbrecherkontaktes.
Für den Schalttransistor T_1 muß unbedingt ein dreifach diffundierter Darlington-Transistor für Kraftfahrzeuganwendungen benutzt werden, weil nur ein solcher Typ für die Bedingungen im Kraftfahrzeug ausreichende Reserven besitzt. Von den auf dem Markt erhältlichen Typen sind besonders der BUX 29 von Siemens und der BUX 37 von Thomson-CSF zu empfehlen. Beide sind für Kollektorströme von 10 A und für Kollektor-Emitter-Spannungen von 400 V geeignet. Ihre Stromverstärkung, das Verhältnis von Kollektor- zu Basisstrom, liegt über 30. Deshalb genügt zum Ansteuern an der Basis ein Strom von weniger als 0,5 A, was die Ansteuerung wesentlich vereinfacht.
Statt des Darlington könnte zwar auch ein einfacher NPN-Transistor in Dreifachdiffusionstechnik verwendet werden. Dessen Kollektorstrom ist aber auf etwa 5 A begrenzt und seine Ansteuerung erfordert wegen der geringen Stromverstärkung oft erheblichen Mehraufwand, der den Preisvorteil wieder zunichte machen kann. Die angegebenen Transistoren besitzen außerdem eine integrierte Diode parallel zur Kollektor-Emitter-Strecke, die den Transistor vor negativen Spannungsspitzen an Klemme 16 schützt.
Der Kondensator C_1 übernimmt zwar nicht mehr die Aufgabe der Funkenlöschung, die hier überflüssig ist. Er ist aber notwendig, damit nach dem Abschalten des Primärstromes der schon beschriebene Schwingungsvorgang einsetzt. Seine Spannungsfestigkeit ist für das sichere Arbeiten des Schaltgerätes wichtig.
Trotz seiner hohen Spannungsfestigkeit muß T_1 zusätzlich geschützt werden. Bei Defekten auf der Hochspannungsseite (schadhafte Zündkerze, abgefallener Zündkerzenstecker, unterbrochenes Zündkabel) kann die Spannung an T_1 über den zulässigen Wert ansteigen. Bei normalen Transistoren müßten zum Schutz Zenerdioden mit hoher Belastbarkeit eingesetzt werden, weil sie ja die hohe Impulsbelastung vom Transistor fernhalten sollen. Beim angegebenen Darlington ist ein solcher Schutz eleganter zu realisieren. Man kann hier die Zenerdioden ZD_1 und ZD_2 zwischen Kollektor und Basis schalten. Sie werden von positiven Spannungsspitzen an Klemme 16 um die Stromverstärkung des Darlington geringer belastet als in der konventionellen Schaltungsart zwischen Kollektor und Emitter. Mit den angegebenen Zenerdioden wird die Spannung zwischen Kollektor und Emitter auf etwa 365 V begrenzt (U_Z + U_{BE}). Zwei Zenerdioden sind nur deshalb vorgesehen, weil Einzeltypen mit Zenerspannungen über 200 V nicht erhältlich sind.
Der Basisstrom von T_1 wird durch R_1 auf etwa 260 mA begrenzt. Zum Ansteuern dient T_2, ein üblicher NPN-Transistor. Er erhält über R_3, R_2 und die Dioden D_3 und D_4 Basisstrom, wenn der Unterbrecherkontakt geöffnet wird. Dadurch leitet T_2, und für T_1 kann kein Basisstrom fließen, so daß T_1 sperrt. Die Zündspule wird abgeschaltet, und es entsteht die zum Funkenüberschlag notwendige Hochspannung. Beim Schließen des Unterbrecherkontaktes wird T_2 gesperrt. Über R_1 erhält T_1 den notwendigen Basisstrom, um den Primärstrom durch die Zündspule zu ermöglichen. Beide Transistoren arbeiten also im reinen Schaltbetrieb wie bei den meisten Anwendungen im Kraftfahrzeug. Ihre Verlustleistung ist dabei relativ gering, was einerseits die Kühlung erleichtert,

andererseits den hohen Temperaturen im Motorraum Rechnung trägt.

Durch D_5 wird die Schaltung vor negativen Impulsspannungen auf dem Bordnetz und gegen versehentliches Falschpolen geschützt. Die Zenerdiode ZD_3 und C_2 machen positive Spannungsspitzen unschädlich. Die gesamte Schaltung ist durch diese Maßnahmen zuverlässig gegen Zerstörung gesichert.

Mit Ausnahme von T_1 werden alle Bauelemente des Schaltgerätes auf einer Platine angeordnet, deren Leiterseite *Bild 9.22* zeigt. *Bild 9.23* zeigt das geöffnete Gerät. Ein Beispiel für den Einbau der Zündanlage in ein Fahrzeug zeigt *Bild 9.24*.

Der Transistor T_1 muß unbedingt gut gekühlt werden. Er wird deshalb zusammen mit einem Kühlkörper auf der Platine befestigt, wie *Bild 9.23* zeigt. Achtung! Der Kollektor von T_1 führt Spannungen bis zu 360 V. Er sollte deshalb nicht berührt werden, es kann gefährlich werden. Hier wurde im Muster ein TIP 162 von Texas Instruments verwendet, der preiswert (ca. 10 DM) erhältlich ist. Die Anschlußdrähte werden umgebogen und durch entsprechende Bohrungen in Kühlkörper und Gehäuseunterteil in das Innere des Gehäuses geführt. Damit dabei keine ungewollten Verbindungen entstehen, werden über die drei Transistoranschlüsse nach dem Verlängern mit kurzen Drähten etwa 20 mm lange Isolierröhrchen geschoben. Die Platine wird mit der Leiterseite nach oben in das Gehäuse eingebaut. Während des Durchführens der Befestigungsschrauben durch die Gehäusebohrungen werden mit einer Pinzette die verlängerten Anschlüsse von T_1 in die entsprechenden Bohrungen der Platine gesteckt. Nach dem Festschrauben der Platine können diese Anschlüsse des Transistors verlötet werden. Wie das Bild zeigt, wurde im Muster der Anschlußwinkel mit dem Deckel verschraubt. Das Gerät wird also verkehrt herum eingebaut, damit der Kühlkörper die Wärme gut abgeben kann. Gegen das Eindringen von Feuchtigkeit werden die Anschlüsse von T_1 mit UHU-Plus vergossen. Die Gehäusefugen können mit Elch-Siegel, einer bei Installateuren erhältlichen Dichtungsmasse auf Silicon-Kautschuk-Basis, abgedichtet werden. Der Widerstand R_3 ist deshalb so klein, damit durch den Unterbrecherkontakt ein gewisser Gleich-

Bild 9.22: Die Platine, auf der das Schaltgerät aufgebaut ist

Bild 9.23: Ein Blick in das Innere der Zündung

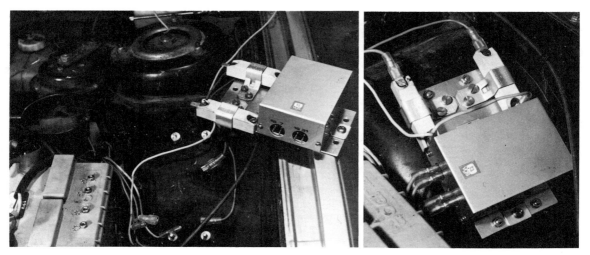

Bild 9.24: Ein Beispiel für den Einbau des Schaltgehäuses

strom fließt (etwa 100 mA). Dadurch wird verhindert, daß durch Ölrückstände und Schmutz die Kontaktflächen nicht genügend leiten. Es hat sich nämlich gezeigt, daß ein gewisser Strom sehr günstig für den Übergangswiderstand zwischen den Kontaktflächen ist. Auf die Lebensdauer des Kontaktes hat dieser Strom keinen Einfluß.

Sicher werden Sie sich jetzt fragen, warum in *Bild 9.21* parallel zum Unterbrecherkontakt kein Kondensator mehr eingezeichnet ist. Nötig ist er nicht mehr, das wissen wir inzwischen, kann er nicht angeschlossen bleiben? Nein, er muß abgeklemmt werden. Denn er kann die exakte Auslösung des Zündfunkens stören. Wenn der Kontakt öffnet, würde sich ein solcher Kondensator auf die Bordnetzspannung über R_3 aufladen. Dadurch erhält die Klemme 7 des Steuergerätes nicht sofort das notwendige positive Potential, sondern erst nach einer kleinen Verzögerung, die durch das Aufladen des Kondensators bedingt ist. Bei sehr hohen Motordrehzahlen kann dies zu einer unerwünschten Verstellung des Zündzeitpunktes in Richtung „spät" führen. Natürlich kann der Kondensator am Verteilergehäuse angeschraubt bleiben, wenn seine Haltefahne beispielsweise zur Befestigung des Anschlusses von Klemme 1 dient. Ein Durchtrennen des Verbindungskabels reicht.

Die Wahl der Zündspule

Daß wir die serienmäßige Zündspule des Fahrzeuges nicht weiter verwenden können, wissen wir inzwischen. Denn wir wollen ja die Zündenergie erhöhen.

Die Auswahl geeigneter Zündspulen ist nicht sehr groß, denn nur wenige Hersteller bieten für Transistor-Spulen-Zündungen passende Spezialzündspulen an. In Deutschland kommt nur die Firma Bosch in Frage, die seit längerer Zeit solche Zündanlagen zum Nachrüsten anbietet oder für die Kraftfahrzeugindustrie liefert. Sie hat auch ein umfangreiches Programm verschiedener Zündspulen, weshalb der Weg zu einer Bosch-Vertretung oder einem speziellen Großhändler der sicherste Weg ist, die richtige Zündspule zu erhalten. Nicht immer sind sie am Lager vorrätig, und man muß dann schon etwas Geduld mitbringen und die Zündspule bestellen. Die Preise liegen bei 30 DM.

Besonders geeignet sind die Bosch-Transistor-Zündspulen Bestell-Nr. 0 221 122 001, 0 221 118 005 und 0 221 118 001. Sie sind manchmal auch in Daimler-Benz- und BMW-Vertretungen erhältlich, weil sie in einige Fahrzeuge dieser Firmen eingebaut werden. Das blaue Gehäuse ist mit einer deutlichen Aufschrift „Transistor-Zündspule" versehen. Da die Abmessungen gleich sind wie die der in die meisten

Bild 9.25: Die beiden Vorwiderstände müssen viel Leistung aufnehmen können

deutschen Fahrzeuge serienmäßig eingebauten Zündspulen, bereitet der Einbau keine Probleme. Mit dem Kauf der Zündspule ist es allerdings nicht getan. Wir benötigen noch besondere Vorwiderstände, um den Primärstrom auf das für Schalttransistor und Zündspule zulässige Maß zu begrenzen. Diese Vorwiderstände sind hoch belastbare, in einer Keramikmasse eingebettete, Drahtwiderstände, die man mit der notwendigen Qualität in Elektronikläden schwer erhalten dürfte. Deshalb sei auch hier empfohlen, die passenden Widerstände gleich bei Bosch mit zu bestellen. Sie bieten außerdem den Vorteil, bereits mit Befestigungslaschen und mit Steck- oder Schraubanschlüssen versehen zu sein (Bild 9.25). Zur Auswahl dieser Vorwiderstände einige Hinweise:
Als Maximalstrom des Schaltgerätes wollen wir mit Rücksicht auf Schalttransistor und Erwärmung $I = 8$ A wählen. Am Transistor selbst fallen im durchgeschalteten Zustand etwa 2 V ab. Bei einer Bordnetzspannung von 14 V bleiben also noch 12 V für Vorwiderstände und Zündspule übrig. Der Primärgesamtwiderstand muß also mindestens

$$R = \frac{U}{I} = \frac{12\,\text{V}}{8\,\text{A}} = 1{,}5\,\Omega$$

betragen.

Da der Primärgleichstromwiderstand der angegebenen Zündspulen 0,4 Ω groß ist, muß der Vorwiderstand einen Widerstand von 1,1 Ω besitzen. Der nächste erhältliche Widerstand hat 1,2 Ω. Er besteht aus zwei in einer Befestigungslasche gemeinsam gehaltenen Widerständen von 0,6 Ω und trägt die Bestell-Nr. 0227900102. Wegen seiner starken Erwärmung muß er an einer besonders kühlen Stelle im Motorraum befestigt werden. Die beiden Teilwiderstände werden hintereinander geschaltet.
Noch besser sind Einzelwiderstände mit der Bestell-Nr. 0227901013 und einem Wert von 0,6 Ω. Sie sind höher belastbar. Mit diesen Werten beträgt der primäre Spitzenstrom etwa 7,5 A.
Bei einem 6-V-Bordnetz stehen nach Abzug der Restspannung von 2 V am Transistor nur noch 5 V für Zündspule und Vorwiderstand zur Verfügung. Bei einem zulässigen Spitzenstrom von 8 A ergeben sich 0,6 Ω als geringstmöglichen Primärwiderstand. Da Vorwiderstände mit 0,2 Ω nicht zu bekommen sind, werden die beiden Teilwiderstände mit 2 × 0,6 Ω parallel geschaltet. Der gesamte Primärwiderstand beträgt dann 0,7 Ω, der Spitzenstrom wird auf 7,1 A begrenzt.
Mit diesen Beispielen soll gezeigt werden, wie man bei der Auswahl der Vorwiderstände vorgeht. So-

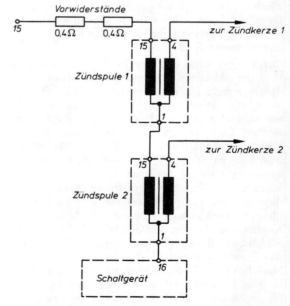

Bild 9.26: Transistor-Spulen-Zündung bei Motorradmotoren

lange die zulässigen Ströme des Schaltgerätes nicht überschritten werden, sind Rechnung und Experiment keine Grenzen gesetzt. Beachtet werden muß aber immer, daß die in den Vorwiderständen entstehende Wärme gut abgeführt werden kann. Weiterhin sind wegen der hohen Ströme ausreichende Kabelquerschnitte und einwandfreie Klemm- oder Steckverbindungen notwendig. An dieser Stelle sollte man keineswegs sparen.

Den Motorradfahrern unter den Lesern ist mit diesen gut gemeinten Ratschlägen wenig geholfen. Motorräder besitzen meist spezielle Zündspulen, die häufig schon aus Platzgründen nicht einfach gegen die größeren Transistorzündspulen ausgetauscht werden können. Aber es gibt auch hier Lösungen. Am einfachsten haben es noch Fahrer von BMW-Maschinen ab /5-Serie. Die beiden Zündspulen sind 6-V-Ausführungen und werden – in Reihe geschaltet – von einem Unterbrecher betätigt. Wenn es der Platz unter dem Tank zuläßt, können diese Zündspulen durch zwei Transistorzündspulen ersetzt werden. Als Vorwiderstände dienen zwei in Reihe geschaltete 0,4-Ω-Widerstände (Bosch-Bestell-Nr. 0227901012). Der in manchen Fahrzeugserien eingesetzte 0,9-Ω-Widerstand wird bei Benutzung der Transistorzündspulen zu heiß (*Bild 9.26*). Für Besitzer japanischer Mehrzylindermotoren, bei denen zwei Zylinder von einer Zündspule versorgt werden (alle Vierzylinder von Honda, Yamaha, Suzuki und Kawasaki), gibt es kaum eine technisch brauchbare Lösung. Die dort benutzten Zündspulen haben zwei Hochspannungsausgänge. Das zweite Ende der Hochspannungswicklung ist dort nicht wie üblich mit der Klemme 1 verbunden, sondern herausgeführt. Als Transistorzündspulen sind solche Ausführungen noch nicht erhältlich. Die Benutzung der Original-Zündspulen zusammen mit dem Schaltgerät bringt den Nachteil mit sich, daß wegen der Restspannung von 2 V an T_1 (*Bild 9.21*) die Zündenergie abnimmt. Wer trotzdem zur Schonung der leider teuren Kontakte etwas tun möchte, kann das Schaltgerät abändern. Für T_1 wird der Siemens-Typ BUY 79 (normaler dreifach diffundierter Transistor) benutzt, ZD_1 muß eine Zenerspannung von 160 V haben, ZD_2 bleibt unverändert. Der Widerstand R_1 wird auf 18 Ω verkleinert, muß aber 5 W belastbar sein. Die am BUY 79 abfallende Restspannung von 1 V verringert die Zündenergie zwar immer noch etwas. Im allgemeinen reicht die ohnehin vorhandene Reserve aber aus. Als Trost sei gesagt, daß die Zündspulen japanischer Motorräder von Hause aus für hohe Drehzahlen bemessen sind.

Sicherer Start

Beim winterlichen Kaltstart, beim vergeblichen vor allem, kann die Batteriespannung auf 8 V bei einer 12-V-Anlage und 4 V bei einer 6-V-Anlage abfallen. Da durch die Zündspule dann nur noch $^2/_3$ des normalen Stromes fließen, sinkt die Zündenergie auf die Hälfte des ursprünglichen Wertes ab. Bei einer Transistor-Spulen-Zündung ist dann wegen der hohen Ausgangsenergie immer noch mit guten Starteigenschaften zu rechnen, knapp kann es aber auch hier werden.

Es gibt wegen des getrennten Vorwiderstandes eine elegante Möglichkeit, das Absinken der Bordnetzspannung zu kompensieren. Dazu kann man ihn während des Startens entweder ganz überbrücken oder man kann seinen Wert so vermindern, daß der Maximalstrom gerade nicht überschritten wird. Von dieser Möglichkeit machten vor Einführung der Transistor-Spulen-Zündung bereits manche Fahrzeuge Gebrauch, deren Zündspulen getrennte Vorwiderstände besaßen. Auch heute wird dieser Kniff noch bei vielen Serienfahrzeugen angewendet und heißt Startanhebung.

Wegen der hohen schaltbaren Ströme ist die Transi-

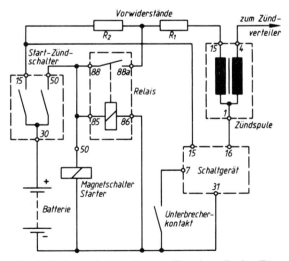

Bild 9.27: Startanhebung bei der Transistor-Spulen-Zündung. Der Vorwiderstand R_2 wird durch ein Relais überbrückt

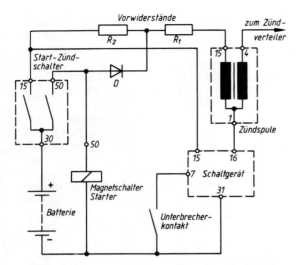

Bild 9.28: Startanhebung bei der Transistor-Spulen-Zündung. Der Vorwiderstand R_2 wird durch die Diode D überbrückt

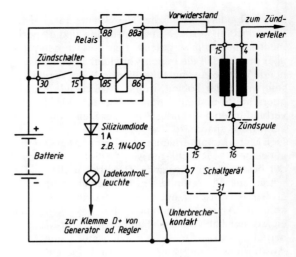

Bild 9.29: Die Zündanlage wird über ein Relais geschaltet. Die Diode verhindert das Weiterlaufen des Motors nach dem Abschalten

stor-Spulen-Zündung besonders gut für eine Startanhebung geeignet. *Bild 9.27* zeigt, wie es gemacht wird.

Zusammen mit dem Magnetschalter für den Starter, der über Klemme 50 des Zünd-Anlaß-Schalters beim Starten mit Strom versorgt wird, schaltet ein Relais mit einem Schließer einen Teil des Vorwiderstandes kurz. Der gesamte Primärwiderstand wird dabei so verkleinert, daß der zugelassene Primärstrom fließen kann. Als Relais dient ein Typ, wie er für Zusatzscheinwerfer verwendet wird. Nach dem auf S. 114 aufgeführten Berechnungsbeispiel fällt die Auswahl der Vorwiderstände nicht schwer: Wenn jeder einen Wert von 0,6 Ω hat, wird einer kurzgeschlossen. Der Primärgesamtwiderstand beträgt dann 1,0 Ω, was bei 8 V Bordnetzspannung abzüglich der Restspannung von 2 V am Transistor immer noch einen Strom von 6 A ergibt. Bei einer 12-V-Anlage ist damit genügend Zündenergie vorhanden. Manche Start-Zünd-Schalter, aber auch manche Anlasser-Magnet-Schalter, besitzen zur Überbrückung des Vorwiderstandes einen von Klemme 50 getrennten Kontakt, meist mit 15a oder 16 bezeichnet. Dieser ersetzt ein Relais und wird direkt mit dem Verbindungspunkt der beiden Vorwiderstände verbunden.

Es bietet sich noch eine andere Möglichkeit an. Mit einer Leistungsdiode kann ebenfalls ein Vorwiderstand überbrückt oder in seiner Wirkung vermindert werden (*Bild 9.28*). Bei der Berechnung der Vorwiderstände muß dann aber berücksichtigt werden, daß am Gleichrichter etwa 1 V abfallen. Entsprechend muß dann der Wert von R_1 verkleinert und der für R_2 vergrößert werden. Bei Bosch sind in unterschiedlichen Bauformen die Werte 0,4, 0,6 und 0,9 Ω erhältlich. Durch geeignete Kombination läßt sich da immer der richtige Vorwiderstand finden.

Bei der 6-V-Anlage mit einem Vorwiderstand (entstanden aus der Parallelschaltung von zwei 0,6-Ohm-Widerständen) wird in der Schaltung nach *Bild 9.27* dieser Widerstand überbrückt. Denn R_1 ist nicht vorhanden.

Der Leistungsgleichrichter D muß für den auftretenden Strom von maximal 10 A ausgelegt sein. Geeignet ist zum Beispiel ein Gleichrichter aus einem defekten Drehstromgenerator (Siemens E 11 oder E 12). Da der Strom nur kurze Zeit fließt (unser Fahrzeug springt nach dem Umbau hoffentlich immer sofort an), genügt für die Kühlung ein isoliert aufgebautes Aluminiumblech etwa 5 × 5 cm.

Eine direkte Verbindung der Klemme 50 des Start-Zünd-Schalters mit den Vorwiderständen ergibt übrigens lustige Überraschungen. Das Fahrzeug springt zwar an, sobald aber der Zündschlüssel wieder losgelassen wird, bleibt der Motor stehen. Der Grund: Die Wicklung des Magnetschalters für den Starter hat einen derart kleinen Widerstand, daß die

Bordnetzspannung über R_2 kurzgeschlossen wird. Die Diode in *Bild 9.28* oder das Relais in *Bild 9.27* haben also nur die Aufgabe, die Vorwiderstände nach dem Anspringen des Motors vom Magnetschalter zu trennen.

Besonders für ältere Fahrzeuge mit manchmal unterdimensionierten Zündschaltern und Leitungen ist ein Relais für das Einschalten der Zündung nützlich. Es verbindet auf kürzestem Wege den Pluspol der Batterie mit Zündspule oder Vorwiderstand (*Bild 9.29*) und vermeidet so lästige Spannungsabfälle, die sonst die Zündung erheblich beeinträchtigen können. Auch hier erwarten einen Überraschungen, wenn man nicht nachdenkt.

Der Haltestrom durch eine Relaiswicklung ist mit weniger als 100 mA so gering, daß ihn die Ladekontrolleuchte liefern kann. Wenn der Motor abgestellt werden soll, läuft er unbeeindruckt weiter, weil der Generator weiterhin Spannung liefert und das Relais über die Ladekontrolle den notwendigen Haltestrom erhält. Die in *Bild 9.29* eingesetzte Siliziumdiode verhindert diesen Haltestrom, und das Relais fällt augenblicklich ab.

Bei Experimenten dieser Art ist grundsätzlich die Zündung auszuschalten, wenn im Motorraum gearbeitet wird. Es könnte nämlich sein, daß der Unterbrecherkontakt gerade geschlossen ist. Bei stehendem Motor fließt dann der maximale Primärstrom durch die Zündspule und führt zu starker Erwärmung von Zündspule und Vorwiderständen. Bei richtiger Anbringung sind zwar keine Schäden zu befürchten, weil die genannten Teile für diesen Strom ausgelegt sind. Es ist aber nicht auszuschließen, daß die Zündspule die Wärme nicht wie vorgesehen so gut abgeben kann. Dann wird ihre höchste zulässige Temperatur überschritten. Eine nicht abgeschaltete Zündung belastet auch die Batterie sehr stark und ist schon aus diesem Grunde nicht ratsam.

Vorsicht – die Zündspannungen sind gefährlich

Noch aus einem anderen Grunde ist beim Umgang mit elektronischen Zündanlagen größte Vorsicht geboten!

Die Spannungen auf der Primär- und auf der Sekundärseite der Zündspule sind so groß und der Innenwiderstand dieser Spannungsquellen ist so klein, daß bei absichtlichem oder versehentlichem Berühren von spannungsführenden Teilen Lebensgefahr besteht. Der durch den menschlichen Körper fließende Strom kann dabei so große Werte annehmen, daß das gefürchtete Herzklappenflimmern auftreten kann. Man mache sich daher zur Regel, vor Arbeiten an der Zündanlage unbedingt die Zündung auszuschalten, eventuell auch noch die Batterie abzuklemmen. Bei eingeschalteter Zündung niemals irgendwelche Kabelverbindungen der Zündanlage lösen. Auch das beliebte Abziehen der Zündkerzenstecker bei laufendem Motor zur Lokalisierung eines Schadens sollte unterbleiben, damit weder der Mensch noch die Zündspule durch Hochspannungsüberschläge Schaden erleiden kann.

Nicht umsonst tragen Zündspulen für elektronische Zündanlagen das Funkenzeichen und die Aufschrift *Lebensgefahr*.

10. Wichtig für Leistung und Verbrauch: die richtige Drehzahl

Im Zusammenhang mit dem Motor hatten wir öfter von der Motordrehzahl gesprochen, so im Kapitel 8, wo es um den Generator ging, und im Kapitel 9 bei der Zündung. Unter der Motordrehzahl versteht man immer die Zahl der Umdrehungen, die die Antriebswelle in einer bestimmten Zeit macht. Im Motorenbau ist die Angabe der Drehzahl in Umdrehungen in der Minute, in min^{-1}, üblich und seit langem gebräuchlich. Die Angabe der Umdrehungen in der Sekunde, die ja der üblichen Einheit der Frequenz (Hertz) entspricht, ist in der Wissenschaft und Forschung weit verbreitet, hat sich aber im praktischen Umgang mit Motoren nicht durchsetzen können.

Die unter der Rubrik „Technische Daten" in den Bedienungsanleitungen, in Prospekten oder in Zeitschriften gemachten Angaben, zum Beispiel 6000 U/min oder 6000 min^{-1} besagen also, daß die Antriebswelle des Motors – üblicherweise ist es die Kurbelwelle – sich in einer Minute 6000mal dreht.

Für die Kennzeichnung irgendeiner motorischen Eigenschaft, zum Beispiel der Leistung oder des Drehmomentes, ist immer die Angabe der zugehörigen Drehzahl notwendig.

Der Drehzahlbereich ist begrenzt

Verbrennungsmotoren haben leider eine nicht sehr schöne Eigenschaft – der Bereich der Drehzahl, in dem man mit dem Motor etwas anfangen kann, ist begrenzt. Unterhalb einer bestimmten Drehzahl, der Leerlaufdrehzahl, können sie noch keine Leistung abgeben, weil der Motor nicht „rund" läuft. Nach oben ist die Drehzahl aus mechanischen Gründen beschränkt, weil die Kräfte an einzelnen Motorteilen sehr groß werden und weil das Geräusch stark zunimmt. *Bild 10.1* zeigt für einen heutigen Mittelklasse-Pkw-Motor den Verlauf von Leistung und Drehmoment in Abhängigkeit von der Motordreh-

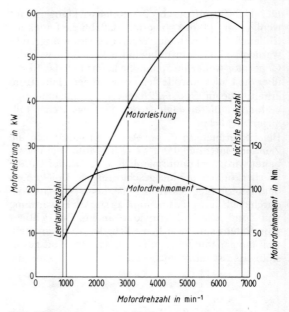

Bild 10.1: Leistung und Drehmoment eines modernen Ottomotors

zahl. Die Leerlaufdrehzahl liegt bei etwa 900 min^{-1}, die zugelassene Höchstdrehzahl beträgt 6750 min^{-1}. Zwischen diesen Grenzen darf der Motor benutzt werden. Dabei sieht man, daß das größte Drehmoment, das für die Zugkraft an den Antriebsrädern verantwortlich ist – es bestimmt den „Durchzug" – schon bei 3000 min^{-1} erreicht wird. In diesem Bereich ist der Motor am zugkräftigsten. Die höchste Leistung, die für die Beschleunigung bei Vollgas und für die Höchstgeschwindigkeit wichtig ist, wird dagegen erst bei 5800 min^{-1} abgegeben.

Drehzahlmessung – nicht nur für den Sportfahrer

Eine Anzeige der Motordrehzahl im Fahrzeug kann für den Fahrer also sehr nützlich sein. Und zwar nicht nur für die bestmögliche Ausnutzung der vorhandenen Leistung, sondern auch für die Schonung des Motors.

Unter Motorenfachleuten gilt es zum Beispiel als erwiesen, daß der noch kalte Motor, besonders in der kühlen Jahreszeit, während der ersten Kilometer nicht mit hohen Drehzahlen arbeiten sollte, da der Verschleiß dabei groß werden kann. Wie soll der geplagte Fahrer das aber kontrollieren, wenn er die Drehzahl nur grob nach Gehör schätzen kann. Es gibt außerdem Leute, die für so etwas überhaupt kein Gefühl haben und deshalb beim Fahren einiges falsch machen können.

Auch der energiebewußte Fahrer hat von der Drehzahlanzeige Vorteile. Die meisten Motoren sind bei mittleren Drehzahlen, etwa 3000 min^{-1} am sparsamsten. Schließlich gibt es noch eine Reihe von Fahrzeugen, die innen so leise sind, daß ein Drehzahlmesser zur Überwachung des Motors fast notwendig ist. Deshalb gibt es schon seit den Frühzeiten des Automobils ein Gerät, das Drehzahlmesser genannt wird. Zuerst war das ein mechanisches Gerät, das ähnlich wie ein Tachometer arbeitete. Zum Antrieb benötigte es eine biegsame Welle, die den Motor mit dem Drehzahlmesser verband. Ausländische Motorräder haben noch heute vielfach dieses Meßprinzip. Relativ hohe Kosten und Schwierigkeiten mit der biegsamen Welle hatten zur Folge, daß nur Fahrzeuge der gehobenen Preisklasse in den Genuß eines Drehzahlmessers kamen. Da außerdem vor allem sportliche Fahrzeuge oder richtige Sportwagen mit solchen Geräten ausgerüstet waren, wurde der Drehzahlmesser schnell zum Symbol für sportliches Fahren. Völlig zu Unrecht, wie wir nun wissen.

Die Zündimpulse können gezählt werden

Welche Möglichkeiten gibt es nun, von der aufwendigen Mechanik wegzukommen? Die Elektronik bietet viele. Besonders bei Ottomotoren, die ja immer eine elektrische Zündung besitzen, steht in Gestalt des Zündimpulses ein geeigneter Wert für die Drehzahl zur Verfügung. Denn die Zahl der Zündimpulse hängt ja direkt mit der Motordrehzahl zusammen. Man muß die Impulse nur noch geeignet umformen und anzeigen. Betrachten wir dazu *Bild 10.2*: Es zeigt für drei unterschiedliche Motordrehzahlen die Zusammenhänge. In der oberen Spalte ist die Spannung am Unterbrecherkontakt oder am Schaltgerät Klemme 16 zu sehen. Sie hat den charakteristischen Verlauf mit der deutlich sichtbaren Abschaltspannungsspitze der Zündspule. Mit diesem Impuls wird eine elektronische Zeitschaltung angesteuert, die bei

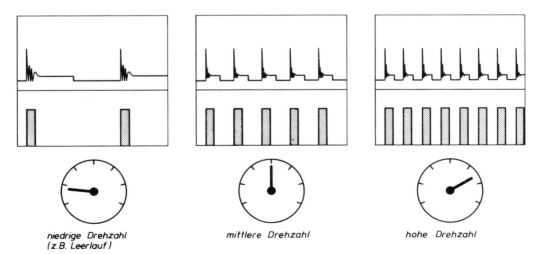

Bild 10.2: Funktion des elektronischen Drehzahlmessers. Oben: Spannung an Klemme 1 der Zündspule; Mitte: Spannung am Drehspulinstrument; Unten: Anzeige des Drehzahlmessers

jedem Zündimpuls einen Rechteckimpuls liefert, der immer gleich lang und gleich hoch ist (*Bild 10.2*, mittlere Spalte). Der Elektroniker spricht von konstanter Impulsdauer oder konstanter Impulsbreite bei konstanter Impulshöhe. In diesen Impulsen ist die Drehzahl dadurch enthalten, daß der zeitliche Abstand der Impulse sich umgekehrt zur Drehzahl verhält. Anders ausgedrückt: die Zahl dieser gleichen Impulse in einer Sekunde zum Beispiel entspricht der Drehzahl.

Manche werden nun sicher glauben, daß das ganze sehr einfach ist, weil nun nur noch ein Digitalzähler angeschlossen werden muß, und der Drehzahlmesser ist fertig. Solche Drehzahlmesser sind auch im Handel und zur Zeit besonders in. Die Fahrpraxis lehrt etwas anderes. Für den Fahrer ist es fast unmöglich, zumindest für seine Aufmerksamkeit im Verkehr äußerst schädlich, wenn er dauernd das Ziffernspiel vor sich beobachten soll. Auch wenn digital nur die beiden ersten Stellen der Drehzahl angezeigt werden, die Tausender und die Hunderter, ist wegen der schnellen Veränderung eine Digitalanzeige der Drehzahl im Fahrzeug abzulehnen.

Eine sogenannte Analoganzeige ist hier das Gegebene. Schon ein kurzer Blick läßt an Hand der Zeigerstellung eines Anzeigeinstrumentes erkennen, welcher Wert ungefähr erreicht wird. Schließlich haben sich analoge Tachometer bis heute sehr bewährt. Eine Digitalanzeige ist nur bei langsam veränderlichen Vorgängen, zum Beispiel bei der Benzinuhr, sinnvoll. Aus den gleichartigen Impulsen von *Bild 10.2*, zweite Reihe von oben, könnte ohne Schwierigkeiten (zum Beispiel durch Aufladen eines Kondensators) eine Gleichspannung gewonnen werden, die mit einem Spannungsmesser als Drehzahl angezeigt werden könnte.

Trägheit hat manchmal Vorteile

Dieser Umweg über eine Gleichspannung ist aber gar nicht nötig. Übliche Zeigermeßinstrumente, wie wir sie alle kennen, sind nämlich so träge, daß sie den einzelnen Stromimpulsen hier nicht mehr folgen können. Sie zeigen einen Mittelwert an, ähnlich der Anzeige von Wechselspannungs-Anzeigegeräten. Dabei ist die Anzeige bei der Verwendung der richtigen Meßinstrumente (z. B. eines Drehspulmeßinstruments) so linear, daß man den Fehler durch die Mittelwertbildung vernachlässigen kann. Die untere Bildreihe in *Bild 10.2* läßt dies erkennen: links die Anzeige der Leerlaufdrehzahl, in der Mitte eine mittlere Drehzahl, rechts eine hohe Drehzahl.

Nur bei sehr niedrigen Drehzahlen, etwa beim Anlassen des Motors oder bei sehr niedriger Leerlaufdrehzahl, kann die Anzeige etwas zittern, was aber selten stört.

Genauigkeit mit der richtigen Toleranz

Welche Anforderungen muß ein solcher Drehzahlmesser erfüllen?

- Er muß der Veränderung der Motordrehzahl schnell genug folgen;
- seine Anzeige sollte auf etwa 100 min^{-1} genau sein, noch höhere Ansprüche würden gar nichts nützen;
- die Anzeige muß unabhängig von der Spannung des Bordnetzes und von der Temperatur sein, wenigstens innerhalb gewisser Grenzen. So sollten Spannungsänderungen zwischen 6 und 8 V bei einer 6-V-Anlage und 12 bis 16 V bei einer 12-V-Anlage keinen merkbaren Einfluß haben. Ebenso ist zu fordern, daß eine Temperatur zwischen 0° und etwa 50°C keine Verfälschung hervorruft.

Mit den Mitteln der Elektronik sind diese Anforderungen ohne Schwierigkeiten zu erfüllen.

Die Lösung – eine monostabile Kippstufe

Eine monostabile Kippstufe hat die Eigenschaft, daß sie nach dem Ansteuern durch einen Impuls in einen nicht stabilen Zustand kippt und nach einer festgeleg-

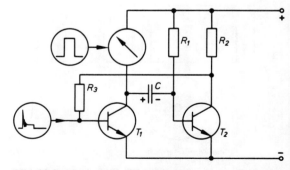

Bild 10.3: Monostabile Kippstufe, wie sie für Drehzahlmesser geeignet ist. Das Instrument schlägt proportional zur Anzahl der Stromimpulse aus

ten Zeit wieder den ursprünglichen stabilen Zustand einnimmt. Daher die Bezeichnung monostabil, die Schaltung hat nur einen stabilen Zustand (*Bild 10.3*). Beim Anlegen der Betriebsspannung wird C aufgeladen, wobei das Meßinstrument durch den Ladestrom einen kleinen, nicht störenden und sehr kurzen Impuls anzeigt. T_2 erhält über R_1 Basisstrom und leitet. Am Kollektor von T_2 liegt damit fast Minuspotential an. Somit kann T_1 über R_3 keinen Basisstrom erhalten und sperrt – das Instrument zeigt keinen Ausschlag.

In diesem stabilen Zustand liegen am Kollektor von T_1 12 V Spannung an, an der Basis von T_2, also auf der anderen Seite von C, etwa 0,7 V. Gelangt nun an die Basis von T_1 ein positiver Impuls mit genügend hoher Spannung (etwas über 1 V), so wird T_1 leitend. Dadurch fällt sein Kollektorpotential ab. Dieser Spannungssprung teilt sich über C auch der Basis von T_2 mit: sie wird ungefähr auf -12 V gelegt. T_2 ist damit gesperrt, weshalb über R_3 Strom in die Basis von T_1 fließen kann und T_1 weiter offen bleibt – auch wenn der Impuls schon abgeklungen ist. Dadurch fließt Strom durch das Meßinstrument. Und zwar solange, bis über R_1 der Kondensator C wieder soweit aufgeladen ist, daß an der Basis von T_2 $+0{,}7$ V liegen. Dann wird nämlich T_2 leitend, T_1 gesperrt, und das Spiel läuft wieder wie beim Einschalten ab. Auf diese Weise entstehen aus den Zündimpulsen Stromimpulse am Meßinstrument, wie sie in den *Bildern 10.2* und *10.3* schematisch gezeigt sind.

Eine stabile Betriebsspannung reicht kaum aus

Eine Forderung von S. 120 wollen wir nun näher betrachten – die Unempfindlichkeit gegen Änderungen der Versorgungsspannung.

Während es beim Blinkgeber oder beim Intervallschalter, die ja auch aus Kippstufen mit einem bestimmten Zeitverhalten bestehen, auf die genaue Einhaltung der Zeiten so genau gar nicht ankommt, ist das beim Drehzahlmesser anders. Wegen der Eigenschaft des Instrumentes, einen Mittelwert aus den Impulsen zu bilden, reagiert es empfindlich auf Veränderungen der Impulsbreite und der Impulshöhe.

Wenn es gelingt, die Versorgungsspannung sehr gut zu stabilisieren, gibt es damit auch keine Schwierigkeiten. Nur ist dies beim Bordnetz eines Kraftfahrzeuges gar nicht so einfach. Besonders dann, wenn es sich um ein 6-V-Bordnetz handelt.

Zur Stabilisierung kleiner Spannungen dienen bekanntermaßen Zenerdioden oder davon abgeleitete Schaltungen. Zenerdioden für Spannungen unter 5 V, wie man sie an einem 6-V-Bordnetz verwenden muß, sind für große Anforderungen an die Güte der Stabilisierung aber nicht geeignet. Integrierte Schaltungen, die das können, sind nicht überall erhältlich. Würde man die Versorgungsspannung der Schaltung nach *Bild 10.3* mit einer Zenerdiode stabilisieren, würden Änderungen der Bordspannung zwar stark gedämpft, aber immer noch merkbar. Denn sie beeinflussen nicht nur die Impulshöhe, sondern in ähnlichem Maße die Impulsbreite. Wenn die Versorgungsspannung steigt, wird auch der Strom durch das Meßinstrument größer. Zugleich wird bei steigender Spannung das Umladen von C schneller über R_1 erfolgen – die Impulsbreite nimmt ab. Auf den ersten Anschein müßte damit der Einfluß der Versorgungsspannung kompensiert werden, denn geringere Impulsbreite läßt den Ausschlag des Instrumentes zurückgehen. Dies ist aber leider nur in einem sehr kleinen Bereich der Spannung der Fall und reicht für unsere Ansprüche nicht aus. Der Einfluß der abnehmenden Impulsbreite ist kleiner als die Auswirkung des größeren Kollektorstromes von T_1. Das Meßinstrument in *Bild 10.3* wird also bei steigender Betriebsspannung bei sonst gleichen Verhältnissen, zum Beispiel gleicher Frequenz der Eingangsimpulse, einen größeren Wert anzeigen.

Die Schaltung wird kompensiert

Mit etwas Überlegung kann man diese unerwünschte Abhängigkeit von der Betriebsspannung auf einfache Weise verhindern. Nur die Versorgungsspannung von T_1 wird stabilisiert, die Spannung für T_2 wird unstabilisiert angelegt, und der Widerstand R_1 wird an eine teilweise stabilisierte Spannung angeschlossen. Durch richtige Auslegung der Schaltung kann erreicht werden, daß beim Ansteigen der Betriebsspannung der größere Strom durch das Instrument mit der Abnahme der Impulsbreite ausgeglichen wird. Solche Maßnahmen nennt man Kompensieren. Natürlich gilt eine solche Kompensation nur in einem gewissen Spannungsbereich. Durch den Spannungsabfall auf den Leitungen auch bei konstanter Batteriespannung ist die Spannung an den Verbrauchern Schwankungen unterworfen. Diese Änderungen können 1 V und mehr betragen, werden aber bei laufendem Motor 2 V selten überschreiten.

Die komplette Schaltung zum Selberbauen

Die Schaltung in *Bild 10.4* zeigt die schon bekannte monostabile Kippstufe von *Bild 10.3*, erweitert um die Spannungsstabilisierung, den Abgleich des Meßwerkes und das Netzwerk zur Ansteuerung. Zur Kompensation der Spannungsänderungen erfolgt das Umladen von C_1 über R_1 an einem Spannungsteiler R_5 und R_6, der als Vorwiderstand für die Zenerdiode ZD_1 dient. T_2 wird über R_2 direkt von der nicht stabilisierten Spannung versorgt. Die Schaltung ist für ein 6-V-Bordnetz ausgelegt und kann über den Vorwiderstand R_8 mit den gleichen guten Eigenschaften bezüglich der Spannungsstabilisierung auch mit 12 V versorgt werden. In der vorgeschlagenen Dimensionierung bleibt der Meßfehler bei Spannungen zwischen 6 und 9 V (11 und 17 V für ein 12-V-Bordnetz) unter 0,5%. Das bedeutet, daß bei einem bis 8000 min^{-1} anzeigenden Drehzahlmesser die Abweichungen höchstens 40 min^{-1} betragen (*Bild 10.5*).

Für das Meßwerk ist in *Bild 10.4* ein Abgleich vorgesehen, um Bauteiltoleranzen auszugleichen und verschiedene Meßwerke verwendbar zu machen. Als Meßwerk ist ein Drehspulmeßinstrument zu verwenden, weil nur dieses die notwendige Linearität besitzt. Die beste Elektronik nützt nämlich wenig, wenn das Meßinstrument zu große Fehler hat. Der mittlere Kollektorstrom durch T_1 und damit der Meßwerkstrom sollte bei Vollausschlag 1 bis 2 mA betragen. Durch die Widerstände R_4, und R_7 und den Trimmer P_1 ist ein Abgleich des Drehzahlmessers möglich, auf den wir noch näher eingehen werden.

Auch die Umgebungstemperatur hat einen Einfluß auf die Anzeige. Vor allem die von der Temperatur abhängige Schwellspannung von T_2 macht sich bemerkbar, weil sie Einfluß auf die Entladedauer von C_1 hat. Sie nimmt nämlich bei steigender Temperatur zu. Zur Kompensation dieser Erscheinung wird in die Emitterleitung von T_1 eine kleine Siliziumdiode gelegt, deren Durchlaßspannung mit steigender Temperatur abnimmt. Bei T_2 bringt eine derartige Maßnahme keine Vorteile, weil nur im Kollektorkreis von T_1 der Strom gemessen wird.

Aber auch dann hätte die gezeigte Schaltung noch einen geringen positiven Temperaturgang, wenn nicht die Zenerdiode ZD_1 mit ihrem negativen Temperaturgang dies ausgleichen würde. Deshalb wurde auch auf eine eigene 12-V-Ausführung der Schaltung verzichtet, bei der eine Zenerdiode mit größerer Spannung (zum Beispiel 6,2 V) wegen ihrer prinzipiell besseren Stabilisierungseigenschaften hätte verwendet werden können. Der Temperatur-

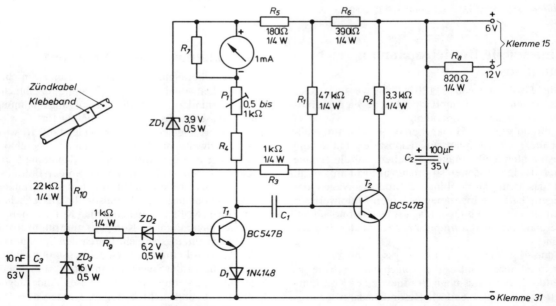

Bild 10.4: Drehzahlmesser für 6-V- und 12-V-Anlage

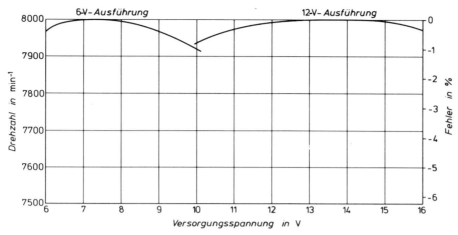

Bild 10.5: Abhängigkeit der Anzeige von der Versorgungsspannung (Drehzahl $n = 8000$ min^{-1} ist konstant)

gang wäre schlechter geworden, weil Zenerdioden von etwa 6 V eine so geringe Abhängigkeit von der Temperatur zeigen, daß sie für diesen Fall der Kompensation nicht geeignet sind. Besondere Bedeutung hat bei einem Drehzahlmesser, der von den Impulsen der Zündung angesteuert wird, die Art der Ansteuerung. Diese Zündimpulse kommen leider nicht immer schön gleichmäßig mit sauberen Flanken an, sondern weisen mehr oder weniger starke überlagerte Störungen auf, die vom nicht mehr einwandfrei arbeitenden Unterbrecherkontakt über Schäden an den Hochspannungsteilen bis zu Störungen über die Zuleitungen reichen können. Gerade monostabile Kippstufen sind hier besonders gefährdet.

Gegen Störungen aus dem Bordnetz schützt der Kondensator C_2 und die Zenerdiode ZD_1 ausreichend. Zur Unterdrückung der Störspannungen aus der Steuerleitung dient die über R_{10} vorgespannte Zenerdiode ZD_3. Sie begrenzt die Spannungen auf etwa 16 V und schließt negative Spannungsspitzen kurz. Um manchmal auf der Steuerleitung auftretende und von der Zündung hervorgerufene Schwingungen unwirksam zu machen, liegt parallel zu ZD_3 der Kondensator C_3. Zur weiteren Sicherheit gegen unerwünschte Spannungen, die die Anzeige des Meßwerkes beeinflussen können, dienen R_9 und ZD_2.

Die Frage, welche der von der Zündung erzeugten Impulse für die Ansteuerung unseres Drehzahlmessers benutzt werden sollen, ist ebenfalls wichtig für die Störfreiheit. Bei normalen Spulenzündungen ist der Anschluß von R_{10} an die Klemme 1 von Unterbrecherkontakt oder Zündspule möglich, bei Transistor-Spulen-Zündungen wird die Spannung an Klemme 1 der Zündspule oder an Klemme 16 des Steuergerätes benutzt. Am besten geeignet ist aber der *isolierte* Anschluß der Steuerleitung an das Hochspannungskabel Klemme 4, das Hochspannungsverteiler mit Zündspule verbindet. Isoliert deshalb, weil natürlich keine Hochspannung auf den Eingang des Drehzahlmessers gegeben werden darf — er würde sofort zerstört werden. Zweckmäßig ist es, das Steuerkabel etwa auf 1 bis 2 cm Länge parallel zum Hochspannungskabel mit einem Stück Isolierband zu befestigen. Diese Verbindung wirkt als kleiner Kondensator, der die Impulse praktisch ohne Verluste für die Zündenergie abnimmt. Dabei ist besonders vorteilhaft, daß auf der Hochspannungsseite nur die steilen Zündimpulse (*Bild 9.9*) ohne weitere Störungen auftreten. Noch ein weiterer Vorteil ist mit dieser, auch in *Bild 10.4* gezeigten, Anordnung verbunden: Der Drehzahlmesser wirkt jetzt gleichzeitig als eine Art Überwachungseinrichtung für die Zündung. Irgendwelche Fehler an den Hochspannungsteilen (Kurzschluß, völlig nasse Zündkerzen) sind am Springen der Anzeige erkennbar. Wenn ein Hochspannungsimpuls auf diese Weise ausfällt, fehlt auch der entsprechende Steuerimpuls am Eingang des Drehzahlmessers und damit der Stromimpuls durch das Meßwerk. Die gezeigte Ansteuerung ist außerdem für alle Arten von Zündungen verwendbar.

Welche Höchstdrehzahl hat der Motor?

Bevor wir mit dem Bauen beginnen, müssen wir noch ein wenig rechnen. Mit Absicht ist nämlich in *Bild 10.4* kein Wert für C_1 eingetragen. Der hängt nämlich sehr von der Zylinderzahl des Motors, dem Arbeitsverfahren (Zweitakt oder Viertakt) und dem gewünschten Meßbereich des Drehzahlmessers ab. Alle diese Daten haben Einfluß auf die Zahl der Impulse in einer Sekunde oder einer Minute, weshalb man auch von Impulsfrequenz spricht.

Daß die Zylinderzahl sich darin widerspiegelt, ist eigentlich selbstverständlich. Denn je mehr Zylinder der Motor hat, desto mehr Zündimpulse stehen bei gleicher Drehzahl zur Verfügung, weil in den Zylindern nicht zur gleichen Zeit gezündet wird. Im Gegensatz zum vorherrschenden Viertaktmotor, bei dem nur bei jeder zweiten Umdrehung ein Zündfunke notwendig ist (deshalb dreht ja der Zündverteiler mit halber Kurbelwellendrehzahl), ist beim Zweitaktmotor bei jeder Umdrehung eine Zündung erforderlich. Das hängt mit dem völlig anderen System des Arbeitsprozesses zusammen. Der Zweitaktmotor hat also grundsätzlich die doppelte Anzahl von Zündungen bei gleicher Motordrehzahl als der Viertaktmotor. Schließlich sollte man noch wissen, welche Höchstdrehzahl der Motor hat, damit man den Drehzahlmesser richtig auslegen kann. Es hat beispielsweise wenig Sinn, einem VW-Käfer, der höchstens 5000 min^{-1} drehen darf, einen Drehzahlmesser bis 8000 min^{-1} zu spendieren – außer, wenn man angeben will. Die zulässige Drehzahl der meisten Motoren liegt im allgemeinen etwa um 1000 min^{-1} über der Drehzahl für die höchste Leistung, die man aus den technischen Angaben ablesen kann. Für die meisten europäischen Motoren reicht deshalb ein Meßbereich von 7000 min^{-1} aus. Nur in Sonderfällen ist 8000 min^{-1} notwendig.

Der Kondensator bestimmt die Impulsbreite

Der Kondensator C_1 in den *Bildern 10.3* und *10.4* bestimmt unter anderem die Breite der an das Meßinstrument gelangenden Impulse. Bei sehr kleinem C_1 ist der Impuls wegen des schnellen Umladens sehr kurz und umgekehrt. Damit nun das Meßinstrument nicht zittert, wird man die Breite des Impulses so groß wie möglich wählen. Nur gibt es hier eine Grenze: die Impulsbreite darf höchstens so groß sein, daß auch bei Vollausschlag des Meßgerätes, also bei hoher Frequenz, der Kondensator C_1 umgeladen ist, bevor ein neuer Steuerimpuls eintrifft. Ist das nicht der Fall, so wird die monostabile Kippstufe wieder angesteuert, obwohl der Umladevorgang noch nicht abgeschlossen ist. T_1 wird dann erneut leitend, und der Stromfluß durch das Meßinstrument hält an. Dies wirkt wie ein längerer Impuls, aber mit halber Frequenz. Der Ausschlag des Instrumentes geht zurück, obwohl die Drehzahl steigt.

Man kann den richtigen Kondensator berechnen, wenn man die maximale Impulsfrequenz kennt. Ähnlich wie für den Stromfluß in einer Magnetspule (S. 99) gibt es auch für das Auf- und Entladen von Kondensatoren eine Zeitkonstante. Für eine Reihenschaltung von Kondensator und Widerstand – das entspricht unserer Schaltung – gilt die Zeitkonstante $\tau = R \cdot C$. Je größer die Werte von R und C, desto länger dauert ein Auf- oder Entladevorgang. Für die Anpassung an die Verhältnisse unserer monostabilen Kippstufe ist noch der Faktor 0,8 zu verwenden.

Die Gleichung für die Zeit, in der ein Kippvorgang gerade noch stattfinden kann, lautet also: Maximale Impulsdauer $= 0,8 \cdot R \cdot C$. Zwei aufeinander folgende Steuerimpulse müssen also mindestens diesen zeitlichen Abstand haben.

Ein Beispiel: Für einen Viertaktmotor mit 4 Zylindern soll eine Maximaldrehzahl von 8000 min^{-1} zugelassen sein. Das ist eine Zahl von 16 000 Zündimpulsen in der Minute oder $\frac{16\,000}{60} = 266,7$ Impulsen in der Sekunde. Denn bei 4 Zylindern eines Viertaktmotors erfolgen bei jeder Kurbelwellenumdrehung zwei Zündungen. Der zeitliche Abstand zwischen zwei Impulsen ist demnach

$$\tau = \frac{1}{266,7} \approx 0,00375 \text{ Sekunden} = 3,75 \text{ ms}.$$

Dieser kleinste zeitliche Abstand zwischen zwei Zündimpulsen darf nicht kleiner sein als die maximale Impulsdauer: $\tau = 0,8 \cdot R \cdot C$ der Kippstufe. Durch Umformen erhält man:

$$C = \frac{\tau}{0,8 \cdot R} = \frac{0,00375}{0,8 \cdot 47000}$$

$\approx 0,000\,000\,997$ F ($R = 47$ kΩ).

Das sind 0,0997 µF.

Wir wählen als nächst kleineren Normwert 0,068 µF. Damit ist dann einerseits sichergestellt, daß der Umladevorgang vor Eintreffen eines neuen Ansteuerimpulses abgeschlossen ist. Andererseits haben wir im Interesse einer möglichst ruhigen Anzeige eine genügend große Impulsbreite. Für alle Motoren kann nach dem gleichen Schema verfahren werden. Man muß als erstes die Zahl der Zündimpulse in der Minute oder Sekunde kennen. Dabei ist auch wichtig, mit welcher Art von Hochspannungsverteilung wir es zu tun haben. Bei Pkws mit Zündverteilern ist es nach dem Beispiel klar. Bei einigen Kleinwagen früherer Jahre und bei vielen Motorrädern wird die Hochspannung nicht verteilt, sondern eine Zündspule versorgt eine oder zwei Zündkerzen. Der Zündimpuls wird dann zweckmäßigerweise nur von einem Zündkabel abgenommen. Wenn der oder die Unterbrecher von der Kurbelwelle direkt betätigt werden, erfolgt eine Zündung je Umdrehung, bei Betätigung von der Nockenwelle (beim Viertaktmotor) eine Zündung pro zwei Umdrehungen. Entsprechend sind die Formeln anzuwenden.

Für den Aufbau zwei Vorschläge

Die praktische Verwirklichung unseres Drehzahlmessers hängt sehr vom verwendeten Instrument ab. Preiswert und leicht erhältlich sind Drehspulmeßwerke japanischer oder italienischer Fertigung, bei denen der Zeiger zwischen Null und Vollausschlag einen Drehwinkel von etwa 120° (maximal 180°) beschreibt. Diese Instrumente sind auch mit einem Vollausschlag von 1 mA erhältlich und besitzen im allgemeinen einen Innenwiderstand von knapp 200 Ω. Auch mit Innenbeleuchtung sind sie erhältlich. *Bild 10.6* zeigt einen mit solch einem Instrument aufgebauten Drehzahlmesser.

Die Skala wird mit einem scharfen Messer vorsichtig von den nicht benötigten oder überflüssigen Zahlen und Zeichen befreit. Mit etwas Ruhe und Sorgfalt gelingt es so, den weißen Untergrund zu erhalten, ohne daß er zerkratzt wird. Die Skalenstriche bleiben, wenn ihre Anordnung Ihren Vorstellungen und dem Meßbereich des Drehzahlmessers entspricht. Mit schwarzen Klebebuchstaben (oder mit weißen, wenn der Untergrund dunkel ist) werden nun die neuen Ziffern aufgerieben, wobei hier der gestalterischen Freiheit keine Grenzen gesetzt sind. Am besten ist es, wenn der leichteren Übersichtlichkeit halber nur die Tausender als große Ziffern erscheinen. Den Rest kann man sich denken – oder mit kleineren Ziffern darunter schreiben. Bei der Gestaltung der Platine muß keine Rücksicht auf den Platz im Meßwerk genommen werden. Sie paßt bei diesen Instrumenten ohnehin nicht ins Gehäuse. Vielmehr wird sie außerhalb angeordnet und dann gleich mit den elektrischen Anschlußschrauben des Instrumentes befestigt und auch elektrisch verbunden. Wichtig ist die richtige Polarität des Meßwerkes, sie ist in *Bild 10.4* angegeben.

Ausnahmsweise werden die elektrischen Anschlüsse an der Platine nicht mit Flachsteckverbindern wie sonst üblich vorgenommen (*Bild 10.7*). Platine und Instrument sind dafür zu empfindlich gegen Beschädigungen. Besser sind an der Platine festgelötete Kabel, die dann an geeigneter Stelle im Fahrzeug mit Klemme 15 und mit Masse (Klemme 31) durch

Bild 10.6: Ein Milliamperemeter wird als Anzeigeinstrument genutzt

Bild 10.7: So werden die Kabel festgelötet

Flachstecker verbunden werden. Das Kabel der Steuerleitung muß bis zum Motorraum verlegt werden. Da keine hohen Ströme fließen, genügen Litzen mit 0,75 mm² Querschnitt, wobei auf gute Isolierung zu achten ist.

Zur Anpassung des Musterinstrumentes an die Schaltung *Bild 10.4* wurden folgende Werte benutzt: R_7 entfällt, $P_1 = 1$ kΩ, $R_4 = 820$ Ω. Das Musterinstrument hat 1 mA Vollausschlag und einen Gleichstromwiderstand von 170 Ω.

Damit man vom Drehzahlmesser auch etwas hat, sollte er so angeordnet sein, daß er während der Fahrt immer gesehen werden kann, ohne den Blick auf die Straße zu behindern. Der Platz auf dem Armaturenbrett ist dafür geeignet, eventuell seitlich versetzt, wobei ein selbstgebautes kleines Gehäuse der Optik zugute kommt.

Speziell für Drehzahlmesser gibt es Drehspulinstrumente (meist aus Japan) mit einem Drehwinkel von 240°. Sie haben einen Meßbereich von ca. 1 mA und ihre Skala ist bereits in Drehzahlwerten bedruckt (wahlweise 6000 oder 8000 min^{-1}). Neben der besseren Ablesbarkeit durch den größeren Zeigerwinkel haben diese Instrumente vor allem den Vorteil, daß die Elektronik ins Gehäuse paßt. Sorgfältig aufgebaut, unterscheidet sich dann ein solcher Drehzahlmesser nicht mehr von einem fertig gekauften (*Bild 10.8*). Bei der Gestaltung der Platine muß dann allerdings etwas mehr Rücksicht auf den Platz

Bild 10.9: Die Platine des Drehzahlmessers von der Leiterbahnseite

im Gehäuse genommen werden. Dies wird erleichtert durch das Verwenden von $^1/_4$-Watt-Widerständen, die wegen der niedrigen thermischen und mechanischen Belastung hier ausreichen (*Bild 10.10*).

Die Widerstandswerte der Schaltung nach *Bild 10.4* lauten für das verwendete Musterinstrument: $R_7 = 560$ Ohm, $P_1 = 500$ Ohm, $R_4 = 1,5$ kOhm.

Wenn ein solches Rundinstrument nicht zu bekommen ist, hilft vielleicht der Großmarkt oder der Versandhandel. Hier sind komplette Drehzahlmesser für wenig mehr als 50 DM erhältlich, die ein solches Instrument benutzen. Das Instrument ist sehr gut für den Aufbau des beschriebenen Drehzahlmessers geeignet, wenn man die Elektronik entfernt und die selbstgebaute benutzt. Leider ist der Impulsformerteil dieser Instrumente, soweit sie aus Billigpreisländern kommen, oft nicht in der Lage, die an einen Drehzahlmesser gestellten Forderungen zu erfüllen. Ein Umbau kann lohnen.

Bild 10.8: Ein Meßwerk mit einem größeren Drehwinkel sieht schon sehr professionell aus

Bild 10.10: Die bestückte Platine des Drehzahlmessers

Der Drehzahlmesser wird geeicht

Meßinstrumente – auch Drehzahlmesser gehören dazu – haben nur dann einen Sinn, wenn sie genau genug anzeigen. Das bedeutet, daß man sie eichen, also mit einem anderen genauen Meßgerät vergleichen, muß.

Beim Drehzahlmesser kann das Eichen auch am Fahrzeug geschehen. Dazu leiht man sich von einem Bekannten einen genauen Drehzahlmesser und schließt ihn parallel zum selbstgebauten an das Fahrzeug an.

Die Eichung sollte nicht bei stehendem Fahrzeug erfolgen, weil dem Motor das Hochdrehen ohne Belastung nicht gut bekommt. Vielmehr sollte die Eichung während der Fahrt durch eine zweite Person vorgenommen werden, die den Abgleich des Trimmers P_1 (*Bild 10.4*) vornimmt. Im Fahrbetrieb kann der ganze Drehzahlbereich des Motors ohne seine Gefährdung ausgenutzt und so die Genauigkeit des Drehzahlmessers überprüft werden. Bei Abweichungen, die in der Größenordnung von etwa 100 bis 200 min^{-1} nie zu vermeiden sind, sollte das Gerät im oberen Drehzahlbereich richtig eingestellt werden.

Viel genauer und einfacher ist die Eichung des Drehzahlmessers auf elektrischem Wege. Leider benötigt man dazu einen Rechteckgenerator oder einen Impulsgenerator mit einstellbarer Impulsbreite. Außerdem muß die Frequenz dieses Rechteckgenerators mit einem Frequenzmesser überprüft werden, weil die Einstellskalen selten genau genug ablesbar sind.

Man geht dabei so vor, daß Rechteckgenerator und Frequenzmesser wie in *Bild 10.11* verbunden werden und die Ausgangsspannung über eine in Durchlaßrichtung geschaltete Diode an die Basis von T_1 gelegt wird. Zu beachten ist, daß die Höhe der Rechteckimpulse wegen der Gefährdung des Drehzahlmessers bei dieser Eichung 5 V nicht überschreiten darf. Auch muß die Impulsbreite der Eingangsimpulse kleiner sein als die nach S. 124 berechnete Zeitkonstante des R-C-Gliedes, weil sonst die monostabile Kippstufe nicht richtig arbeitet. Für die Ansteuerung der Kippstufe genügen sehr kurze Impulse von einer Dauer unter 0,1 ms. Für die Einstellung der Frequenz gilt das auf S. 124 Gesagte.

Beispiel: Für den Vollausschlag eines bis 8000 min^{-1} anzeigenden Drehzahlmessers für einen 4-Zylinder-4-Takt-Motor ist eine Frequenz von genau 266,7 Hz (266,7 Impulse in der Sekunde) nötig. Die für andere Drehzahlen notwendigen Frequenzen kann man leicht selbst berechnen. Für die Drehzahlen 3000 und 6000 min^{-1} ergeben sich für den gleichen Motor glatte Werte: 100 und 200 Hz.

Diese Tatsache macht eine Eichung auch für diejenigen möglich, die über keinen Rechteckgenerator und keinen Frequenzmesser verfügen. Das Wechselstromnetz in Deutschland und den meisten europäischen Ländern hat eine Frequenz von genau 50 Hz, die aus Gründen des Verbundes vieler Netze sehr genau konstant gehalten wird. Mit Hilfe dieses Frequenznormals kann eine Eichung des Drehzahlmessers durchgeführt werden. Nur sind die Möglichkeiten bei der Wahl der Drehzahlen dann beschränkt.

50 Hz entsprechen bei einem 4-Zylinder-4-Takt-Motor einer Drehzahl von 1500 min^{-1}. Durch eine Doppelweg- oder Brückengleichrichtung können Impulse mit einer Frequenz von 100 Hz erzeugt werden, das entspricht bei diesem Motor dann 3000 min^{-1}. Für Motoren mit geringerer Zylinderzahl sieht das günstiger aus: für einen Zweizylinder-Viertaktmotor, der bei jeder Umdrehung der Kurbelwelle eine Zündung benötigt, entsprechen 100 Hz schon einer Drehzahl von 6000 min^{-1}. Trotz dieser Beschränkung wollen wir uns mit dieser Eichmöglichkeit noch etwas befassen, denn für viele ist sie die einzige überhaupt.

Wir benötigen dazu aus der Bastelkiste einen kleinen Netztransformator, der an der Sekundärwicklung eine Spannung von etwa 9 bis 12 V liefert. Ein Klingeltrafo ist auch sehr gut geeignet, sofern er wenigstens eine Spannung von etwa 9 V abgeben kann. Weiterhin müssen wir einen kleinen Brückengleichrichter aufbauen, der zum Beispiel aus 4 Dioden 1 N 4148 bestehen kann. *Bild 10.12* zeigt, wie

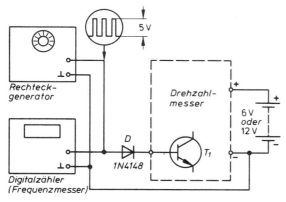

Bild 10.11: Eichung des Drehzahlmessers mit einem Rechteckgenerator

wir unsere Eichschaltung aufbauen. Damit durch die Dioden etwas Strom fließt, legen wir noch einen kleinen Lastwiderstand R_1 von etwa 1 kOhm parallel zum Gleichrichterausgang. Über einen Trimmer P_1 von 100 bis 250 kOhm schließen wir den Drehzahlmesser an. Wir brauchen dabei nicht in die Schaltung einzugreifen, sondern benutzen für den Anschluß den Eingang, den wir auch zum Ansteuern im Fahrzeug verwenden. Damit es keine Verwechslungen gibt, ist in *Bild 10.12* die Eingangsstufe des Drehzahlmessers noch einmal vollständig dargestellt. Die Bezeichnungen der Bauelemente entsprechen *Bild 10.4*. Den Masseanschluß dürfen wir nicht vergessen, und zur Stromversorgung des Drehzahlmessers genügt eine passende Batterie, notfalls die Batterie des Fahrzeuges.

P_1 wird zuerst auf den größten Wert eingestellt, wobei der Drehzahlmesser noch nichts anzeigt. Wir verkleinern den Wert von P_1 langsam, bis der Drehzahlmesser gerade einen Ausschlag anzeigt. Dies muß ganz langsam und vorsichtig geschehen. Wenn wir uns nämlich die Impulsform des gleichgerichteten Wechselstromes in den Kreisen ansehen, erkennen wir, daß es sich um Sinushalbwellen handelt. Diese besitzen eigentlich gar keine steile Flanke wie ein Rechteckimpuls. Wir müssen deshalb mit dem Trimmer gerade den Punkt erwischen, wo die Kippstufe des Drehzahlmessers von den Kuppen der Sinushalbwellen angesteuert wird. Drehen wir den Trimmer weiter, so wird das Instrument bis zu 30% mehr anzeigen als vorher.

Die Einstellung des Trimmers P_1, bei der das Instrument gerade etwas anzeigt, belassen wir und stellen jetzt mit dem Eichtrimmer im Drehzahlmesser (P_1 in *Bild 10.4*) die richtige Drehzahl ein. Durch Wechseln des Anschlusses auf 50 Hz können wir die Linearität überprüfen. Das Instrument muß genau die Hälfte anzeigen.

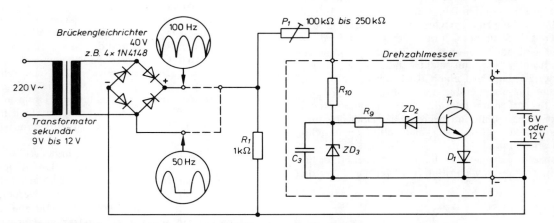

Bild 10.12: Eichung des Drehzahlmessers unter Zuhilfenahme der Netzfrequenz

11. Mit Elektronik gegen schlechtes Wetter

Seit das Auto den Kinderschuhen entwachsen ist und zum Verkehrsmittel wurde, gehört der Scheibenwischer zur Standardausrüstung. Sein Antrieb erfolgt überall durch einen kleinen Elektromotor, manchmal mit mehreren Geschwindigkeiten. Es kommen, besonders in unseren Breiten, nun häufig Wetterlagen vor, bei denen keine der Wischergeschwindigkeiten paßt: sie sind alle zu schnell.
Bei ganz leichtem Sprühregen, bei nasser Straße nach vorangegangenem Regen, aber auch bei Nebel und leichtem Schneetreiben rattert und quietscht der Scheibenwischer oft, weil die Scheibe von der vorangegangenen Wischbewegung noch so trocken ist, daß kein Wasserfilm die Reibung zwischen Wischer und Scheibe vermindert. Dabei tritt auch schneller Verschleiß der Wischergummis auf. Eine noch langsamere Wischbewegung ist aus technischen Gründen nicht möglich.
Für die geschilderten Wetterbedingungen genügt es aber, wenn der Scheibenwischer eine Wischbewegung macht und dann pausiert. Solange, bis genügend Feuchtigkeit auf der Scheibe ein erneutes Wischen erfordert (*Bild 11.1*). Der Scheibenwischer wird also in Intervallen betrieben. Dies von Hand zu tun, würde vom Verkehr ablenken. Man verwendet deshalb oft eine automatische Steuerung dieses Vorgangs, den Intervallschalter. Bei vielen Fahrzeugen kann man einen solchen Intervallschalter beim Kauf mitbestellen, manchmal ist er sogar im Kaufpreis enthalten.
Dabei wird fast immer mit einer festen Pausenzeit gearbeitet, die etwa 4 Sekunden beträgt. Eigentlich ist das aber nur eine halbe Lösung. Denn der Nieselregen oder der leichte Schneefall nimmt auf die Pausenzeit leider keine Rücksicht. Es ist deshalb sinnvoll, die Pausenzeit des Intervallschalters einstellbar zu machen, wobei sich ein Bereich von 2 bis etwa 40 Sekunden bewährt hat. Dabei ist der Wert von 2 Sekunden sogar für leichten Sprühregen recht nützlich, während 40 Sekunden beim Autofahren schon eine recht lange Zeit sind, zum Beispiel nur bei Nebel geeignet.

Prinzip des Wischintervallschalters

Im Wischintervallschalter (*Bild 11.2*) sind zwei Funktionen vereinigt. Ein Impulsgeber erzeugt die notwendigen Einschaltimpulse, die über einen Leistungsschalter den Wischermotor ein- und ausschalten. Neben der gewünschten Ein- und Ausschaltzeit muß vom Impulsgeber verlangt werden, daß er beim

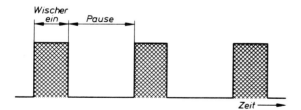

Bild 11.1: Scheibenwischer im Intervallbetrieb

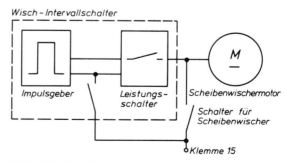

Bild 11.2: Funktionen des Intervallschalters

Einschalten des Wischintervallschalters sofort mit einer Wischbewegung beginnt. Andernfalls wäre dieses Gerät nicht besonders nützlich, weil man blind hinter der Scheibe säße. Als Leistungsschalter ist ein Relais oder ein Leistungstransistor geeignet. Auch ein Thyristor wäre dafür verwendbar. Gegen die Verwendung von Halbleitern an dieser Stelle sprechen aber einige Gründe:

- die höheren Kosten gegenüber einem Relais;
- Kühlung zur Abführung der Verlustwärme wäre notwendig;
- der Aufwand zur Ansteuerung der Leistungshalbleiter, der besonders bei Thyristoren nicht gerechtfertigt erscheint.

Vom gesamten Wischintervallschalter muß weiterhin gefordert werden, daß er die Funktion des normalen Wischbetriebes in keiner Weise beeinträchtigt. So muß es jederzeit während des Intervallbetriebes möglich sein, den Wischer auf Dauerbetrieb zu schalten, ohne daß irgend etwas passieren kann.

Ein Wischintervallschalter zum Selberbauen

Der Impulsgeber wird natürlich mit elektronischen Mitteln realisiert. Er muß zwei Schaltzustände besitzen, den Ein- und den Auszustand. Während der Einschaltzeit arbeitet der Wischer, die Ausschaltzeit entspricht der Pausenzeit in *Bild 11.1*. Diese Schaltzustände können durch eine *Kippstufe* erzeugt werden. Die hier angewendete Art einer Kippstufe wird „astabil" genannt, weil sie nicht stabil ist und nach dem Einschalten der Versorgungsspannung selbsttätig zwischen den beiden Zuständen Ein und Aus wechselt. Die Einschaltzeit ist fest eingestellt, die Ausschaltzeit kann zwischen 2 und 40 Sekunden verändert werden. Mit einer solchen astabilen Kippstufe ist unser Wischintervallschalter in *Bild 11.3* aufgebaut. Es handelt sich hierbei um eine besondere Form der astabilen Kippstufe, bestehend aus den beiden komplementären Transistoren T_1 und T_3. T_1 ist ein NPN-Transistor, während für T_3 ein PNP-Transistor verwendet wird. Für die Einstellung der Pausenzeit in weiten Grenzen (2 bis 40 Sekunden) ohne gleichzeitige Veränderung der Einschaltzeit dient ein dritter Transistor T_2.

Beim Anlegen der Versorgungsspannung wird der Kondensator C über R_1, R_2, R_5 und über die Basis-Emitter-Stecken von T_2 und T_3 aufgeladen. Der dabei fließende Strom wirkt als Basisstrom für T_3, so daß T_1 über R_6 Basisstrom erhält und seinerseits leitend wird. Das Relais zieht an, der Wischer arbeitet. T_2 ist jetzt gesperrt, weil der Punkt zwischen R_1 und R_5 nahezu auf Massepotential liegt.

Dieser Zustand dauert nur Bruchteile von Sekunden

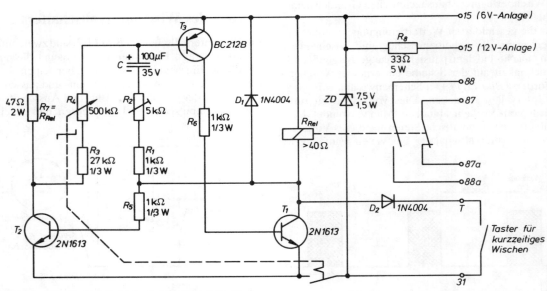

Bild 11.3: Wischintervallschalter mit Anschluß für Taster

an, sodaß in der Praxis die Kippstufe mit dem Einschaltzustand beginnt. Nach einiger Zeit reicht der Ladestrom von C nicht mehr zum Offenhalten von T_3 und T_1 aus, das Relais fällt ab, der Wischvorgang ist beendet. Beim Sperren von T_1 steigt die Spannung am Punkt zwischen R_1 und R_5 auf +6 V an und damit die Spannung an der Basis von T_3 auf etwa doppelte Betriebsspannung. Jetzt kann Basisstrom über T_2 fließen, der dadurch leitend wird. Der Kondensator C wird nun über R_3 und R_4 entladen. Dabei steigt die Basis-Emitter-Spannung von T_3 soweit an, daß der Basisstrom nach einiger Zeit ausreicht, um T_3 und damit auch T_1 durchzuschalten. Der Wischer arbeitet erneut. Die Einschaltzeit des Intervallschalters ist also durch das Leiten von T_3 und T_1 gekennzeichnet und wird von den Widerständen R_1 und R_2 bestimmt. Während der Ausschaltzeit leitet T_2, die Zeit wird durch R_3 und R_4 bestimmt. Durch dieses Auf- und Entladen des Kondensators über getrennte Widerstandszweige und getrennte Transistoren sind die Ein- und die Ausschaltzeit in weiten Grenzen voneinander unabhängig veränderlich. Und es wird ein zweiter teurer Elektrolytkondensator eingespart, der in üblichen astabilen Kippstufen notwendig ist.

Die Einschaltzeit wird fest eingestellt. Sie sollte ein wenig kürzer sein als der Wischermotor für eine Wischbewegung (Hin- und Rückgang) benötigt. Ist sie länger, beginnt ein neuer Wischvorgang sofort nach dem ersten – und das ist schließlich nicht der Sinn eines Intervallschalters. Außerdem besteht dann bei vielen Wischermotoren die Gefahr, daß die Einschaltdauer gerade dann endet, wenn der Wischer bereits aus seiner Ruhestellung geschwenkt ist. Der Wischer kann dann bis zum nächsten Wischvorgang im Fahrergesichtsfeld auf der Windschutzscheibe stehen bleiben und so behindern.

Deshalb ist in der Schaltung *Bild 11.3* ein Trimmwiderstand R_2 vorgesehen, mit dem die Einschaltzeit dem jeweiligen Wischermotor und seinen Besonderheiten angepaßt werden kann. Für die Ausschaltzeit ist im Muster ein Drehwiderstand R_4 maßgebend, der auch mit dem Einschalter des Intervallschalters gekoppelt ist. Die Mindestpausenzeit begrenzt R_3 auf 2 Sekunden.

An Stelle von R_4 könnten auch einzelne Festwiderstände umschaltbar angeordnet werden. Doch ist ein solcher Umschalter mit mehreren Schaltstellungen relativ teuer und platzraubend, so daß er samt den notwendigen Einzelwiderständen nicht mehr in das kleine Gehäuse des Mustergerätes passen würde. Wer dennoch auf eine Veränderung der Pausenzeit in festen Stufen Wert legt, hier die notwendigen Werte für R_4:

Pausenzeit	Widerstand R_4
2 Sek.	0,
4 Sek.	27 kOhm,
8 Sek.	100 kOhm,
16 Sek.	200 kOhm,
32 Sek.	430 kOhm.

Es wurden für R_4 Normwerte verwendet, weshalb die erzielten Zeiten geringfügig von den Sollwerten abweichen. Eine Stufung der Pausenzeit auf den jeweils doppelten Wert ist sinnvoll, damit die Unterschiede praxisgerecht sind. Überschlägig kann die Pausenzeit übrigens nach der Formel Pausenzeit t in Sek. $= 0.7 \cdot R \cdot C$ berechnet werden, das ist die Gleichung für die Zeitkonstante in dieser Schaltung. Für R ist die Summe von R_4 und R_3 in MΩ, für C der Wert in µF einzusetzen.

Die in *Bild 11.3* gezeigte Schaltung enthält noch einige Besonderheiten:

1. Da T_1 und T_2 abwechselnd schalten, kann die Stromaufnahme der Schaltung unabhängig von dem jeweiligen Schaltzustand gemacht werden, wenn R_7 im Kollektorkreis von T_2 genauso groß wie der Wicklungswiderstand des Relais R_{Rel} ist. Die für ein 6-V-Bordnetz ausgelegte Schaltung ist dann durch die Zenerdiode ZD und R_8 ebensogut für 12 V geeignet und wird dann auch noch mit einer stabilisierten Spannung versorgt.

2. Abweichend von der üblichen Gepflogenheit ist der Einschalter S in die Masseleitung verlegt. Über die Diode D_2 kann dadurch ein Taster angeschlossen werden, der über das Relais den Wischer für einen Wischvorgang betätigt, auch wenn der Wischintervallschalter ausgeschaltet ist. Das kann manchmal sinnvoll sein, wenn man die Scheibe nur von wenigen Wasserspritzern reinigen und auf das Ein- und Ausschalten des Intervallschalters verzichten möchte.

Der Anschluß ist keine Kunst

Daß das Relais in *Bild 11.3* einen Öffner und einen davon getrennten Schließer hat, ist Absicht. Dadurch ist es nämlich möglich, den Wischintervallschalter mit praktisch jedem Scheibenwischermotor zu koppeln. Es gibt nämlich eine Fülle verschiedener Wischermotoren im In- und Ausland, die unterschiedlich geschaltet werden müssen. Damit nicht für jede Schaltungsart ein eigener Intervallschalter mit unterschiedlichen Kontakten gebaut werden muß, wurde eine universell verwendbare Anschlußart gewählt.

Doch zuerst zum Wischermotor selbst: Gab es in der Vergangenheit noch häufig welche mit Erregung durch einen Elektromagneten (vgl. Kap. 8), so dominiert heute der Motor mit Erregung durch einen starken Dauermagneten. Solche Motoren sind kleiner, preiswerter in der Herstellung und erwärmen sich weniger, weil die Verlustleistung durch die Erregerwicklung wegfällt.

Die Forderung nach zwei oder gar drei Wischergeschwindigkeiten wurde bei den mit elektromagnetischer Erregung versehenen Wischermotoren durch Schwächung des Erregerfeldes, vergleichbar dem Generator, bewerkstelligt.

Bei den Wischermotoren mit Dauermagnet als Erregung dient dazu eine zweite Plusbürste, ähnlich wie in *Bild 11.4* gezeigt. Diese Plusbürste ist gegenüber der ersten geneigt (versetzt) angeordnet. Die recht komplizierten Zusammenhänge, wodurch bei dieser versetzten Plusbürste die Motordrehzahl und damit die Wischgeschwindigkeit steigt, brauchen wir hier nicht zu erläutern. Wichtig ist für uns nur, daß wahlweise die eine oder die andere Bürste an die Versorgungsspannung gelegt wird, um die Wischgeschwindigkeit zu verändern. Der Wischerschalter in *Bild 11.4* wird durch diese Maßnahme sehr einfach. Sein linker Teil besteht aus einem einfachen Umschalten mit drei Stellungen (Wischer aus – Wischer langsam – Wischer schnell). In der Aus-Stellung wird die Spannung ganz abgeschaltet.

Zusätzlich haben fast alle Wischermotoren eine Einrichtung, die für selbsttätiges Rückkehren der Wischerblätter in die Ruhestellung sorgt. Es wäre nämlich sehr lästig, wenn beim Abschalten des Wischermotors die Wischerblätter gerade dort stehen bleiben, wo sie sich zum Zeitpunkt des Ausschaltens befanden.

Für diese selbsttätige Rückkehr in die Ruhestellung sorgt ein Wechselschalter, der mit der Ausgangswelle des Wischermotors gekoppelt ist. Er wechselt jedesmal seine Schaltstellung, wenn die Wischerwelle gerade in Ruhestellung ist. Damit er aber nur beim Abschalten des Motors wirksam wird, wird dieser Schalter durch einen getrennten zusätzlichen Schalter im Wischerschalter aktiviert.

Dabei spielt sich folgendes ab: Wird der Wischerschalter eingeschaltet, so erhält die Klemme 53 oder 53b Spannung, je nach gewählter Geschwindigkeit. Gleichzeitig wird der Endabschalter im Wischermotor wirkungslos, weil die Klemmen 53e und 53 im Wischerschalter getrennt werden. Der Wischermotor läuft an. Beim Ausschalten wird die Klemme 53 (oder bei schneller Geschwindigkeit 53b) spannungslos.

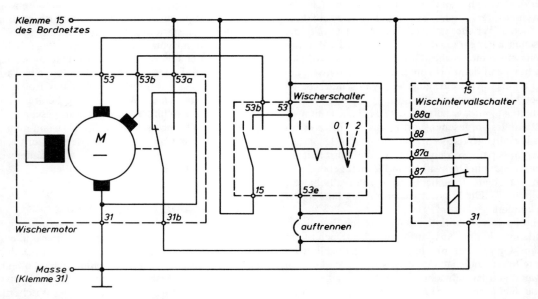

Bild 11.4: Anschluß des Wischintervallschalters

Der Wischermotor erhält aber über die Klemme 53a und den zweiten Schalter im Wischerschalter zwischen den Klemmen 53e und 53 direkt aus dem Bordnetz noch Spannung. Und zwar solange, bis der Endschalter in seiner linken Ruhestellung angekommen ist. Dort unterbricht er die Spannungszufuhr und schließt die Wicklung des Wischermotors kurz. Dadurch wird der Motor stark abgebremst und bleibt in der Ruhestellung stehen. Dem rechten Teil des Wischerschalters, der in der Aus-Stellung die Klemmen 53 mit 53e verbindet, kommt also die ganz wichtige Bedeutung zu, den Endschalter im Wischermotor zu steuern. Beide liegen ja elektrisch in Reihe.

Beim Anschluß eines Intervallschalters muß nun darauf geachtet werden, daß dieser die gleichen Funktionen ausführt wie der Wischerschalter. Er muß zum Einschalten des Wischers Spannung an eine der Plusbürsten legen und gleichzeitig den Endabschalter im Wischermotor stillegen. Geschieht das nicht, so wird der Wischermotor jedesmal in der Endstellung über seinen Endabschaltkontakt die Betriebsspannung kurzschließen. Der Endabschalter würde nach kurzer Zeit verbrennen.

Grundsätzlich gibt es noch viele Möglichkeiten für die Schaltung von Wischermotoren. Die hier gezeigte ist typisch für deutsche Pkw. Der Anschluß des Intervallschalters nach *Bild 11.4* bereitet nun keine Probleme mehr. Neben der Verbindung mit der Versorgungsspannung über die Klemmen 15 und 31 (Masse) werden die Relaiskontakte wie im Schaltplan verbunden. Der Schließer liegt parallel zum Einschaltkontakt im Wischerschalter (Klemme 15 und Klemme 53). Für den Öffner muß die Leitung zwischen Klemme 31b des Wischermotors und Klemme 53e des Wischerschalters aufgetrennt werden. Die gezeigte Schaltung läßt sich auf Kosten der universellen Verwendung des Wischintervallschalters etwas vereinfachen, indem statt eines getrennten Öffners und eines getrennten Schließers ein Wechselkontakt für das Relais verwendet wird. Dazu wird die Leitung zwischen der Klemme 53 des Wischermotors und Klemme 53 des Wischerschalters aufgetrennt und die Relaiskontakte wie *Bild 11.5* angeschlossen.

Wie geht man bei anderen Wischermotorschaltungen vor, deren Schaltplan man nicht kennt? Zuerst muß man wissen, ob es sich um einen Motor mit Endabschaltung handelt. Das läßt sich aber leicht feststellen, wie wir nun wissen. Bei Motoren mit Endabschaltern muß grundsätzlich ein Anschluß des Motors Bordspannung führen, wenn die Zündung (Fahrt-

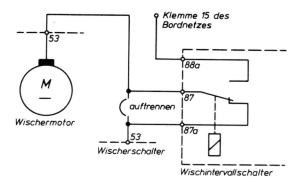

Bild 11.5: Abwandlung des *Bildes 11.4* mit einem Wechsler

schalter) eingeschaltet, der Wischer aber noch ausgeschaltet ist. Dies ist dann die nach unserer Norm bezeichnete Klemme 53a. Eine Prüflampe reicht zum Suchen aus. Weiterhin muß es am Wischermotor noch eine Klemme geben, die nur bei eingeschaltetem Wischer Spannung führt, manchmal auch zwei, je nach Geschwindigkeit. Das sind dann sinngemäß die Klemmen 53 und 53b. Um die Klemme 31b zu finden, gibt es einen Trick. Man zieht alle Klemmen vom Wischermotor ab und sucht mit dem Ohmmeter oder den Prüflampen alle Klemmen mit Massepotential. Das werden im allgemeinen alle Klemmen außer Klemme 53a sein, weil andere Klemmen (53 und 53b) über die niederohmige Ankerwicklung des Motors Massepotential besitzen. Nun wird der Wischermotor wieder angeklemmt und eingeschaltet. Er läuft, wenn der Zündschalter eingeschaltet wurde. Wenn jetzt die Wischerblätter mitten auf der Scheibe sind, also weit weg von jeder Endstellung, wird die Zündung abgeschaltet, ohne den Wischerschalter auszuschalten. Der Wischer bleibt augenblicklich stehen. Alle Klemmen werden gelöst. Eine der Klemmen, die zuvor Massepotential hatte, darf jetzt keines mehr haben, das ist dann die Klemme 31b. Denn der Endabschalter ist jetzt nicht in Tätigkeit. Die beschriebene Methode funktioniert zuverlässig bei allen Wischermotoren mit Dauermagneten.

Aber auch für ältere Wischermotoren mit elektromagnetischem Feld ist der Intervallschalter ohne Einschränkung anwendbar. Nur muß auch hier die Bezeichnung der Klemmen bekannt sein. Eine Zeitlang ging es da ziemlich durcheinander, weil jeder Hersteller von Wischermotoren seine eigene Norm verwendete. So steht auch heute noch die Klemme der Bürste mit der höheren Geschwindigkeit als 53i

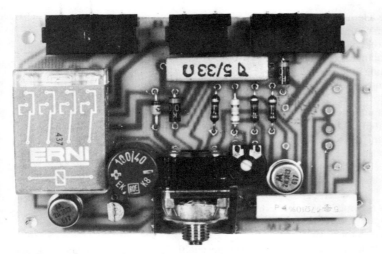
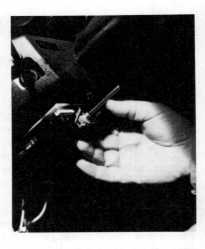

Bild 11.6: Die Platine des Intervallschalters. Zu erkennen ist oben R_4 mit angebautem Schalter (a). Nach einem Probeeinbau (b) kann die Potentiometerwelle passend abgesägt werden

in den Normen, alle Hersteller verwenden aber 53 b, obwohl diese Klemmenbezeichnung nur für Motoren mit elektromagnetischer Erregung gelten sollte (*Tabelle 4*, S. 22). Bei Wischermotoren mit elektromagnetischem Feld ist der Anschluß des Wischintervallschalters in der Regel sogar besonders einfach. Das Abbremsen des Motors in der Endstellung übernimmt hier meist eine besondere Spule auf der Feldwicklung. Von der Wischerwelle angetrieben wird dann statt eines Wechselschalters wie in *Bild 11.4* lediglich ein Schließer, der über die Klemme 53a den Motor mit Spannung versorgt, bis die Endstellung erreicht ist. Es kann also auch kein Kurzschluß der Betriebsspannung in der Endstellung des Wischers auftreten. Auf den Öffner am Relais des Wischintervallschalters können wir verzichten. Wir brauchen nur noch einen Schließer, der die Klemme 15 des Bordnetzes mit der Klemme 53 des Wischermotors verbindet. Diese Klemme 53 ist wieder auffindbar, indem man mit einer Prüflampe den Anschluß am Wischermotor sucht, der bei der langsamen Geschwindigkeit Strom führt.

Es ist nämlich sinnvoll, den Intervallschalter mit der langsamen Wischgeschwindigkeit zu koppeln. Die Wischerblätter verschleißen nicht so schnell und wischen wegen der relativ geringen Feuchtigkeit sauberer.

Dem aufmerksamen Leser wird auffallen, daß im *Bild 11.4* eine Schalterstellung möglich ist, bei der beide Plusbürsten, die für die schnelle und die für die langsame Geschwindigkeit, mit Spannung versorgt werden. Das ist dann der Fall, wenn die hohe Wischgeschwindigkeit eingestellt wurde, die Klemme 53b also Spannung führt, und wenn gleichzeitig der Intervallschalter betätigt wird. Um dies zu verhindern, müßte noch ein zweiter Öffner am Relais vorhanden sein, der beim Intervallbetrieb die Verbindung zur Klemme 53b des Motors auftrennen würde und die Sache unnötig teuer und kompliziert machen würde. Es hat sich nämlich gezeigt, daß diese Schaltkombination keinen Schaden anrichtet, weil die Betriebsspannung an beiden Plusbürsten gleichzeitig immer nur während einer Wischbewegung anliegt.

Außerdem: Wer wird den Intervallschalter einschalten, wenn der Wischer bereits arbeitet?

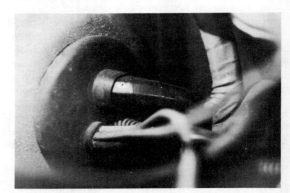

Bild 11.7: Eine Kabeldurchführung vom Fahrgastraum in den Motorraum kann oft zusätzliche Kabel aufnehmen

Die Wisch-Wasch-Automatik

Der heutige dichte Verkehr hat es mit sich gebracht, daß die Fahrzeuge sich immer häufiger gegenseitig beschmutzen. Vor allem bei feuchter Straße gibt es sehr häufig Situationen, bei denen Vorausfahrende oder Entgegenkommende die Windschutzscheibe mit aufgewirbeltem Schmutz- oder Salzwasser besprühen. Dagegen hilft kein Scheibenwischer mehr. Er verschmiert den Schmutz höchstens gleichmäßig auf der Scheibe.

Aus diesem Grunde werden seit Jahren alle Automobile mit Scheibenwaschanlagen ausgerüstet, die inzwischen Pflicht sind. Nur, was sind das häufig für primitive Apparate! Ein irgendwo angebrachter Gummiball muß gedrückt werden, damit ein schwacher Wasserstrahl auf der Scheibe versucht, dem Schmutz Herr zu werden.

In den letzten Jahren haben sich die meisten Automobilfirmen immerhin dazu aufgerafft, eine elektrische Wasserpumpe einzubauen. Leider manchmal gegen Aufpreis. Das sind kleine, von einem Elektromotor angetriebene Wasserpumpen. Über einen am Armaturenbrett oder am Lenkrad angebrachten Hebel werden sie in Gang gesetzt. Leider ist das nur eine halbe Lösung. Bei vielen Fahrzeugen muß nämlich anschließend der Scheibenwischer von Hand bedient werden, um die Scheibe endgültig zu reinigen. Die dabei vom Fahrer geforderte manuelle Synchronisation von Wascher und Wischer hat sicher schon zu manchem Unfall geführt, weil die Ablenkung zu groß war.

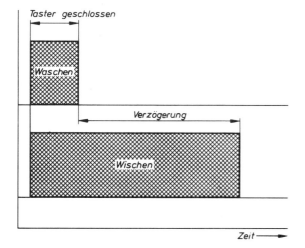

Bild 11.8: Zeitablauf bei Wisch-Wasch-Automatik

Zuerst erkannte die Firma BMW Ende der sechziger Jahre diese Gefahr und baute in ihre Fahrzeuge eine Wisch-Wasch-Automatik serienmäßig ein. Andere folgten, aber sehr zögernd. Dieser Automatik lag der Gedanke zugrunde, die Aufmerksamkeit möglichst wenig vom Verkehr abzulenken und den ganzen Ablauf mit einem Tastendruck zu automatisieren. Schauen wir uns einmal an, wie so etwas funktioniert (*Bild 11.8*): Mit einem Taster wird die Wascherpumpe betätigt und sprüht Wasser auf die Scheibe. Gleichzeitig beginnt der Wischer zu arbeiten, um die Scheibe zu säubern. Nach Beendigung des Waschvorganges ist aber noch so viel Wasser auf der Scheibe, daß der Wischer eine Zeitlang weiterarbeiten muß, um dann automatisch ausgeschaltet zu werden. Der Trick liegt also in der gemeinsamen Betätigung von Wascher und Wischer mit einem Taster und einer verzögerten Ausschaltung des Wischers nach einer bestimmten Zeit. Dabei soll die Verzögerungszeit erst beginnen, wenn das Waschen beendet ist. Denn es kann ja sein, daß wegen sehr starker Verschmutzung (zum Beispiel bei winterlicher Autobahnfahrt beim Überholen eines Lkw) der Wascher ziemlich lange betätigt werden muß und entsprechend viel Wasser auf die Scheibe gelangt. Der Wischer sollte danach solange arbeiten, bis die Scheibe trocken ist. Im allgemeinen sind das etwa 3 bis 5 Sekunden. Für diese Aufgabe muß eine spezielle Verzögerungsschaltung verwendet werden. Eine normale monostabile Kippstufe wie beim Drehzahlmesser scheidet aus, weil sie sofort nach dem Ansteuern mit dem Arbeiten beginnt.

Es gibt besondere Zeitgeberschaltungen, die die geforderte Eigenschaft besitzen. Zu ihnen gehört der sogenannte Miller-Integrator, nach seinem Erfinder Miller benannt. In *Bild 11.9* ist eine solche Zeitgeberschaltung zusammen mit dem Anschluß an das Bordnetz gezeigt.

Der Taster, der einpolig an Masse liegt, betätigt den Motor der Wascherpumpe. Über die Entkoppeldiode D_5 aktiviert er beim Schließen gleichzeitig die Verzögerungsschaltung. Der Kondensator C_1 lädt sich über R_1 auf die Bordnetzspannung auf. T_3 erhält über R_4 und die Dioden D_3 und D_4 Basisstrom. T_1 und T_2 sind gesperrt. Das Relais schaltet den Wischermotor ein. Beim Öffnen des Tasters beginnt das Basispotential von T_1 anzusteigen. C_1 entlädt sich deshalb über T_1 und T_2 (sie wirken wie ein einziger Transistor mit sehr hoher Stromverstärkung) und hält dabei das Basispotential von T_1 gerade so niedrig, daß der Vorgang lange andauert. Dabei sinkt das Potential am Kollektor von T_2 langsam ab.

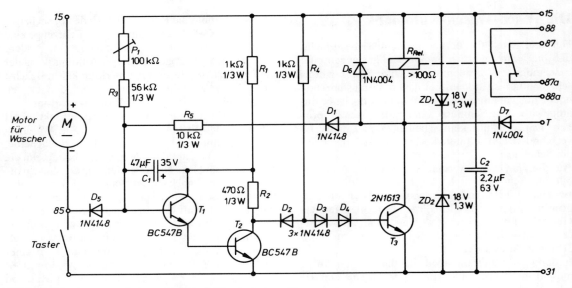

Bild 11.9: Verzögerungsschaltung für Wisch-Wasch-Automatik

Nach der Zeit $\tau = (R_3 + P_1) \cdot C_1$ ist das Potential am Kollektor von T_2 soweit abgesunken, daß D_2 leitend wird (C_1 in µF eingesetzt, R_3 und P_1 in MΩ, dann ergibt sich die Zeit in Sekunden). T_3 erhält keinen Basisstrom mehr, das Relais fällt ab. Der Wischer geht bis zur Endstellung und bleibt stehen.

Die Zeit, die der Wischer nach dem Öffnen des Tasters und nach der Beendigung des Waschens noch arbeitet, wird also durch die Größe von C_1, R_3 und P_1 bestimmt. Mit Absicht ist der zeitbestimmende Widerstand wieder in einen Festwiderstand und einen Trimmer aufgeteilt, damit die Verzögerungszeit eingestellt werden kann. Sie hängt außer von der Güte der Wischanlage auch noch von der Wassermenge ab, die beim Waschen auf die Scheibe gespritzt wird. In der Musterschaltung ergibt sich mit $R_3 = 56\,\text{k}\Omega$ und $P_1 = 100\,\text{k}\Omega$ eine einstellbare Verzögerungszeit von etwa 2,5 bis 7 Sekunden. R_5 und D_1 geben der Schaltung ein definiertes Schaltverhalten, weil sie eine Rückkopplung bilden. D_3 und D_4 sind notwendig, damit T_3 sicher gesperrt wird.

Für das Relais und den Anschluß an den Wischermotor gilt das für den Wischintervallschalter Gesagte (siehe S. 131 ff.).

Wenn allerdings beide Geräte, der Intervallschalter und die Verzögerungsschaltung gemeinsam benutzt werden sollen, brauchen wir nur ein Relais. Zum Beispiel das im Intervallschalter (*Bild 11.3*). Über die dort zum Anschluß eines Tasters eingebaute Diode D_2 und die Diode D_7 in *Bild 11.9* wird das Relais im Intervallschalter von der Wisch-Wasch-Automatik betätigt. Die beiden Dioden sorgen dafür, daß die Funktionen der beiden Geräte voneinander getrennt sind. Auch der Anschluß eines Tasters zur einmaligen Betätigung des Wischers von Hand ist weiterhin möglich, wie *Bild 11.10* zeigt. Wichtig ist, daß für die Benutzung der angegebenen Schaltung der Waschermotor einpolig mit Klemme 15 wie in *Bild 11.9* und *11.10* angegeben, verbunden ist. Wenn das im Fahrzeug nicht der Fall sein sollte, sind die Verbindungen entsprechend zu verändern.

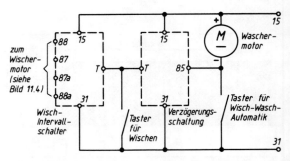

Bild 11.10: Kombination vor Wischintervallschalter und Wisch-Wasch-Automatik

Bild 11.11: Die Platine, auf der die Verzögerungsschaltung für die Wisch-Wasch-Automatik aufgebaut ist

Obwohl die Verzögerungsschaltung zwischen 6 und 16 V der Betriebsspannung einwandfrei und ohne Veränderung der Verzögerungszeit arbeitet, ist ein Anschluß nur bei 12-V-Bordnetz sinnvoll. Der Grund liegt an den Waschermotoren, die es nur noch für 12 V Betriebsspannung gibt.

Ist serienmäßig keine elektrisch betriebene Wascherpumpe eingebaut, so kann dies nachträglich geschehen. Es gibt bei Bosch-Diensten und bei Kraftfahrzeugelektrowerkstätten komplette Einbausets mit Pumpe und Behälter für das Waschwasser. Auch von der Firma VDO sind Wascherpumpen und Wasserbehälter erhältlich.

Beim Einbau sollte man darauf achten, daß der Behälter – er erhält seinen Platz bei Frontmotoren im Motorraum – möglichst hoch angebracht wird, damit der Waschvorgang sofort nach dem Tastendruck beginnt. Bei zu tiefer Anordnung braucht die Pumpe jedesmal eine gewisse Zeit, bis die Schläuche mit Wasser gefüllt werden und das Waschen beginnt. Für den Aufbau der Verzögerungsschaltung benutzen wir wieder eine gedruckte Schaltung, auf der einschließlich des Relais alle Bauelemente befestigt sind (*Bild 11.11*).

Auch für diesen Zweck eignet sich gut ein kleines Metallgehäuse, wie wir es vom Blinkgeber her kennen.

Die Verzögerungsschaltung wird nach dem Prüfen mit einem kleinen Blechwinkel, der am Gehäuse verschraubt ist, befestigt. Je nachdem, wo die Anschlüsse des Scheibenwischermotors am besten zugänglich sind, erfolgt die Befestigung im Motorraum oder unter dem Armaturenbrett.

Ist die geschilderte Automatik auch recht aufwendig, besonders dann, wenn noch eine elektrisch angetriebene Wascherpumpe nachträglich eingebaut werden muß, so versöhnt der Erfolg mit den Kosten. Bei plötzlicher Verschmutzung der Windschutzscheibe genügt ein Tastendruck – und die Sicht ist wieder hergestellt. Besonders bei den schlechten Witterungsverhältnissen in unseren Breiten und im Winter kann eine solche Automatik sehr zur Verkehrssicherheit beitragen.

Man sollte sich aber angewöhnen, bei jedem Tanken den Wascherbehälter auf seinen Flüssigkeitsstand zu kontrollieren und bei Bedarf aufzufüllen. Eine verschiedentlich vorgeschlagene elektronische Füllstandsanzeige, gewiß mehr als eine Spielerei, hilft wenig, wenn kein Wasser in der Nähe ist.

Eine regelmäßige Kontrolle dort, wo man auch sauberes Wasser bekommt, ist billiger und zuverlässiger.

12. Glatteiswarnung – einmal elektronisch

Für die rechtzeitige Warnung vor Glatteis ist es sinnvoll, die Lufttemperatur dicht über der Straßenoberfläche zu messen. Nach diesem Prinzip funktioniert auch unsere Glatteiswarnung, wobei besonders die Meßstelle wichtig ist. Die Erfahrung lehrt, daß sich beim Auto dafür der Raum hinter der vorderen Stoßstange am besten eignet. Aber Vorsicht! Die Meßstelle darf nicht durch Wärmestrahlung von Motor und Kühler so aufgeheizt werden, daß eine höhere Temperatur gemessen wird.

Zweckmäßig ist bei Glatteis eine Art zweistufiger Warnung: Zuerst gibt es ein Signal, wenn die Lufttemperatur unter +3 °C sinkt. Dann besteht prinzipiell immer die Gefahr von Glatteis, auch bei trockener Straße. Denn hinter der nächsten Kurve kann schon ein feuchter Waldrand im Schatten liegen und stellenweise vereist sein. Gefährlich sind auch Brücken, weil die Fahrbahn durch den Wind von unten auskühlen kann. Die eigentliche Warnung (2. Stufe) setzt dann bei +1 °C ein, weil bei dieser Temperatur die Gefahr von Glatteis akut ist. Diese Warnung sollte auffällig sein, damit der Fahrer sie auch sicher erkennt. Herrscht längere Zeit eine Lufttemperatur von unter +1 °C, so ist eine ständige Warnung wenig sinnvoll, weil sie lästig ist und „abstumpft". Außerdem gibt es auch bei tiefem Frost ganz trockene Straßen, auf denen die Gefahr von Glatteis sehr klein ist. Der Fahrer sollte also die Glatteiswarnung abstellen können, nachdem er sie wahrgenommen hat: „Quittieren" heißt so etwas in der Technik. Damit nach dem Quittieren die Warnung nicht versehentlich ausgeschaltet bleibt, wenn die Verhältnisse sich geändert haben (zum Beispiel nach einer Fahrtunterbrechung oder wenn zwischendurch die Temperatur über der Gefahrenschwelle lag), muß das Gerät schon fast so etwas wie „Intelligenz" besitzen.

Deshalb funktioniert unsere Warnung so: Sobald die Lufttemperatur unter +3°C sinkt, leuchtet eine gelbe Leuchtdiode auf. Bei unter +1 °C verlischt die gelbe, und eine rote Leuchtdiode blinkt. Damit wird die Warnung auffälliger. Hat der Fahrer dies wahrgenommen, kann er mit einer Taste „quittieren". Damit hört das Blinken auf; das Gerät befindet sich aber weiter in Bereitschaftsstellung. Wenn es draußen wärmer wird, leuchtet zwischen +1 °C und +3 °C wieder die gelbe Leuchtdiode, die oberhalb von +3°C verlischt. Sobald die Lufttemperatur wieder absinkt, leuchtet zunächst wieder die gelbe und bei noch tieferen Temperaturen blinkt die rote LED. Wird zwischendurch das Fahrzeug stillgesetzt, warnt die Schaltung mit Beginn der neuen Fahrt, wenn die Temperaturgrenzen unterschritten werden. Das Quittieren ist also noch bei rot blinkender LED wirksam, solange die Temperatur unter +1 °C bleibt. Bei jeder neuen Gefahrensituation ist daher eine erneute Warnung möglich.

Im Schaltbild der Glatteiswarnung *(Bild 12.1)* erkennen wir zwei Integrierte Bausteine IS_1 und IS_2. IS_1 erzeugt die Blinkimpulse für die rote LED, und IS_2 ist für die Temperaturerkennung zuständig. Zur Temperaturmessung dient ein NTC-Widerstand, der sich dadurch auszeichnet, daß er sehr empfindlich auf Änderungen der Temperatur reagiert. Mit steigender Temperatur wird der Widerstand kleiner, daher der Name NTC (*N*egativer *T*emparatur-*C*oeffizient).

Bei dem Baustein IS_2 handelt es sich um einen sogenannten Fensterdiskriminator. Dies bedeutet, daß die Schaltung eine beliebige Eingangsspannung mit zwei fest eingestellten Spannungen vergleicht und an drei Ausgängen anzeigt, ob die angelegte Eingangsspannung unterhalb, innerhalb oder oberhalb des Bereiches liegt, der durch die fest eingestellten Spannungen gekennzeichnet ist. Schauen wir uns das etwas näher an:

Im Anschluß 10 des TCA 965 steht eine hochstabile Spannung von genau 6 V zur Verfügung. Zunächst speist diese Spannung einen Spannungsteiler, bestehend aus R_{12}, P_1 und dem NTC-Widerstand. An diesem wird eine Teilspannung angenommen und dem Eingang des IS_2 zugeführt. Diese Spannung ist unsere eigentliche Meßspannung, die nur von der Temperatur des NTC-Widerstandes abhängt und nicht von anderen Größen, der Spannung des Bordnetzes etwa. Sie ist um so größer, je niedriger die Lufttemperatur wird. Mit P_1 wird nachher beim Eichen des Gerätes die Toleranz des NTC-Widerstandes ausgeglichen. Die hochstabile Spannung am Anschluß 10 des IS_2 speist noch einen weiteren Spannungsteiler, der aus den Widerständen R_8, R_9, R_{10} und R_{11} besteht. Die Teilspannungen dieses Spannungsteilers werden den Eingängen 6 und 7 des IS_2 zugeführt und bestimmen die Bereichsgrenzen.

Da wir nur zwei Bereiche anzeigen wollen, werden von den Ausgängen des IS_2 die benutzt, die oberhalb (Anschluß 14) und innerhalb (Anschluß 13) anzeigen. Erinnern wir uns: bei +3 °C sollte die gelbe Leuchtdiode aufleuchten. Dieser wird der Bereich innerhalb zugeordnet, und sie wird mit Ausgang 13 verbunden. Bei +1 °C sollte die rote Leuchtdiode Signal geben. Niedrigere Temperatur bedeutet höheren NTC-Widerstand und höhere Spannung am Anschluß 8 des IS_2. Die rote Leuchtdiode wurde daher mit Anschluß 14 verbunden. Die Widerstände R_1 und R_2 begrenzen dabei den Strom auf für Leuchtdioden übliche Werte von etwa 20 mA. Während die gelbe Leuchtdiode mit dem Pluspol der Betriebsspannung verbunden ist, wird die rote Leuchtdiode über den IS_1 geschaltet. Dieser Baustein ist ein sogenannter

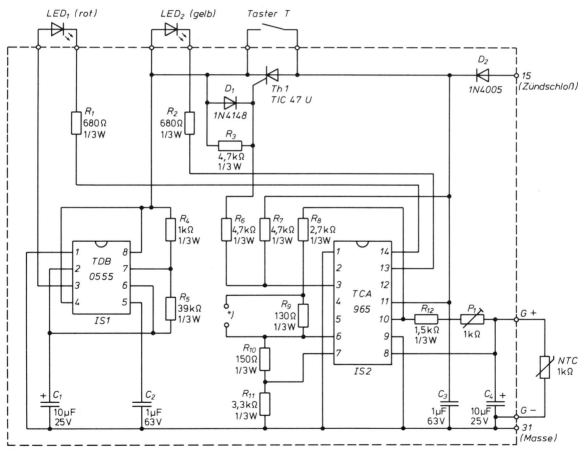

*) Beim Eichen (schmelzendes Eis) Kurzschluß von R_9

Bild 12.1: Gesamtschaltung für die Temperaturmessung der Glatteiswarnung

Timer, ein vielseitig verwendbarer Impulsgeber. In unserer Schaltung arbeitet er als sogenannter astabiler Multivibrator, d. h., daß er mit einer bestimmten Frequenz zwischen zwei stabilen Zuständen „Ein" und „Aus" hin- und herschaltet. Die Frequenz des Blinkens wird durch das RC-Glied R_5/C_1 bestimmt und beträgt etwa 1,3 Hz. Etwa 80 mal in der Minute blinkt also die rote Leuchtdiode, wenn sie vom IS_2 aktiviert wird.

Nun zum Quittieren: Dazu muß ja die rote Leuchtdiode abgeschaltet werden, was hier durch einen Thyristor Th_1 erfolgt. Dieses Bauelement ähnelt einer Diode, läßt also den Strom nur in einer Richtung fließen. Der Thyristor läßt sich aber zusätzlich abschalten. Dazu braucht man ihn nur mit einem Taster zu überbrücken, schon hört der Stromfluß auf – der Thyristor wirkt dann wie ein offener Kontakt. Diese Eigenschaft wird für das Quittieren ausgenutzt, wie aus dem Schaltbild hervorgeht. Zum Wiedereinschalten des Thyristors – man nennt das auch Zünden – benötigt dieser an seinem dritten Anschluß, dem sogenannten Gate, einen kurzen positiven Impuls. Und den erzeugt der IS_2 über die Widerstände R_6 und R_7. Zum Zünden des Thyristors wird nämlich ein weiterer Ausgang des IS_2 benutzt, der Anschluß 3. Sein Signal ist dem des Ausganges 13, der zum Einschalten der gelben Leuchtdiode dient, genau entgegengesetzt. Wenn Ausgang 13 eingeschaltet ist, wird Ausgang 3 ausgeschaltet und umgekehrt.

Wie wirkt die Quittierung? Angenommen, die Lufttemperatur liegt unter +1 °C und die rote Leuchtdiode blinkt. Das Quittieren durch den Taster T löscht den Thyristor, und die rote Leuchtdiode verlischt. Steigt jetzt die Temperatur auf über +1 °C, so schaltet Ausgang 13 des IS_2 die gelbe Leuchtdiode ein. Gleichzeitig liegt das Potential an Ausgang 3 des IS_2 hoch und der Thyristor bekommt über R_6 und R_7 positive Spannung auf das Gate und wird dadurch gezündet. Die Diode D_1 und der Widerstand R_3 stellen eine Schutzbeschaltung dar, damit der Thyristor nicht zerstört werden kann.

Nehmen wir weiter an, die Lufttemperatur liegt unter +1 °C, der Fahrer hat quittiert und unterbricht dann die Fahrt zum Tanken. Mit dem Abschalten des Motors wird auch die Versorgungsspannung des Glatteiswarners ausgeschaltet, denn sie wird hinter dem Zündschloß (Klemme 15) abgenommen. Auch wenn in der Tankpause die Temperatur unter +1 °C geblieben ist, wird die Schaltung beim Wiedereinschalten der Zündung sofort wieder aktiv, und die rote Leuchtdiode blinkt wieder. Beim Anlegen der Versorgungsspannung an die Schaltung wird nämlich der Kondensator C_4 über R_{12} und P_1 auf die stabilisierte Spannung aufgeladen. Dadurch sinkt für kurze Zeit die Spannung am Eingang 8 des IS_2 und der schaltet für diese kurze Zeit die gelbe Leuchtdiode ein. Der kurze Impuls am Ausgang 3 des IS_2 reicht aus, um den Thyristor sicher zu zünden und die rote Leuchtdiode zu aktivieren.

Die Diode D_2 verhindert eine Zerstörung der Schaltung bei versehentlich falschem Anschluß (Verpolungsschutz).

Zum Eichen muß der NTC-Fühler zunächst noch frei am Kabel hängen. Denn wir mischen uns eine Eichflüssigkeit, in die wir den Fühler eintauchen können. Diese Eichflüssigkeit besteht aus Eis und Wasser. Beides ist leicht zu beschaffen.

Wichtig ist nur die richtige Vorgehensweise:
Die Eiswürfel aus dem Kühlschrank (5 Stück reichen) werden mit einem Hammer zu etwa erbsengroßen Stücken geschlagen und in einen Trinkbecher gegeben. Nun wird soviel kaltes Wasser zugeführt, daß die Eissplitter gerade bedeckt sind. Keinesfalls darf zuviel Wasser genommen werden, weil das Eis sonst zu schnell schmilzt. Dieses Gemisch aus schmelzendem Eis und Wasser hat genau 0 °C (Gefrierpunkt). In dieses Gemisch wird der Fühler ganz eingetaucht.

Vorher hatten wir schon alle elektrischen Anschlüsse zum Bordnetz und zum Fühler hergestellt. Zum Eichen wird nun der Widerstand R_9 kurzgeschlossen. Der Widerstand R_9 ist so ausgelegt, daß mit seinem Kurzschluß die Spannungspegel am IS_2 so verschoben werden, daß der Übergang von der gelben zur rot blinkenden Leuchtdiode bei genau 0 °C erfolgt. Die beiden zu verbindenden Punkte sind auf der Platine besonders gekennzeichnet. Eine kleine eingelötete Drahtbrücke genügt. Jetzt wird die Zündung eingeschaltet, damit das Gerät Betriebsspannung erhält. Der Drehwiderstand P_1 wird jetzt so eingestellt, daß gerade der Übergang von der gelben zur rot blinkenden Leuchtdiode erfolgt. Man sollte diese Einstellung sehr sorgfältig vornehmen und öfter wiederholen. Die gefundene Stellung von P_1 sollte man mit einem Tropfen Lack sichern. Jetzt kann die Zündung ausgeschaltet werden. Der Kurzschluß von R_9 aus der Platine wird wieder aufgehoben und der Fühler an seinem endgültigen Platz befestigt. Damit ist das Gerät betriebsbereit.

13. Batterieüberwachung einmal ganz anders

Im Kapitel 7 hatten wir festgestellt, daß die Spannung an den Klemmen der Batterie ein recht gutes Maß für ihren Ladezustand ist. Vor allem gibt die Spannung der Batterie beim Laden, welchen Ladezustand sie schon erreicht hat. Zur Überwachung der Batterie und auch des ganzen Bordnetzes ist deshalb die ständige Messung der Ladespannung sinnvoll und kann Schäden vorbeugen.

Besonders gilt dies bei knapp ausgelegten Bordnetzen, bei denen die Zuschaltung vieler Verbraucher auf einmal dazu führen kann, daß statt des Generators die Batterie die Stromversorgung übernimmt – und sich damit unzulässig entlädt.

Mit einem entsprechend geschalteten Drehspulmeßinstrument, das natürlich geeicht sein muß, wäre eine ständige Überwachung der Bordnetzspannung möglich. Wer also eine richtige Messung vornehmen möchte, kann dazu die Schaltung in *Bild 7.16* verwenden, wo durch Zenerdioden der Meßbereich eines 1-mA-Instrumentes so gespreizt wurde, daß der Bereich von 13 bis 15 V genau angezeigt wird. *Bild 7.16* gilt für ein 12-V-Bordnetz. Für 6 V kann die Schaltung sinngemäß abgeändert werden. Dazu werden lediglich die beiden Zenerdioden ZD_1 und ZD_2 durch eine einzige mit einer Zenerspannung von 5,1 V ersetzt. Der Meßbereich beginnt dann knapp über 5 V. R_1 muß dann wieder so eingestellt werden, daß bei etwa 8 V das Instrument Vollausschlag anzeigt. Mit Reibezahlen kann es dann beschriftet und den persönlichen Wünschen angepaßt werden.

Es ist aber nicht jedermanns Sache, das Armaturenbrett seines Fahrzeuges mit Instrumenten zu übersäen. In gewisser Weise auch berechtigt, weil die Aufmerksamkeit schließlich dem Fahren gelten soll. Für eine Überwachung der Batterie beispielsweise genügt vollkommen eine Ja-Nein-Aussage, die angibt, ob die Batterie entladen ist, überladen wird oder in Ordnung ist.

Wenn die Spannung des Bordnetzes unter etwa 12 V sinkt, bedeutet dies, daß die Batterie auch bei laufendem Generator zur Stromlieferung herangezogen wird. Mehr als etwa 14,8 V sollte die Bordnetzspannung aber keinesfalls betragen, weil das zum Kochen (Gasen) der Batterie mit allen schädlichen Folgen führt. Es kann nur bei defektem Generatorregler geschehen.

Eine Gut-Anzeige sollte also den Bereich von etwa 12 bis etwa 14,7 V umfassen. Über- oder Unterschreitungen sollten deutlich angezeigt werden. Das sind die Forderungen, die wir an eine Batterieüberwachung stellen müssen. Es gibt nun verschiedene Möglichkeiten, eine solche Gut-Schlecht-Anzeige zu realisieren. Besonders einfach ist das mit einem sogenannten Fensterdiskriminator. Das ist ein Integrierter Schaltkreis, der vor allem für den Vergleich

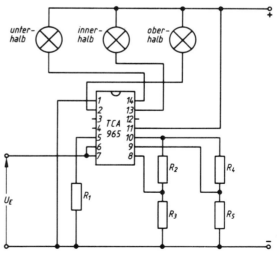

Bild 13.1: Grundschaltung des Fensterdiskriminators

eines Ist- mit einem Sollwert geeignet ist. Er wird von Siemens unter der Bezeichnung TCA 965 hergestellt. Seine Grundschaltung zeigt *Bild 13.1*, wobei uns von den vielen Anwendungsmöglichkeiten nur die interessieren soll, die für unseren Zweck geeignet ist. Von den vier Ausgängen benötigen wir drei, weil wir drei Bereiche für die Überwachung brauchen:

1. Batteriespannung ist zu gering (kleiner als etwa 12 V);
2. Batteriespannung ist innerhalb der Grenzen (zwischen 12 und 14,7 V);
3. Batteriespannung ist zu hoch (größer als etwa 14,7 V).

Der TCA 965 enthält unter anderem zwei Spannungsvergleichsstufen. In diesen wird die Eingangsspannung U_E an Pin 6 und Pin 7 mit von außen einstellbaren Spannungen an Pin 8 und Pin 9 verglichen. Liegt die Eingangsspannung innerhalb des sogenannten Fensters (deshalb Fensterdiskriminator), so wird Ausgang Pin 13 gegen Masse geschaltet. Eine an Pin 13 angeschlossene Leuchte brennt.

Bei Unterschreitung des Fensters, wenn die Eingangsspannung also unterhalb der eingestellten Schwelle liegt, wird Pin 14 an Masse geschaltet, und eine an Pin 14 angeschlossene Leuchte brennt.
Überschreiten der Schwelle wird durch Aufleuchten einer an Pin 2 angeschlossenen Lampe angezeigt.
Wie stellt man nun die Schwellen ein? Dazu erzeugt der TCA 965 eine hochstabile Spannung, die an Pin 10 zur Verfügung steht. Mit einem externen Widerstand R_1 zwischen Pin 5 und Masse kann diese Spannung in weiten Grenzen eingestellt werden. Aus dieser stabilisierten Spannung kann nun durch die Spannungsteiler R_2/R_3 eine Vergleichsspannung für Pin 8 und durch die Spannungsteiler R_4/R_5 eine Vergleichsspannung für Pin 9 erzeugt werden. Wie die Spannungen an Pin 8 und Pin 9 Einfluß auf die Schwellwerte haben, erläutert *Bild 13.2*.
Die sogenannte Fenstermitte, also die Mitte des Gut-Bereiches, wird mit der Spannung U_9 an Pin 8 eingestellt. Mit der Spannung U_9 an Pin 9 stellen wir die halbe Fensterbreite, also die halbe Breite des Gut-Bereiches, ein. Mathematisch läßt sich das in zwei Gleichungen ausdrücken:
Untere Fensterkante, also untere Schwelle: $U_E = U_{6/7} = U_8 - U_9$.
Obere Fensterkante, also obere Schwelle: $U_E = U_{6/7} = U_8 + U_9$.
Durch die Wahl der Widerstände können wir so das Verhalten des TCA 965 in weiten Grenzen beeinflussen.
Wenden wir uns der kompletten Schaltung in *Bild 13.3* zu.
Die Bordnetzspannung wird durch die Widerstände R_6 und R_7 heruntergeteilt. Dies müssen wir tun, weil die an Pin 10 zur Verfügung stehende Spannung kleiner als die Betriebsspannung ist, denn zur Stabilisierung wird eine Differenzspannung von einigen V benötigt. Auch die Spannungen an Pin 8 und Pin 9 werden kleiner als die Betriebsspannung sein. Deshalb müssen durch entsprechende Spannungsteiler sowohl die Eingangsspannung als auch die Vergleichsspannungen eingestellt werden. An diesen Stellen Trimmwiderstände zu verwenden, wäre sehr teuer, weil nur hochwertige Bauteile die erforderliche Konstanz aufweisen. Außerdem haben nur wenige die Möglichkeit der Einstellung, weil dazu ein sehr genaues Voltmeter, am besten ein Digitalvoltmeter, notwendig ist. Es wurden deshalb Festwiderstände benutzt, wobei die Schaltung so dimensioniert wurde, daß Normwerte eingesetzt werden können. Krumme Widerstandswerte sind nicht nur teurer, man bekommt sie vor allem schwer, wenn überhaupt.

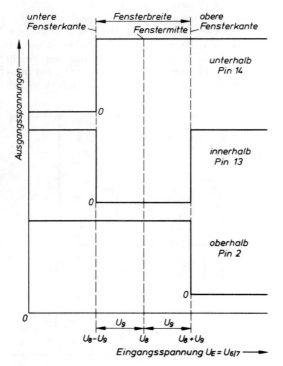

Bild 13.2: Einstellung der Schwellwerte

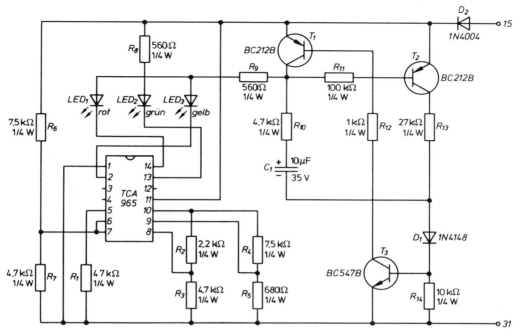

Bild 13.3: Eine komfortable Batterieüberwachung für ein 12-V-Bordnetz. Bei Batteriespannung unter 11,8 V blinkt LED$_1$ (rot), zwischen 11,8 V und 14,8 V leuchtet LED$_2$ (grün), über 14,8 V blinkt LED$_3$ (gelb)

Für die Widerstände R_1, R_2, R_3, R_4, R_5, R_6 und R_7 sind Metallschichtwiderstände empfehlenswert, die sich durch sehr geringe Veränderungen bei Temperaturschwankungen und durch geringe Alterung auszeichnen. Außerdem sollten sie eine Toleranz von $\leq 1\%$ aufweisen, damit das Überwachungsgerät auch genau genug ist.
Mit der angegebenen Dimensionierung werden folgende Spannungswerte erreicht: $U_8 = 4{,}83$ V; $U_9 = 0{,}59$ V; $U_{10} = 7{,}10$ V; $U_5 = 2{,}96$ V. Mit diesen Werten ergeben sich für die Speisespannung als untere Fensterkante 11,8 V und als obere Fensterkante 14,8 V. (Diese Fensterdaten ergeben sich, wenn man den Spannungsteiler aus R_6, R_7 und D_2 in *Bild 13.3* berücksichtigt.) Für die Anzeige wurden keine Glühlampen, sondern LED-Anzeigen verwendet, weil sie einen sehr geringen Stromverbrauch besitzen und ihre Lebensdauer praktisch unbegrenzt ist. Eine Unterschreitung der unteren Fensterkante von 11,8 V wird durch eine rote LED (Gefahr für die Batterie), eine Überschreitung der oberen Fensterkante von 14,8 V durch eine gelbe LED (Regler defekt) angezeigt. Die grüne LED leuchtet, wenn die Bordnetzspannung zwischen 11,8 und 14,8 V liegt und signalisiert: Alles OK. Natürlich wird sich beim Starten im Winter nicht vermeiden lassen, daß die rote LED kurz aufleuchtet, weil die Bordspannung dann unter 11,8 V sinken kann. Sobald nach dem Anspringen des Motors der Generator arbeitet, muß aber die grüne LED leuchten.
Um die Warnung von Über- oder Unterspannungen eindringlicher zu gestalten, ist in *Bild 13.3* vorgesehen, daß die rote und die gelbe LED blinken. Dies geschieht durch den Anschluß der beiden LED an eine Kippschaltung, die rechts im Bild gezeigt ist. Diese Kippschaltung besteht aus den Transistoren T_1, T_2 und T_3, den Widerständen R_{10}, R_{11}, R_{12}, R_{13} und R_{14}, dem Kondensator C_1 und der Diode D_1. Die Funktion dieser Kippschaltung ist die gleiche wie die des Intervallschalters in *Bild 11.3*. Nur ist sie anders herum gepolt. Die Blinkfrequenz beträgt etwa 1 Hz, das heißt, etwa 1mal in der Sekunde leuchtet die entsprechende LED auf. Die beiden für das Blinken vorgesehenen LED sind über einen gemeinsamen Vorwiderstand R_9 (es blinkt ja immer nur eine von beiden) angeschlossen. Für die grüne LED, die

dauernd leuchtet, wenn sie angesteuert wird, ist ein eigener Vorwiderstand R_8 vorgesehen. Diese Vorwiderstände sind notwendig, weil eine LED in Durchlaßrichtung betrieben wird und ihr Arbeitsstrom auf etwa 15 mA begrenzt sein muß. Die Diode D_2 ist als Verpolungsschutz notwendig, um den wertvollen TCA 965 gegen Zerstörung zu schützen. Wenn D_2 weggelassen wird, muß der Eingangsspannungsteiler R_6/R_7 neu berechnet werden, weil die Durchlaßspannung der Diode im *Bild 13.3* berücksichtigt wurde.

Wer auf das Blinken verzichten will, kann die Kippstufe sparen und die beiden LED an den Widerstand R_8 legen.

Die gesamte Schaltung ist auf einer Platine mit den Abmessungen 53 × 35 mm aufgebaut *(Bild 13.4)*. Ein Gehäuse wäre zu groß, um das Gerät im Armaturenbrett unterzubringen. Wenn sehr wenig Platz vorhanden ist, können die drei LED auch einzeln im Armaturenbrett angeordnet und durch ein 5adriges Kabel mit der Schaltung verbunden werden. Nach der Fertigstellung sollte die Schaltung unbedingt mit Plastikspray besprüht werden, weil einige Anschlüsse der Kippschaltung recht hochohmig sind und auf Feuchtigkeit reagieren. Die Kippfrequenz

Bild 13.4: Diese Platine kann irgendwo im oder unter dem Armaturenbrett befestigt werden, wenn man die drei Leuchtdioden mit einem 5adrigen Kabel mit der Platine verbindet

ändert sich dann. Für ein 6-V-Bordnetz kann die Schaltung in *Bild 13.3* nicht verwendet werden, weil zum Stabilisieren der Spannung U_{10} eine Spannungsdifferenz von einigen V notwendig ist.

14. Blinkende Kontrolleuchten warnen auffälliger

Neben den Meßinstrumenten für Geschwindigkeit, Drehzahl, Kühlmitteltemperatur und Kraftstoffvorrat erfüllen Kontrolleuchten im Kraftfahrzeug eine wichtige Aufgabe.

Es gibt dabei zwei Arten von Kontrollen: Solche, die die Funktion eines Gerätes anzeigen. Dazu gehören Fernlichtkontrolle, Blinkerkontrolle, Kontrolle für heizbare Heckscheibe, Kontrollen für Nebellicht und Nebelrückleuchte. Von diesen Kontrolleuchten wird erwartet, daß sie den Fahrer zwar darauf hinweisen, daß das entsprechende Gerät in Betrieb ist. Sie sollen aber nicht zu auffällig sein, damit der Fahrer – besonders nachts – nicht zu sehr abgelenkt wird.

Daneben gibt es eine zweite Art von Leuchten am Armaturenbrett, die wir besser als Warnleuchten bezeichnen. Diese sollen den Fahrer bei außergewöhnlichen Vorkommnissen warnen und darauf hinweisen, daß etwas nicht in Ordnung ist. Zu diesen Warnleuchten zählen die Leuchte für den Öldruck, die Ladekontrolleuchte, die Leuchte für abgefahrene Bremsbeläge, die Leuchte für zu hohe Kühlmitteltemperatur, die Leuchte für die Reserve des Tankinhaltes.

Der Trend im modernen Fahrzeug geht immer mehr in die Richtung, bestimmte Zustände dem Fahrer durch optische Signale, also Leuchten, anzuzeigen. Je weniger sachkundig die Mehrzahl der Fahrer ist, desto mehr soll eine sinnvolle Kombination verschiedener Leuchten für ausreichende Information sorgen, und zwar nur dann, wenn es notwendig ist. Dadurch soll erreicht werden, daß vor allem der ungeübte Fahrer nicht zu sehr abgelenkt wird. Früher obligatorische Instrumente, wie Öldruckanzeige und Öltemperaturanzeige, sind heute nur noch ausgesprochen sportlichen Fahrzeugen vorbehalten – oder solchen, die als sportlich gelten wollen. Auch die Anzeige für die Kühlmitteltemperatur weicht zunehmend einer Warnleuchte, vor allem im Ausland.

Es gibt nun einige Warnleuchten, die so wichtig für Verkehrssicherheit oder Anzeige von Defekten sind, daß ihr Grad der Auffälligkeit gar nicht hoch genug sein kann. Dazu gehören zum Beispiel die Warnung vor abgenutzten Bremsbelägen, vor zu niedrigem Stand der Bremsflüssigkeit, vor zu niedrigem Öldruck, um nur einige zu nennen. Die Auffälligkeit wird durch Blinken besonders groß, wobei eine Frequenz der blinkenden Warnleuchte von etwa 1 Hz – einmal in der Sekunde leuchtet die Leuchte auf – und ein Tastverhältnis von 1:1 optimal sind.

Wir können uns eine solche blinkende Warnleuchte selbst bauen. Dazu benötigen wir eine astabile Kippschaltung, wie wir sie vom Blinkgeber oder vom Scheibenwischintervallschalter her kennen. Die Kippschaltung sollte so ausgelegt sein, daß sie nachträglich leicht eingebaut werden kann und daß sie beim Schließen eines Schalters selbsttätig ihre Arbeit aufnimmt. *Bild 14.1* zeigt eine solche astabile Kippschaltung, die die genannten Anforderungen erfüllt. Sie ist für ein 6-V- und ein 12-V-Bordnetz gleich gut geeignet und kann wahlweise mit LEDs oder mit normalen Skalenlämpchen betrieben werden.

Die Kippschaltung ist der des Scheibenwischintervallschalters sehr ähnlich. Sie ist nur etwas anders dimensioniert. Zwar werden drei Transistoren benötigt, aber nur ein Elektrolytkondensator. Seine Aufladezeit wird in erster Linie von R_1 bestimmt und entspricht der Einschaltzeit der Warnleuchte. Die Entladedauer von C ist fast ausschließlich von R_2 abhängig und entspricht der Ausschaltzeit. Die Musterschaltung hat eine Blinkfrequenz von 1 Hz bei einem Tastverhältnis von etwa 1:1. Für andere Blinkfrequenzen sind R_1 und R_2 sinngemäß zu verändern. Größere Werte ergeben eine Erhöhung der Ein- und Ausschaltdauer der Warnleuchte (Verringerung der Blinkfrequenz) und umgekehrt.

Die Diode D_1 schützt die Basis-Emitter-Strecke von

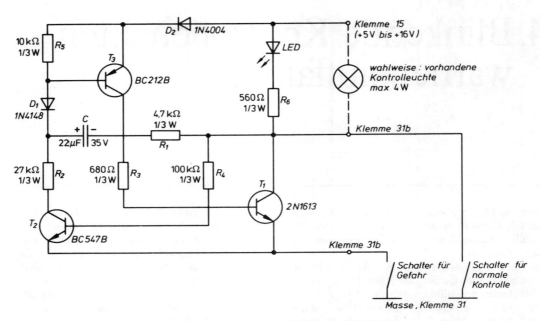

Bild 14.1: Blinkende Kontrolleuchte für 6- und 12-V-Bordnetz (für 6 V: $R_6 = 220\,\Omega$)

T_3 vor unzulässig hohen Spannungen, D_2 ist als Schutz vor versehentlicher Falschpolung gedacht. Wenn bei einem 6-V-Bordnetz die LED verwendet werden soll, ist R_6 auf 220 Ω zu verkleinern. Die Blinkschaltung ist auch dort besonders angebracht, wo aus Platz- oder sonstigen Gründen die Zahl der Warnleuchten nicht erhöht werden soll und wo man mit einer Warnleuchte zwei verschiedene Zustände kenntlich machen will. Man kann nämlich, wie in *Bild 14.1* gezeigt, die gleiche Warnleuchte mit Dauerlicht von einem Warnkontakt schalten und mit Blinklicht von einem anderen. Beispielsweise könnte eine normale Kontrolle mit Dauerlicht bei abgefahrenen Bremsbelägen erfolgen, mit denen aber eine – wenn auch beeinträchtigte – Bremswirkung immer noch möglich ist. Beim Absinken der Bremsflüssigkeit aber, was höchste Gefahr bedeutet, könnte über den zweiten Kontakt Blink-Warnlicht eingeschaltet werden. Bei dieser kombinierten Benutzung müssen wir allerdings in Kauf nehmen, daß bei Dauer-Warnlicht das blinkende Warnlicht nicht mehr anspricht. Um das zu erreichen, würde die Schaltung wesentlich komplizierter, was den Aufwand kaum rechtfertigt.

Bild 14.2 zeigt, daß die gesamte Kippschaltung einschließlich der LED auf einer kleinen gedruckten Schaltung aufgebaut werden kann, die man noch gut am Armaturenbrett oder dahinter installieren kann. Auch hier lohnt sich eigentlich kein Gehäuse, weil die Schaltung ja im Innenraum des Fahrzeuges arbeitet, und weil ein Gehäuse zu viel Platz beansprucht. Natürlich erfordert die Installation einer Schaltung ohne Gehäuse entsprechende Sorgfalt bei der Befestigung und bei der Verlegung der Leitungen, damit die Funktion nicht beeinträchtigt wird und kein Kurzschluß entsteht.

Bild 14.2: Die Platine ist so klein, daß die Kontrolleuchte überall eingebaut werden kann

15. Eine fast universelle Kontrolleuchte mit Operationsverstärker

Obwohl die Entwicklung in Richtung Kontroll- und Warnleuchten geht, sind auch jetzt und in näherer Zukunft Anzeigeinstrumente nicht ausgestorben. Es gibt nämlich einige Meßwerte zur Überwachung, auf die niemand verzichten will. Dazu gehört der Kraftstoffvorrat. Es dürfte wohl kaum noch einen Pkw europäischer Produktion geben, bei dem man – wie zu früheren Zeiten üblich – den Kraftstoffvorrat bei einer Fahrtpause mit einem Meßstab mißt. Auch die Kühlmitteltemperatur wird bei fast allen flüssigkeitsgekühlten Fahrzeugen mit einem Meßinstrument angezeigt. Auf diese beiden Informationen will offenbar kein Fahrer verzichten. Denn allen Einsparungsmaßnahmen zum Trotz haben sich diese Anzeigen erhalten.

Eine Leuchtanzeige für den zur Neige gehenden Tankinhalt könnte manche gefährliche Situation auf Autobahnen vermeiden helfen – vorausgesetzt allerdings, der Fahrer beachtet sie.

Auch ist eine zusätzliche optische Warnung vor zu hoher Kühlmitteltemperatur sicher dazu geeignet, manchen Motordefekt durch rechtzeitiges Reagieren des Fahrers – Abstellen oder langsames Weiterfahren – zu verhindern.

Wie können wir eine solche Zusatzleuchte anbringen?

Die Messung von Kühlmittel- und Öltemperatur, von Öldruck und Kraftstoffvorrat erfolgt überall nach dem gleichen Prinzip (*Bild 15.1*). Ein Geber wandelt den Meßwert in einen entsprechenden Widerstandswert um, und ein Meßinstrument mißt den durch den Geber fließenden Strom. Man erhält so eine mehr oder weniger lineare Anzeige des Meßwertes.

Bauformen von Geber und Meßinstrument gibt es in vielen Varianten. Uns soll aber nur die elektrische Funktion interessieren. Beim Meßinstrument handelt es sich meist um sogenannte Weicheisenmeßwerke, bei denen eine vom Strom durchflossene Spule auf ein Eisenplättchen wirkt und den Zeiger dadurch entsprechend verdreht. Zum Ausgleich stark schwankender Bordnetzspannung dient häufig eine zweite Spule, durch die nur ein von der Bordnetzspannung abhängiger Strom fließt. Nähere Einzelheiten sollen uns hier nicht interessieren, weil wir uns mit den Gebern befassen wollen.

Bei den Widerstandsgebern gibt es grundsätzlich zwei Arten. Die einen sind sogenannte Stellungsgeber, bei denen ein mechanisch bewegtes Teil als Schleifer an einer Widerstandsbahn entlanggleitet. Nach diesem Prinzip arbeiten alle Tankgeber. Ein Schwimmer, der das Flüssigkeitsniveau im Tank angibt, ist mit einem Schleifer verbunden, der an einem aufgewickelten

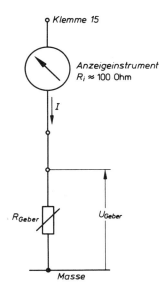

Bild 15.1: Prinzip der Anzeige von Temperaturen, Drükken und Kraftstoffvorrat

Widerstandsdraht den Widerstandswert abgreift, der dem Tankinhalt entspricht. Auch Öldruckgeber arbeiten nach dem gleichen Prinzip, nur ist hier eine Membran mit dem Schleifer verbunden. Dabei beträgt der Widerstand bei vollem Tank 5 bis 20 Ohm, bei leerem Tank 70 bis 300 Ohm. Er wird also bei leerem Tank größer.

Eine zweite Art von Widerstandsgebern wird vor allem zur Temperaturmessung eingesetzt. Hier verändert sich der Geberwiderstand ohne Zuhilfenahme mechanischer Bindeglieder. Es gibt nämlich Metallegierungen, bei denen die Temperaturabhängigkeit ihres elektrischen Widerstandes besonders ausgeprägt ist. Solche Geber wurden früher häufig eingesetzt. Sie sind dadurch gekennzeichnet, daß ihr Widerstand mit steigender Temperatur größer wird. Er beträgt etwa 100 Ω bei Raumtemperatur und etwa 200 Ω bei 100°C. Diese nicht sehr große Änderung bedingte relativ teure Meßwerke.

Auch bei diesen Widerstandsgebern haben Halbleitermaterialien Eingang gefunden.

Einige Halbleitermaterialien besitzen nämlich die Eigenschaft, daß ihr elektrischer Widerstand sich sehr stark mit der Temperatur ändert, und zwar wird er bei steigender Temperatur geringer. Da man dies als negativen Temperaturbeiwert bezeichnet, heißen sie NTC-Widerstände (*N*egativer *T*emperatur *C*oeffizient). In Fernsehgeräten benutzt man sie zum Beispiel zum Kompensieren unerwünschter Temperatureinflüsse.

Da diese Widerstände um so besser leiten, je heißer sie sind, werden sie auch „Heißleiter" genannt. Sie sind auch vorzüglich zur Messung von Temperaturen geeignet, weil ihre Widerstandsänderung sehr hoch ist. Bei den im Kraftfahrzeug gebräuchlichen NTC beträgt der Widerstand bei Raumtemperatur einige 100 bis einige 1000 Ohm und fällt bei 100°C auf 50 Ohm und darunter ab. Mit dieser großen Widerstandsänderung lassen sich relativ preiswerte Anzeigeinstrumente verwenden.

In diesen Verbund von Geber und Meßwerk müssen wir nun eingreifen, wenn wir eine zusätzliche Kontrolle anschließen wollen. Wie wir aus *Bild 15.1* entnehmen können, steht uns am Geberanschluß eine Spannung zur Verfügung, die einen festen Zusammenhang zur Meßgröße besitzt. Das gilt natürlich nur, wenn der Geber richtig an das Meßinstrument angeschlossen ist, damit durch den Geber der Strom I fließen kann. Die am Geber anliegende Spannung $U_{Geber} = I \cdot R_{Geber}$ können wir nun benutzen. Damit wir die normale Anzeige nicht beeinflussen, darf kein zusätzlicher Strom durch den Geber fließen. Zumindest muß er so klein sein, daß er nicht stört.

Wir werden deshalb wieder elektronische Hilfsmittel an und nutzen die Tatsache, daß Transistoren Ströme verstärken können.

Allerdings benötigen wir nicht nur ein elektrisches Signal vom Geber, sondern zusätzlich einen Schwellwert, der zum Beispiel einem bestimmten Tankinhalt oder einer bestimmten Temperatur entspricht. Denn die Kontroll- beziehungsweise Warnleuchte soll ja nicht mehr oder weniger hell leuchten, sondern sie soll bei Überschreitung oder Unterschreitung des vorgegebenen Sollwertes schlagartig eingeschaltet werden.

Diesen Vergleich eines Ist- mit einem Sollwert kennen wir schon vom elektronischen Regler für Generatoren her. Die dazu notwendige Schaltung läßt sich mit Einzeltransistoren aufbauen, wird aber dann nicht sehr empfindlich, weil wir die zusätzliche Strombelastung des Gebers möglichst klein machen wollen. Andererseits brauchen wir keine großen Lasten wie eine Feldwicklung zu schalten, sondern nur eine Kontrolleuchte mit niedrigem Strom.

Im Gegensatz zum Generatorregler ist deshalb hier ausnahmsweise eine integrierte Schaltung besser geeignet.

Wir wählen an dieser Stelle einen sogenannten Operationsverstärker. Dies ist ein hochverstärkender Differenzverstärker, den wir vom Prinzip her auch schon kennen: Im Spannungsregelbaustein 723 unseres Ladegerätes mit konstanter Spannung und Strombegrenzung (siehe S. 58) ist ein solcher Operationsverstärker enthalten.

Kennzeichnend für diese Art von Verstärkern sind zwei Eingangsklemmen (*Bild 15.2*). Die eine wird als invertierender Eingang bezeichnet, wir wollen ihn Minuseingang nennen. Der andere Eingang heißt nichtinvertierend, und wir nennen ihn Pluseingang.

Von den vielen Anwendungsmöglichkeiten solcher Operationsverstärker soll uns hier nur die eine interessieren, nämlich das Vergleichen von zwei Spannungen. Solche Anwendungen werden auch Komparatoren genannt.

Schauen wir uns *Bild 15.2* an: Für unsere Experimente wählen wir den sehr einfach aufgebauten Operationsverstärker TAA 861 von Siemens. Er zeichnet sich dadurch aus, daß er mit relativ geringer Versorgungsspannung auskommt, was ihn auch für 6-V-Bordnetze geeignet macht. Auch aus anderen Gründen ist der genannte Operationsverstärker gut für die Kraftfahrzeugelektronik einzusetzen. Er benötigt nur wenig äußere Beschaltung, kann den

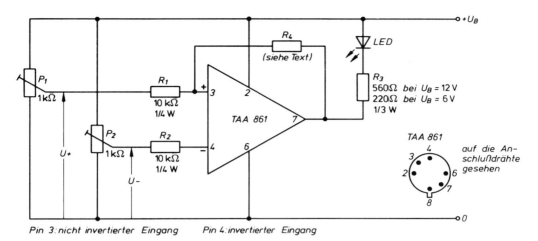

Bild 15.2: Eine Versuchsschaltung zum Einsatz von Operationsverstärkern

relativ hohen Ausgangsstrom von 70 mA liefern und ist ziemlich störsicher.

Die Anschlüsse 2 und 6 des TAA 861 verbinden wir mit der Versorgungsspannung, die maximal 20 V betragen darf. An den Ausgang (Pin 7) wird über einen Vorwiderstand eine LED angeschlossen. Die beiden Eingänge legen wir an die Schleifer von zwei Trimmern, so daß wir die Spannung an jedem Eingang zwischen $+U_B$ und dem Nullpotential beliebig verändern können. Der TAA 861 hält das aus.

Damit unsere „Spannungsquellen" P_1 und P_2 nicht zu sehr belastet werden, legen wir vor jeden Eingang einen 10-kΩ-Widerstand R_1 und R_2.

Für unsere Versuchsschaltung genügt als Spannungsversorgung eine kleine 9-V-Batterie, wie sie in Transistorradios verwendet wird. Wir stellen den Schleifer von P_1 genau in die Mitte, so daß am nichtinvertierenden Eingang eine Spannung U_+ von etwa 4,5 V anliegt. Den Schleifer von P_2 legen wir zuerst an das untere Ende und messen am Minuseingang eine Spannung $U_- = 0$ V. Die LED leuchtet nicht auf. Jetzt drehen wir an P_2 (P_1 bleibt unverändert) und erhöhen die Spannung U_- langsam. Wir beobachten die LED. Bei einer bestimmten Schleiferstellung von P_2 wird sie aufleuchten. Wenn wir den Schleifer von P_2 weiter in Richtung U_B verstellen, bleibt die LED eingeschaltet. Die Spannung U_-, bei der die LED gerade aufleuchtet, messen wir mit einem Instrument oder merken uns die Schleiferstellung.

Wir stellen fest, daß P_2 genau die gleiche Stellung des Schleifers wie bei P_1 hat. Die Spannung U_+ am Pluseingang ist genau so groß wie die Spannung U_- am Minuseingang des Verstärkers.

Wir haben also eine Schaltung zum Vergleichen von Spannungen, einen Komparator aufgebaut. Ist U_- größer als U_+, so leuchtet die LED. Wenn U_- kleiner als U_+ ist, leuchtet die LED nicht. In *Bild 15.2* ist noch ein Widerstand R_4 eingezeichnet, der als Rückkopplung dient. Für unsere ersten Versuche lassen wir ihn weg.

Wir wiederholen dann aber den Versuch, indem wir für R_4 einen Widerstand von 100 kOhm einlöten. Jetzt stellen wir ein ganz eigenartiges Verhalten unserer Versuchsschaltung fest. Wenn wir U_- wieder erhöhen, schaltet die LED bei etwas größerer Spannung als vorher ein, bei $U_- \approx 4,8$ V zum Beispiel. Drehen wir den Schleifer wieder in Richtung $U_- = 0$ V zurück, so geht die LED nicht bei 4,5 V, sondern erst bei $U_- \approx 4,3$ V aus. Dieses Verhalten nennt man Hysterese. Man bezeichnet damit die Eigenschaft einer Schaltung, den Wechsel vom ersten in einen zweiten Schaltzustand (LED von hell auf dunkel zum Beispiel), bei einer anderen Eingangsspannung durchzuführen als vom zweiten in den ersten.

Für viele Anwendungen ist eine solche Hysterese sehr erwünscht, weil das Schaltverhalten eindeutiger wird. Es ist zum Beispiel nicht sehr angenehm, wenn bei der Anzeige der Tankreserve die Anzeigeleuchte bei jeder kleinen Bodenwelle zu flackern anfängt, weil sich der Kraftstoffstand geringfügig ändert.

Besser ist es, wenn die Schaltung bei Unterschreitung eines bestimmten Kraftstoffvorrates in den Einzustand kippt und danach in diesem Zustand verharrt, bis der Tank wieder aufgefüllt ist.

Mit der Größe von R_4 können wir die Hysterese beeinflussen. Je kleiner R_4 gewählt wird, desto größer die Hysterese. Zu klein darf R_4 allerdings in der gezeigten Schaltung nicht werden, weil sie dann überhaupt nicht mehr arbeitet. Als untere Grenze kann $R_4 = 33$ kOhm gelten.

Mit unserer kleinen Versuchsschaltung können wir beliebig experimentieren. Lassen wir zum Beispiel die Stellung von P_2 unverändert und drehen an P_1, so verhält sich die Schaltung genau umgekehrt wie vorher. Die LED leuchtet auf, wenn wir U_+ kleiner machen. Das muß so sein, denn wir hatten ja festgestellt, daß in dieser Schaltung die LED immer leuchtet, wenn die Spannung am Minuseingang größer als die am Pluseingang des Verstärkers ist, wobei wir als Bezugspotential 0 V ansehen.

Für die Schaltung einer zusätzlichen Kontroll- oder Warnleuchte ist nach unseren Experimenten also ein Operationsverstärker sehr gut geeignet. Besonders vorteilhaft ist, daß man durch Vertauschen der Eingänge das Schaltverhalten beliebig den Eigenschaften der Geber und den persönlichen Wünschen anpassen kann.

Weiterhin kann man die Hysterese in weiten Grenzen verändern. Und mit dem TAA 861 lassen sich LEDs direkt ansteuern, weil diese mit einem Strom von etwa 20 mA den Verstärkerausgang nicht überlasten. In *Bild 15.3* ist eine sehr universelle Schaltung mit dem TAA 861 angegeben, deren Prinzip wir von unseren Experimenten bereits kennen.

Für die Verwendung bei 6-V- und 12-V-Bordnetzen ist lediglich der Vorwiderstand der LED anzupassen. Mit dem Spannungsteiler R_5, R_6 und P_1 kann die Spannung am Punkt A zwischen etwa 4,6 und etwa 11 V (zwischen 2,3 und 5,5 V beim 6-V-Bordnetz) eingestellt werden. Mit P_1 wird also durch Verändern der Spannung an einem Eingang der Schwellwert eingestellt. Der andere Eingang wird an den Geberanschluß gelegt (Punkt B), wobei der Geber natürlich mit seinem Original-Anzeigeinstrument verbunden bleibt. Denn das soll ja weiterhin arbeiten.

Wie schon erläutert, dienen die beiden Widerstände R_1 und R_2 dazu, den Strom durch den Geber und auch durch unseren Spannungsteiler nicht zu verändern. Da der Operationsverstärker einen sehr geringen Eingangsstrom zum Arbeiten benötigt, sind diese beiden Widerstände empfehlenswert. Die Versorgungsspannung des TAA 861 wird zur Sicherheit gegen Spannungsspitzen aus dem Bordnetz mit einem kleinen Kondensator direkt an den Anschlüssen des IC gesiebt. Nach aller Erfahrung reicht diese Maßnahme aus. Wer ganz sicher gehen will, kann natür-

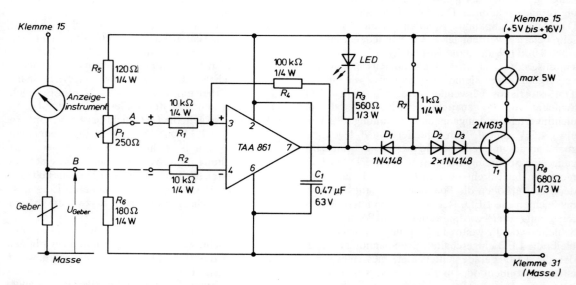

Bild 15.3: Zusätzliche Warnleuchte für zu hohe Temperatur oder für Tankreserveanzeige mit LED oder mit Glühlampe (bei 6-V-Bordnetz: $R_3 = 220\ \Omega$)

lich zusätzlich eine Schutzbeschaltung wie in *Bild 5.6* verwenden. Auch gegen versehentliches Falschpolen ist mit einer Diode in der Plusleitung (siehe *Bild 13.3*) ausreichender Schutz möglich.

In der Musterschaltung ist eine LED zur Anzeige vorgesehen. Wer unbedingt eine kleine Skalenlampe benutzen möchte, kann die Schaltung in *Bild 15.3* rechts verwenden. Hier wird über einen NPN-Transistor eine Skalenlampe geschaltet, die einpolig am Pluspol der Versorgungsspannung liegt. Der Widerstand R_7 liefert den notwendigen Basisstrom für T_1. Die Dioden D_1, D_2 und D_3 sind notwendig, damit der Schalttransistor vom Operationsverstärker entkoppelt ist und sicher gesperrt wird. Wichtig ist, daß die Skalenlampe genau gegenphasig zur LED geschaltet wird. Beim Schaltzustand „LED ein" bleibt die Lampe dunkel und umgekehrt. Der Transistor T_1 invertiert also.

Eine genaue Anzeige für die Kraftstoffreserve

Angenommen, wir wollen damit die Anzeige für die Kraftstoffreserve im Tank durchführen. Dazu müssen wir zuerst das Verhalten des Tankgebers kennen. Fast immer wird dessen Widerstand größer, wenn der Kraftstoffvorrat geringer wird. Die Spannung U_{Geber} an der Klemme *B* wird dabei ebenfalls größer. Die LED soll leuchten, wenn ein bestimmter Vorrat unterschritten wird, wenn also die Spannung U_{Geber} einen bestimmten Wert überschreitet. Wir müssen die Geberspannung auf den Minuseingang legen, wie in *Bild 15.3* gestrichelt gezeigt. Mit P_1 können wir nun den Schaltpegel einstellen, wozu der Schleiferanschluß *A* mit dem Pluseingang verbunden wird. Auch das ist gestrichelt dargestellt.

Zum Einstellen des Schaltpunktes müssen wir entweder den Tankinhalt absaugen oder wir müssen den Tank soweit leerfahren, daß der Motor zu stottern beginnt. (Bitte nicht gerade im Feierabendverkehr einer Großstadt und schon gar nicht auf der Autobahn.) Manche Tanks besitzen auch eine Ablaßschraube, mit der wir, wenn sie nicht eingerostet ist, den Tankinhalt ablassen können. Natürlich machen wir das bei fast leerem Tank (wegen der Gefährlichkeit größerer Benzinmengen).

Nachdem die Schraube wieder eingeschraubt wurde, schütten wir aus dem Reservekanister so viel Kraftstoff in den Tank, wie wir als Reservemenge angezeigt bekommen wollen. Zum Beispiel 5 Liter. Wir schalten den Zündschalter ein und stellen P_1 so ein, daß die LED gerade aufleuchtet. Durch diese recht kompliziert anmutende Manipulation ist aber wenigstens sichergestellt, daß die LED auch wirklich bei der gewählten Reservemenge aufleuchtet.

Man kann für die Einstellung der Hysterese etwa folgende Anhaltswerte nennen: Hochohmige Tankgeber mit $R_{Geber} \approx 300\ \Omega$ bei leerem Tank erhalten eine Hysterese von 0,2 V ($R_4 = 470\ k\Omega$). Niederohmige Tankgeber mit $R_{Geber} \approx 70\ \Omega$ erhalten $R_4 = 1$ bis 2 MΩ.

Der Geberwiderstand wird bei leerem Tank mit einem Ohmmeter gemessen. Dazu wird das Anzeigeinstrument abgeklemmt. Man kann aber auch die Änderung der Geberspannung bei angeschlossenem Instrument und eingeschalteter Zündung während des Auftankens messen. Das ist noch genauer und geht schneller.

Eine optische Übertemperaturwarnanlage

Wenn wir den Operationsverstärker für die Anzeige zu hoher Kühlmitteltemperatur verwenden wollen, müssen wir ebenfalls die Gebercharakteristik kennen. Eine Möglichkeit dazu ist die Messung des Widerstandes. Wir bauen dazu den Geber aus und verbinden die Anschlußklemme und das Gehäuse (diese Geber liegen meist einpolig an Masse) mit einem Ohmmeter.

Jetzt tritt Mutters Kochtopf in Tätigkeit. Wir erhitzen Wasser bis zum Sieden und messen den Geberwiderstand bei kaltem Geber und bei in das kochende Wasser eingetauchtem Geber. Wird der Widerstand bei Eintauchen in das kochende Wasser kleiner, so haben wir es mit einem NTC-Geber zu tun. Wird der Widerstand größer, so ist der Geber einer mit Metallwiderstand.

Im ersten Fall müssen wir den Geberanschluß *B* mit dem Minuseingang des TAA 861 (siehe *Bild 15.3*) verbinden, im zweiten Falle mit dem Pluseingang. Damit diese Schaltmöglichkeiten wahlweise verwendet werden können, ist die Musterplatine (*Bild 15.4*) so aufgebaut, daß die Anschlüsse *A*, *B*, + und − extra gekennzeichnet sind und durch Drahtbrücken den Bedürfnissen entsprechend verbunden werden können. Das ist schon deshalb nötig, damit bei der Verwendung einer Skalenlampe an Stelle der LED der richtige Anschluß möglich ist, denn die Schaltzustände bei der Skalenlampe sind gegenphasig zur LED.

Zum Einstellen der Schaltschwelle für zu hohe

Temperatur eignet sich auch wieder der Kochtopf. Der Geber wird durch zwei längere Leitungen mit der Fahrzeugmasse und mit dem Instrument verbunden und in das kochende Wasser gehalten. Die Zündung wird eingeschaltet. Bei normalem Luftdruck und mitteldeutscher Höhe über dem Meeresspiegel kocht Wasser bei 95 bis 98° C. Das ist genau die Temperatur, bei der gewarnt werden sollte. Denn längere Zeit sollten Motoren nicht mit höherer Kühlmitteltemperatur betrieben werden, wenn man sie vor teuren Schäden schützen möchte. P_1 wird nun so eingestellt, daß die LED gerade leuchtet.

Wir können die Einstellung aber auch bei eingebautem Geber durchführen. Dazu wird der Motor im Leerlauf solange betrieben, bis der Zeiger des Anzeigeinstrumentes kurz vor dem Warnbereich steht. Der Warnbereich auf dem Anzeigeinstrument beginnt meist bei einer Kühlmitteltemperatur von 110° C. Die LED sollte dann aufleuchten. P_1 wird entsprechend eingestellt.

Bild 15.4: Diese Kontrolleuchtenschaltung kann nicht nur im Auto verwendet werden. Überall wo ein Geber eine physikalische Größe in elektrische Spannung umsetzt, kann sie zur Anzeige eines Grenzwertes eingesetzt werden.

16. Ein elektronisches Warngerät gegen Kühlmittelverlust oder Scheibenwaschwassermangel

Die Mehrzahl der heutigen Motoren sind mit Flüssigkeit gekühlt. Gegenüber der Luftkühlung hat das den Vorteil besserer Geräuschdämpfung und besserer Heizung. Auch kann ein flüssigkeitsgekühlter Motor höher belastet werden. Als großer Nachteil solcher Motoren wird immer wieder angeführt, daß eine der vielen Schlauchverbindungen undicht werden kann. Auch der Kühler selbst kann ein Leck bekommen. Wird ein solcher Verlust an Kühlflüssigkeit nicht rechtzeitig bemerkt, so droht ein kapitaler Motorschaden mit hohen Kosten für Reparatur oder Austausch.

Meist reagiert die Anzeige der Temperatur schnell genug, um den Fahrer zu warnen. Auch die im Kapitel 15 beschriebene Kontrolleuchte kann zur rechtzeitigen Erkennung eines Schadens beitragen.

Es gibt allerdings Fahrzeuge, bei denen der Geber für die Kühlmitteltemperatur recht träge auf schnelle Temperaturänderungen reagiert. Im Ernstfalle kann dann die Warnung zu spät kommen.

Weiterhin kann es vorkommen, daß der Flüssigkeitsverlust so schnell eintritt, daß der Temperaturgeber auf die höhere Temperatur gar nicht reagieren kann, weil er nicht mehr in die Flüssigkeit ragt und die Temperatur des Motorgehäuses anzeigt. Bei ungünstigen Einbaubedingungen des Gebers kann diese Temperatur so niedrig sein, daß keine Warnung stattfindet.

Für ganz Vorsichtige deshalb ein Schaltungsvorschlag, der vor Kühlmittelverlust zuverlässig warnt (*Bild 16.1*).

Wir benutzen dazu die Blinkschaltung für die Kontroll- oder Warnleuchte nach *Bild 14.1*. Zum Aktivieren der Kippschaltung wird aber nun kein eigener Schalter verwendet, sondern das Kühlmedium selbst. Dieses Kühlmittel ist entweder Wasser oder eine

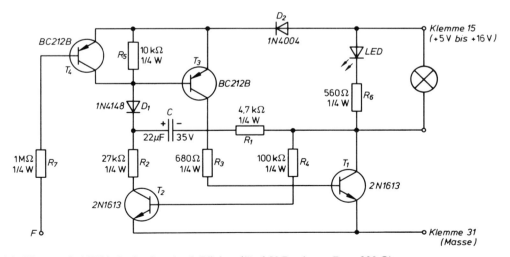

Bild 16.1: Warnung bei Kühlmittelverlust durch Blinken (für 6-V-Bordnetz: $R_6 = 220\ \Omega$)

Mischung aus Wasser und als Frostschutz und gegen Korrosion dienender Alkohol. Der elektrische Widerstand ist zwar sehr groß, aber nicht so groß, daß er nicht gemessen oder als Gebersignal verwendet werden kann. Unter üblichen Bedingungen beträgt der Widerstand etwa 300 kΩ. Eigentlich ist es gar kein ohmscher Widerstand, sondern die Folge eines sehr geringen Stromes, der immer dann durch das Wasser fließt, wenn eine Spannung angelegt wird. Das Wasser wird dabei chemisch zersetzt, ähnlich wie in der Batterie. Es bildet sich Sauerstoff und Wasserstoff. Wenn wir die anliegende Spannung aber klein machen und den Strom durch einen äußeren Widerstand begrenzen, ist die Wasserzersetzung bedeutungslos. Diesen Umstand machen wir uns zur Erkennung von Kühlmittelverlust zunutze: Wir erweitern die Blinkschaltung nach *Bild 14.1* um einen Transistor T_4, der parallel zum Basiswiderstand von T_3 liegt (*Bild 16.1*). Die Basis von T_4 wird über den sehr großen Widerstand R_7 zum Fühleranschluß F geführt.

Dieser Fühler ist eine kleine Metallelektrode, die isoliert dort im Kühlsystem angebracht wird, wo der Verlust rechtzeitig bemerkt werden soll. Zum Beispiel im Schlauch, der vom Motoroberteil (Motoraustritt) zum oberen Teil des Kühlers führt. Oder im oberen Teil des Kühlers, etwa 3 cm unter dem Kühlerverschluß. Bis dahin muß die Kühlflüssigkeit nämlich mindestens stehen. Viele moderne Fahrzeuge besitzen auch einen eigenen Ausgleichsbehälter aus Kunststoff, in dem die Kühlflüssigkeit ein bestimmtes Niveau haben soll. Der untere Teil dieses Behälters ist besonders gut als Fühlerort geeignet.

Zwischen dem Fühler und der Motor- und Fahrzeugmasse (Klemme 31) kann bei ausreichendem Flüssigkeitsstand ein geringer Strom fließen, der ausreicht, den Transistor T_4 durchzusteuern. Der Widerstand R_5 ist damit praktisch kurzgeschlossen. Die Blinkschaltung kann nicht arbeiten, weil das Basis-Emitter-Potential von T_3 zu klein ist, um ihn durchzuschalten. Sinkt nun das Niveau der Kühlflüssigkeit unter das festgelegte Niveau, so kann für T_4 kein Basisstrom mehr fließen. Er wird gesperrt und die Blinkschaltung arbeitet. Sie warnt dadurch den Fahrer, daß etwas nicht in Ordnung ist. Auch wenn das Anschlußkabel unterbrochen sein sollte, blinkt die Schaltung und warnt.

Schwieriger als der elektrische Aufbau der Schaltung ist der Bau eines zweckmäßigen Fühlers. Damit er nicht selbst Ursache für ein Leck wird, muß er sorgfältig abgedichtet sein. Er muß den im Kühlsystem herrschenden Überdruck von etwa 1 bar gegenüber der Umgebung vertragen und wird einer Temperatur von bis zu 115° C ausgesetzt.

Hier muß also sorgfältig vorgegangen werden. *Bild 16.2* zeigt einen Vorschlag. In den am höchsten angebrachten Kühlmittelschlauch wird ein kleines Loch von 3 mm Durchmesser gestanzt oder gebohrt. Keinesfalls darf dieses Loch geschnitten werden, damit der Schlauch nicht ausreißt. In dieser Bohrung wird eine Messingschraube (noch besser ist eine aus Edelstahl wegen der Korrosion) mit großen Unterlegscheiben an beiden Seiten befestigt. Die Scheiben sollten einen Außendurchmesser von mindestens 15 mm besitzen, damit die Abdichtung zuverlässig ist. Außen wird mit einem genormten Flachsteckanschluß das Kabel zum Anschluß F unserer Schaltung befestigt. Wichtig ist eine einwandfreie Kabelverlegung. Denn der Basiskreis von T_4 ist sehr hochohmig. Es könnte sonst passieren, daß die Schaltung im Ernstfalle gar nicht warnt, weil das Kabel irgendwo einen – wenn auch hohen – Nebenschlußwiderstand gegen Masse hat.

Für das Kabel verwendet man am besten welches mit besonders dicker Isolierung, über das ein zusätzliches Isolierrohr geschoben wird. Die Kabelverbindung zum Flachsteckanschluß sollte zum Schluß mit Siliconkautschuk (Elch-Siegel) gegen Feuchtigkeit und Salz geschützt werden.

Die in *Bild 16.2* gezeigte Lösung ist auch an einem Kunststoffausgleichsbehälter anwendbar. Nur muß man sich einigermaßen plane Flächen aussuchen, damit der Fühler auch wirklich dicht eingebaut werden kann.

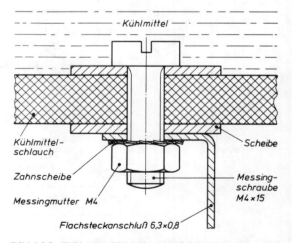

Bild 16.2: Fühler für Kühlmittel im Schlauch

Für einen Fühler im Oberteil des Kühlers (dieser wird auch oberer Wasserkasten genannt) bietet sich die Platinenbefestigung nach *Bild 6.11* an. Denn hier muß die Schraube zusätzlich isoliert werden, weil die meisten Kühler heute noch Wasserkästen aus Metall besitzen. Bei der Auswahl der Isoliernippel für die Schraubenbefestigung muß auf ausreichende Temperaturfestigkeit geachtet werden. Diese Teile bestehen oft aus einem Kunststoff, der bei höheren Temperaturen weich wird. Ein Versuch im Kochtopf mit kochendem Wasser kann Aufschluß geben.

Die Blinkschaltung wird wie üblich auf eine gedruckte Schaltung aufgebaut. Ein angelöteter Anschlußbolzen an der Masseverbindung gestattet eine Befestigung in oder hinter dem Armaturenbrett.

Wer seinem Kühlsystem traut, dafür aber den Wasserstand im Scheibenwaschbehälter überwachen möchte, kann die angegebene Schaltung und die Fühlerausführung auch dafür verwenden. Der Fühler muß hier aber möglichst an der tiefsten Stelle des Behälters angebracht werden. Nur dann nützt das Ganze.

Bild 16.3: Die Platine der Kühlwasserstandsmeldeschaltung

17. Stabile Spannung für zusätzliche Verbraucher

Seit der Transistor und die Integrierte Schaltung in den Markt der Konsumelektronik Eingang gefunden haben, gibt es eine Unzahl von Kofferradios, Kassettenrecordern und ähnlichen Geräten, die eines gemeinsam haben: Sie werden mit Batterien betrieben. Und zwar mit sogenannten Trockenbatterien, deren hervorstechendes Merkmal darin besteht, daß sie nicht aufgeladen werden können, sondern nach dem Verbrauch wegzuwerfen sind. Je nach Anzahl der Zellen, die eine Nennspannung von 1,5 V besitzen, arbeiten diese Geräte mit 6 V (4 Zellen), 7,5 V (5 Zellen) oder 9 V (6 Zellen). Höhere Spannungen sind kaum gebräuchlich, weil Platz für die Batterien knapp ist und weil die relativ geringe Spannung den Ansprüchen genügt. Sicher kommt es nun gelegentlich vor, daß man ein solches Gerät auch im Auto betreiben möchte, sei es zur Unterhaltung oder zum Diktieren, wozu ein Kassettenrecorder ganz gut geeignet ist.

Für die Spannungsversorgung bietet sich dann die Autobatterie an, weil sie eine genügend große Kapazität besitzt, um auch bei stehendem Motor einen stundenlangen Betrieb solcher Geräte zu gewährleisten.

Wir müssen lediglich aus der Bordnetzspannung eine Spannung erzeugen, die zu den Geräten paßt. Im einfachsten Falle könnten wir das mit Vorwiderständen machen. Das hat aber den Nachteil, daß der Spannungsabfall an diesen Widerständen von der Belastung abhängt. Wenn der Kassettenrecorder zum Beispiel auf schnellen Rücklauf geschaltet wird und dabei mehr Strom aufnimmt, sinkt die Spannung an ihm ab.

Es gibt zwar einfache Stabilisierungsschaltungen mit Zenerdioden, mit denen man diesen Nachteil vermeiden kann.

Viel besser läßt sich aber das Problem der Stromversorgung solcher kleinen Geräte mit einem Festspannungsregler lösen. Wir kennen diesen Festspannungsregler bereits von unserem Ladeerhaltungsgerät, wo wir ihn zur Erzeugung eines konstanten Stromes sozusagen zweckentfremdet hatten (siehe S. 54f.). Diese Bausteine sind inzwischen so preiswert und so zuverlässig, daß sie sich auch sehr gut für die Kraftfahrzeugelektronik eignen. Man bekommt diese Regler im allgemeinen mit festen Ausgangsspannungen von 5, 6, 8, 12, 15 und 24 V. Es bereitet aber keine Schwierigkeiten, die Ausgangsspannung einstellbar zu machen und so den Erfordernissen anzupassen.

Man braucht dazu nur die Eigenschaft auszunutzen, daß an den Ausgangsklemmen 2 und 3 des Festspannungsreglers eine konstante Spannung anliegt (*Bild 17.1*). Diese Spannung muß kleiner als die gewünschte Spannung sein. Wir wählen einen Regler mit 5 V Ausgangsspannung, der wegen seiner Eignung für digitale Bausteine leicht zu bekommen ist. Unsere Schaltung entspricht im Prinzip der Ladeerhaltungsschaltung (*Bild 7.11*). Statt der Batterie liegt

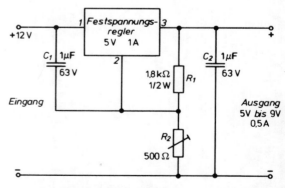

Bild 17.1: Stabilisierte Spannungsversorgung für Kofferradios, Kassettenrecorder und ähnliche Geräte.

am Ausgang nun ein einstellbarer Widerstand. Der Strom durch diesen Widerstand R_2 ist konstant und setzt sich aus zwei Einzelströmen zusammen: dem Strom I_2 aus der Klemme 2 des Reglers und aus dem Strom, der durch R_1 fließt und sich berechnen läßt aus

$$I_1 = \frac{U_{2/3}}{R_1} = \frac{5\,\text{V}}{1,8\,\text{k}\Omega} \approx 2,8\,\text{mA}.$$

I_2 beträgt bei diesen Bausteinen etwa 4 bis 8 mA. Wenn wir als Mittelwert für $I_2 = 6$ mA wählen, erhalten wir als Gesamtstrom, der durch den Widerstand R_2 fließt:
$I_{ges} = I_1 + I_2 = 2,8 + 6$ mA $= 8,8$ mA.
Die an R_2 abfallende Spannung ist $U_2 = I_{ges} \cdot R_2$.
Diese Spannung wird zur festen Ausgangsspannung des Reglers $U_{2/3} = 5$ V addiert, und wir erhalten die gesamte Ausgangsspannung der Schaltung. Mit $R_2 = 500$ Ohm wird $U_2 = 4,4$ V.
Wenn der Trimmer also auf den größten Widerstandswert eingestellt ist, erhalten wir eine Ausgangsspannung von 9,4 V.
Bei $R_2 = 0$ (Trimmer auf den kleinsten Wert eingestellt) wird $U_2 = 0$ und am Ausgang liegt die Spannung des Festspannungsreglers von 5 V. Wir können also mit R_2 die Ausgangsspannung stufenlos einstellen auf den Wert, den unser Kassettenrecorder oder unser Kofferradio benötigt. Da die Spannung sich linear mit der Stellung des Trimmers R_2 ändert, könnten wir sogar ohne Meßgerät zum Einstellen auskommen. Denn wir könnten uns eine kleine Skala am Trimmer anbringen und den Bereich zwischen 5 und 9,4 V gleichmäßig unterteilen.
Messen ist allerdings besser. Denn der Strom I_2 hängt ziemlich vom einzelnen Exemplar des Festspannungsreglers ab. Ein einfaches Spannungsmeßgerät reicht aber zum Einstellen aus. Damit der Regler nicht schwingt, ist an seinen Eingangsklemmen 1 und 2 in *Bild 17.1* ein Kondensator angeschlossen. Ebenfalls ist am Ausgang ein Kondensator vorgesehen, damit der Regler auch bei hohen Frequenzen einwandfrei arbeitet.
Da der benutzte Reglerbaustein kurzschlußfest und gegen thermische Überlastung gesichert ist, gilt das auch für die angegebene Schaltung. Ein Strom bis 0,5 A kann ohne Schwierigkeiten entnommen werden, wobei der Regler die Ausgangsspannung auf besser als 0,1 V konstant hält. Für übliche batteriebetriebene Geräte reicht diese Genauigkeit und auch der entnehmbare Strom völlig aus.
Der Aufbau der Schaltung ist völlig unkritisch (*Bild 17.2*). Zur Kühlung des Festreglerbausteines genügt ein kleiner Kühlkörper aus Blech. Ein Einbau in ein

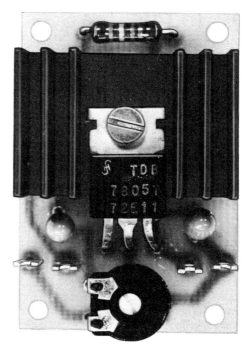

Bild 17.2: Der Baustein 7805 kann in dieser Schaltung zwischen 5 und 9 V Ausgangsspannung liefern

Gehäuse ist nicht unbedingt erforderlich, wenn sichergestellt wird, daß keine Kurzschlüsse entstehen können. Man kann die kleine gedruckte Schaltung zum Beispiel hinter dem Armaturenbrett isoliert befestigen und die Ausgangsklemmen mit einem zweipoligen Kabel versehen, an das ein Stecker angelötet wird, der zum vorgesehenen Gerät paßt. Viele dieser batteriebetriebenen Geräte besitzen nämlich eine kleine Anschlußbuchse für ein Netzteil. Den passenden Stecker erhält man beim Radiohandel oder in Bastlerläden. Wegen des geringen Ruhestromes der Schaltung von nur etwa 9 mA kann sie direkt an die Klemmen 30 und 31 (Plus- und Minuspol des Bordnetzes) des Bordnetzes angeschlossen werden und damit dauernd betriebsbereit sein. Eine Sicherung in der Plusleitung ist aber zu empfehlen.
Deshalb ist am einfachsten der Anschluß parallel zur Uhr oder zur Steckdose (Zigarrenanzünder), weil diese bereits abgesichert sind.
Für ein 6-V-Bordnetz ist diese Schaltung natürlich nicht geeignet, weil ihre Versorgungsspannung immer um einige Volt höher als die Ausgangsspannung sein muß.

18. Überwachung der Schmieröltemperatur

Im Verbrennungsmotor gleiten viele Metallteile aufeinander. Die dabei auftretende Reibung erzeugt Wärme, ähnlich den Vorgängen, mit denen wir uns beim Händereiben im Winter warme Hände verschaffen wollen. Im Gegensatz dazu ist die Reibung im Motor unerwünscht, denn sie erhöht den Kraftstoffverbrauch und fördert den unerwünschten Verschleiß. Völlig reibungsfrei kann man Metallteile nicht aufeinander gleiten lassen. Durch Feinbearbeitung der Oberfläche und durch Schmieren läßt sich die Reibung aber erheblich vermindern. Zur Schmierung am besten geeignet sind bestimmte Mineralölsorten, sorgfältig raffiniert und durch Zusätze veredelt. An diese Schmieröle werden hohe Anforderungen gestellt. Sie sollen:
1. die Reibung vermindern;
2. die Feinabdichtung der Arbeitsräume (Kolben, Zylinder) sicherstellen;
3. die bei der Reibung entstehende Wärme abführen;
4. Schmutz und Abrieb durch Abtransport unschädlich machen.

Der Punkt 3 sagt uns schon, daß dabei das Öl heißer werden muß. Es wird um so heißer, je höher die Drehzahl des Motors ist. Leider haben Schmieröle die unangenehme Eigenschaft, mit steigenden Temperaturen dünnflüssiger zu werden. Beim Ölwechsel kann man das in auffälliger Weise feststellen. Das aus dem heißen Motor abfließende Altöl ist fast so dünnflüssig wie Wasser. Dagegen fließt das neue (kalte) Öl etwa wie Honig. So groß sind also die Unterschiede in der Fließfähigkeit. Auch die neuesten Ölentwicklungen haben daran nichts ändern können.

Dem Motor behagt es gar nicht, daß das Schmieröl sich so verhält. Das kalte, dickflüssige Öl erschwert das morgendliche Anlassen (vor allem im Winter) und gelangt erst langsam an alle Schmierstellen. Ist das Öl dagegen zu heiß, so kann die Schmierfähigkeit leiden, weil das dann sehr dünnflüssige Öl keinen ausreichenden Schmierfilm mehr bilden kann. Es gibt also eine optimale Öltemperatur, bei der das Öl alle Aufgaben am besten erfüllen kann und bei der Verschleiß und Kraftstoffverbrauch gleichermaßen günstig sind. Diese optimale Öltemperatur liegt in der Regel bei 100 bis 110 °C. Eine genaue Messung im Fahrbetrieb ist eigentlich nicht notwendig. Dem Fahrer brauchen lediglich drei Bereiche angezeigt zu werden:

1. Die Öltemperatur ist zu niedrig (unter 80 °C): Meide hohe Drehzahlen zur Schonung des Motors, fahre aber nicht mit zu niedrigen Drehzahlen, damit die Öltemperatur überhaupt ansteigen kann.

2. Die Öltemperatur ist genau richtig. Der Motor wird ausreichend mit Schmieröl versorgt. Verschleiß und Kraftstoffverbrauch sind von der Öltemperatur her optimal.

3. Die Öltemperatur ist zu hoch (über 130 °C). Die Schmierfähigkeit des Öls reicht nicht mehr aus. Mit höherem Verschleiß muß gerechnet werden. Es kann Schmierölmangel vorliegen durch Ölverlust oder übermäßigen Ölverbrauch.

Da die Aufgabe der Messung der Schmieröltemperatur in Bereiche aufgeteilt wurde, benutzen wir einen Fensterdiskriminator, der sich für derartige Anwendungen sehr gut eignet. Wir kennen diesen Integrierten Baustein auch aus anderen Anwendungen: Batterieüberwachung und Glatteiswarnung. Zusätzlich benötigen wir noch einen Meßwertaufnehmer für die Öltemperatur. Auch hier ist uns ein geeignetes Bauteil, der NTC-Widerstand, von der Glatteiswarnung her bekannt. Bei der Anwendung im Motor werden allerdings besondere Anforderungen an die mechanische Festigkeit und an die Dichtigkeit gegen heißes Schmieröl gestellt. Deshalb benutzen wir einen handelsüblichen Aufnehmer der Firma VDO *(Bild 18.1)*, der speziell für die Messung von Öltemperaturen in Motoren entwickelt wurde. Wegen der großen Stück-

Bild 18.1: Der VDO-Öltemperatur-Aufnehmer

zahlen ist auch der Preis mit etwa 15 DM akzeptabel. Man bekommt diesen Aufnehmer in VDO-Vertretungen oder in großen Kraftfahrzeugzubehörläden. Die Bestell-Nr. lautet 801/4/30. Die Befestigung erfolgt mit einem Gewinde M 14 × 1,5. Im *Bild 18.2* ist die Charakteristik eines NTC-Widerstandes deutlich erkennbar. Sie ist nichtlinear, was für unsere Anwendungen nicht stört. Die geringe Veränderung des Widerstandes bei hohen Temperaturen erfordert aber sorgfältige Dimensionierung der Schaltung.

Die Gesamtschaltung der Schmierölüberwachung *(Bild 18.3)* zeigt, daß durch den Einsatz des Fensterdiskriminators der Aufwand an Bauelementen relativ klein ist. An Pin 10 des IS_1 steht eine stabilisierte Spannung zur Verfügung, die durch R_1 auf etwa 9,8 V angehoben wird. Dies ist wichtig, damit die Schaltung auch noch bei hohen Öltemperaturen (das heißt kleiner NTC-Widerstand) einwandfrei arbeitet. Der Widerstand R_2 bildet mit dem NTC einen Spannungsteiler, wobei die eigentliche Meßspannung dem Pin 8 des IS_1 zugeführt wird. Die Spannungsteiler R_3, R_4, R_5 und R_6 liefern die Spannungen für die Fenstergrenzen an Pin 6 und Pin 7.

Dabei gilt:
Ist U_8 größer als U_6, so ist Pin 14 des IS_1 durchgeschaltet: die gelbe LED_1 leuchtet; dies bedeutet: Öltemperatur zu niedrig.

Liegt U_8 zwischen U_6 und U_7, dann ist Pin 13 des IS_1 durchgeschaltet, und die grüne LED_2 signalisiert: Alles in Ordnung.

Wenn U_8 kleiner als U_6 wird, schaltet Pin 2 des IS_1 die rote LED_3 ein und gibt damit Alarm für zu hohe Öltemperatur.

Da immer nur *eine* LED eingeschaltet ist, kann zur Einsparung von Bauelementen ein gemeinsamer Strombegrenzungswiderstand R_7 für alle LED eingesetzt werden. Weiterhin kann eigentlich auch die grüne LED für die richtige Öltemperatur entfallen. Denn wenn statt einer grünen gar keine LED aufleuchtet, ist die Information für den Fahrer die gleiche, und er wird weniger abgelenkt. Weiterhin behalten die gelbe und die rote LED ihre Warnfunktion und werden sogar aufgewertet. Die auf diese Art und Weise in bezug auf Bauteile und Funktion optimierte Schaltung läßt sich so klein aufbauen *(Bild 18.4 und Bild 18.5)*, daß das Muster sogar in das Cockpit eines Motorrades passend eingebaut werden kann.

Leider ist die Schaltung nur für ein 12-V-Bordnetz geeignet, weil der Fensterdiskriminator IS_1 erst ab einer Versorgungsspannung von etwa 10 V richtig arbeitet.

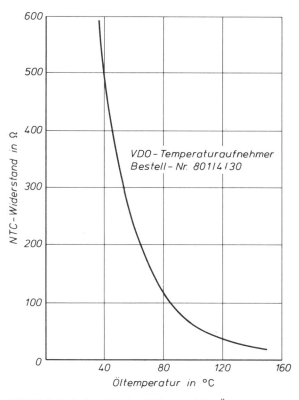

Bild 18.2: So ändert sich der Widerstand des Öltemperatur-Aufnehmers mit steigender Temperatur

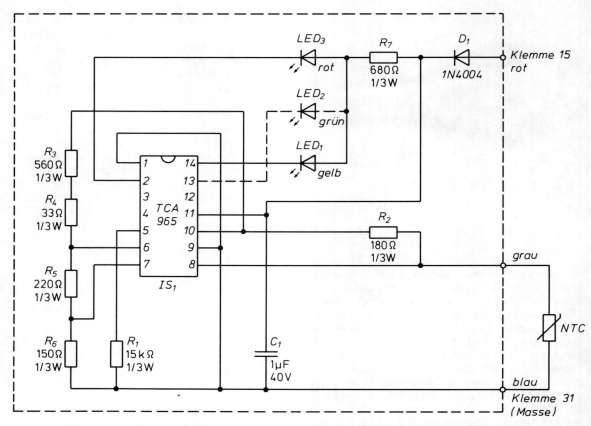

Bild 18.3: Schaltung zur Überwachung der Schmieröltemperatur. Mit dem empfohlenen VDO-Aufnehmer und der angegebenen Dimensionierung liegen die Fenstergrenzen etwa bei 80 und bei 130 °C

19. Eine Innenbeleuchtungs-Automatik

Die Innenbeleuchtung unserer Autos wird in der Regel durch einen Schalter mit drei Stellungen bedient:
1. Dauerlicht; die Beleuchtung ist immer eingeschaltet;
2. Aus;
3. Die Beleuchtung ist nur bei geöffneter Tür eingeschaltet.

Daran stört eigentlich nur, daß in der meist eingeschalteten Stellung 3 das Licht sofort verlischt, wenn die Tür geschlossen wird. Wenn man im Dunkeln einsteigt und die Türen schließt, kann das Hantieren

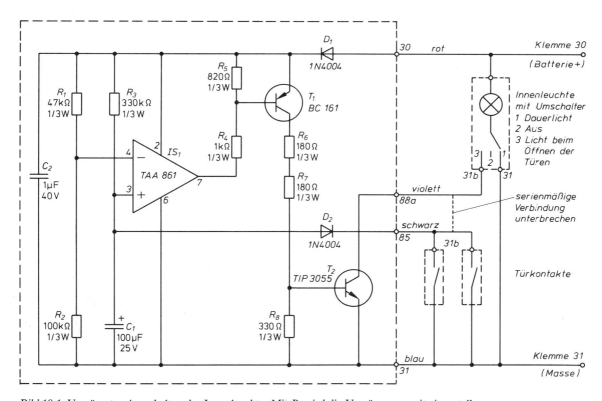

Bild 19.1: Verzögertes Ausschalten der Innenleuchte. Mit R_3 wird die Verzögerungszeit eingestellt

mit Sitzgurt und Zündschlüssel schon recht lästig sein. Hier schafft die richtige Anwendung der Elektronik Abhilfe. Wir brauchen einen Zeitschalter, der die Innenbeleuchtung noch für eine Weile eingeschaltet läßt, wenn die Türen schon geschlossen sind. Dabei darf die Verzögerungszeit des Zeitschalters erst dann wirksam werden, wenn die Türen geschlossen wurden, die Türkontakte also geöffnet sind. Denn das Innenlicht soll ja unabhängig davon, wie lange vorher die Türen geöffnet waren, danach noch für eine bestimmte Zeit leuchten.

Mit der Schaltung in *Bild 19.1* kann dies realisiert werden. Im rechten Bildteil sind Innenleuchte und Türkontakte mit der serienmäßigen Beschaltung im Fahrzeug dargestellt. An dieser Beschaltung ist nur eine einzige Änderung notwendig: das Auftrennen der Leitung zwischen den Türkontakten und dem entsprechenden Anschluß der Innenleuchte. In diese Verbindung wird die Verzögerungsschaltung eingefügt; damit ist sichergestellt, daß die Zeitschaltung nur in der Stellung 3 des Innenleuchtenschalters wirksam ist. In dieser Zeitschaltung selbst wird die Eigenschaft eines Operationsverstärkers (IS_1) ausgenutzt, immer dann einen Ausgangsstrom zu liefern, wenn die Spannung an dem einen Eingang größer ist als an dem anderen (siehe dazu *Bild 15.2*). In unserer Schaltung liegt am Minuseingang (Pin 4) ein festes Potential von etwa 9 V, eingestellt durch den Spannungsteiler (R_1 und R_2). Der am Pluseingang (Pin 3) liegende Kondensator C_1 ist im Normalfall über R_3 auf die Betriebsspannung (12 V) aufgeladen. In diesem Zustand liefert IS_1 keinen Strom, und T_1 und T_2 sind gesperrt, so daß über den Anschluß 88a kein Lampenstrom fließen kann: Die Innenbeleuchtung ist ausgeschaltet.

Beim Öffnen einer Tür wird der entsprechende Türkontakt geschlossen, und über die Diode D_2 wird der Kondensator C_1 entladen. Weil damit das Potential am Pluseingang kleiner als am Minuseingang der IS_1 ist, kann über den Pin 7 der notwendige Basisstrom fließen, damit T_1 und durch diesen auch T_2 leitend wird. Dadurch kann über den Anschluß 88a der Lampenstrom fließen, so daß die Innenbeleuchtung brennt.

Wird jetzt die Tür geschlossen, liegt der Eingang der Schaltung (Anschluß 85) nicht mehr auf Massepotential. Der Kondensator C_1 lädt sich über den Widerstand R_3 auf. Dieser Vorgang erfolgt zunächst schnell und dann immer langsamer (Fachleute sprechen von einer e-Funktion). Die Schnelligkeit des Aufladens von C_1 hängt von der Größe von C_1 und von R_3 ab. Je größer der Kondensator und je größer der Widerstand, desto länger dauert das Aufladen. Sobald dabei das Potential an Pin 3 größer als das an Pin 4 geworden ist, liefert der Operationsverstärker IS_1 am Ausgang keinen Strom mehr, und T_1 und damit auch T_2 sind gesperrt. Das Innenlicht verlischt. Die Verzögerungszeit der Zeitschaltung hängt also von R_3 und C_1 ab und beginnt wie gewünscht mit dem Schließen der letzten Tür. Mit der in *Bild 19.1* angegebenen Dimensionierung beträgt die Verzögerungszeit etwa 23 Sekunden. Wer eine andere Zeit lieber hätte, kann dies einfach durch Ändern von R_3 in weiten Grenzen einstellen. Bei R_3 = 100 kOhm ergibt sich zum Beispiel eine Zeit von etwa 7 Sekunden. Da die Zeit von R_3 weitgehend linear abhängt, kann man sagen: Die Verzögerungszeit in Sekunden ist R_3 in kOhm, mal 0,07.

Die Schaltung wurde weiterhin so ausgelegt, daß sie Innenleuchten bis 30 W, also 3 × 10 W zum Beispiel, bei einer Bordnetzspannung von 12 V schalten kann. Der Ruhestromverbrauch der Zeitschaltung – wichtig für lange Standzeiten des Autos – beträgt nur 1 mA.

Bild 19.2: Die fertige Platine für die Innenbeleuchtungsautomatik

Noch ein Wort zum Einbau ins Auto: Die Musterschaltung wurde auf einer Platine 25 × 70 mm aufgebaut *(Bild 19.2)*. Da der Leistungstransistor T_2 im reinen Schaltbetrieb (Ein – Aus) arbeitet, ist seine Erwärmung gering genug, so daß auf eine Kühlung verzichtet werden kann. Dadurch kann die gesamte Platine – mit einer kleinen Plastiktüte gegen Metallkontakt geschützt – im Dach durch die Öffnung der Innenleuchte untergebracht werden. Alle notwendigen Anschlüsse an das Bordnetz (Batterie, Masse sowie die Leitung zwischen Innenleuchte und Türkontakt) sind dort an der Innenleuchte ideal zugänglich; einen besseren Platz für die Schaltung gibt es nicht *(Bild 19.3)*.

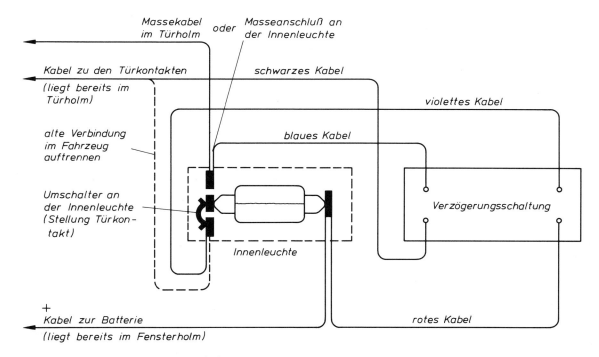

Bild 19.3: Anschluß der Verzögerungsschaltung

Anhang

Für Elektronikneulinge: Einige Begriffe und Bauelemente

Kondensator

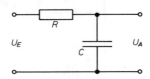
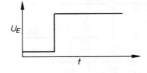
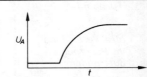

Kondensatoren sind aus zwei einander gegenüberliegenden Platten aufgebaut. Sie speichern beim Aufladen Energie und geben sie beim Entladen wieder ab. Lade- und Entladestrom fließen scheinbar durch den Kondensator hindurch. Gleichspannungen werden durch den Kondensator abgeblockt.

Die Zeit, die U_a benötigt, um in der Schaltung oben 63% der Eingangsspannung U_E zu erreichen, wenn U_E sprunghaft ansteigt, heißt Zeitkonstante $\tau = R \cdot C$. Die Kapazität C eines Kondensators gibt an, wie groß sein Fassungsvermögen für elektrische Ladung und damit für elektrische Energie ist.

Spule (Induktivität)

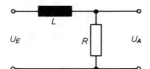
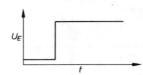
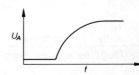

Während ein Kondensator durch Aufladen auf eine bestimmte Spannung Energie speichert, wird bei einer Spule die gespeicherte Energie durch die Größe des durchfließenden Stromes bestimmt. Um die Energie einzuspeichern, benötigt die Spule nach plötzlichem Anschalten einer Spannung Zeit, die Spannung U_A steigt langsam an, ebenso der Strom durch die Spule.

Die Zeit, die U_A benötigt, um 63% der Eingangsspannung zu erreichen, heißt Zeitkonstante dieser Schaltung. Beim Ausschalten des Stromes tritt die gespeicherte Energie als Spannungsstoß wieder in Erscheinung. Die Induktivität mißt man in Henry. Praktisch kommen meist Induktivitäten von mH vor. Sie reichen aus, um bei Kontakten kräftige Abschaltfunken zu erzeugen.

Widerstand

Jeder Gegenstand, der von Strom durchflossen wird, hat einen Widerstand, den er dem Stromfluß entgegensetzt. Stellt sich bei der Spannung U der Strom I durch einen Leiter ein, dann ist $R = \dfrac{U}{I}$ sein elektrischer Widerstand. R wird in Ω gemessen, wenn U in V und I in A gemessen werden. Die Bauelemente, die als Widerstände gefertigt werden, sind auf einen bestimmten Ω-Wert abgeglichen, um Ströme zu begrenzen und bestimmte Spannungsabfälle zu erzeugen.

Elektrische Leistung	Fließt durch einen Widerstand R der Strom I, dann muß an ihm die Spannung $U = R \cdot I$ anliegen. Dabei wird an ihm die Leistung $U \cdot I = P \cdot I^2$ umgesetzt, die in der Zeit t die Arbeit $U \cdot I \cdot t$ verrichtet. Beispiel: $R = 10\,\Omega$, $U = 12$ V; $I = 1{,}2$ A; $P \cdot I^2 = 10 \cdot 1{,}2$ A$^2 =$	14,4 VA = 14,4 Watt. Diese Leistung kann in Wärme oder in Wärme und Lichtleistung oder in Wärme und mechanische Arbeit oder ... umgesetzt werden. Der Anteil der unvermeidlichen Erwärmung heißt Verlustleistung, weil er meist verloren ist.
Spannungsteiler	Wenn am Eingang dieser Spannungsteilerschaltung die Spannung U_E liegt, dann fließt durch R_1 und R_2 der Strom $I = \dfrac{U_E}{R_1 + R_2}$. Wenn durch R_1 dieser Strom fließt, dann muß an R_2 die Spannung $U_A = \dfrac{U_E \cdot R_2}{R_1 + R_2}$ liegen. Die Eingangsspannung wurde also heruntergeteilt. Potentiometer werden oft als Spannungsteiler eingesetzt.	
Diode	Sie läßt Strom nur in der Richtung des Pfeiles durch. Der Anschluß an der Pfeilspitze heißt Katode, der andere Anode. Kleinleistungsdioden vertragen etwa 100 mA Strom in Durchlaßrichtung. Die Dioden der Autoelektrik müssen	spannungsfest sein und Ströme bis zu 100 A vertragen können. An Siliziumdioden entsteht in Durchlaßrichtung ein Spannungsabfall von etwa 0,7 V. Die Katode ist meist durch einen Farbring gekennzeichnet.
Leuchtdiode LED	Diode aus speziellem Material, die Licht aussendet, wenn sie in Durchlaßrichtung betrieben wird. Betriebsstrom meist 10 bis 20 mA, der	durch Vorwiderstand begrenzt werden muß. Sperrspannung etwa 3 bis 10 V.
Z-Diode ZD	Z-Dioden verhalten sich wie normale Dioden, solange sie mit Spannungen unterhalb der aufgedruckten Zenerspannung betrieben werden. Überschreitet eine zu sperrende Spannung diesen Wert, so wird die Zenerdiode auch in Sperrichtung leitend. Deshalb ist in der Schaltung $U_A = 5{,}6$ V, solange U_E größer als 5,6 V ist. Wird die Schaltung mit R_L belastet, dann bleibt U_A stabil auf 5,6 V, solange der Spannungsteiler	aus R und R_L nicht von sich aus U_A auf Werte unter 5,6 V herabteilt.
Transistor (bipolarer)	Es gibt NPN- und PNP-Transistoren. Die drei Anschlüsse heißen Basis (B), Emitter (E) und Kollektor (C). Bei allen Anwendungen einzelner Transistoren in diesem Buch steuert ein kleiner Strom in die oder aus der Basis eines Transistors den Stromfluß zwischen Kollektor und Emitter. Bei Kleinleistungstransistoren beträgt die Stromverstärkung, die angibt, um wieviel größer der Kollektorstrom gegen den steuernden Basisstrom ist, etwa 100 bis 300 (A- und B-Typen), in extremen Fällen bis zu 1000. Bei Transistoren größerer Belastbarkeit nimmt die Stromverstärkung oft nur Werte zwischen 5 und 40 an.	NPN-Transistor und PNP-Transistor im Durchlaßzustand

165

Stichwörter

A

Abschalt-Spannungsspitze 93
äußere Beschaltung 147
Analoganzeige 120
Anker 63
Anschlußbolzen 87
Anschlußdrähte 33
Anschlußmutter 88
Ansteuerung 123
astabile Kippstufe 130
Atmungsraum 88
Ausfallerkennung 40
Ausgangsplanung 59
Ausgangsspannung 155
Ausgangsstrom 147
Ausschaltdauer 39
Ausschaltzeit 130
Automatikladegerät, selbstgebautes – 57
Automatikladung 51

B

Basis-Emitter-Spannung 131
Basisstrom 39
Batterie 46
Batterietemperatur 79
Batterieüberwachung 139
Batteriewasser 49
Bauteiltoleranzen 122
Betriebstemperatur 31
Bleiakkumulator 46
Bleibatterie 47
Blinkerkontrolle 27, 41
Blinkgeber 37
Blinkfrequenz 39
blinkende Warnleuchte 143
Blinkschaltung 152
Bordnetzspannung 140
Bosch-Kontaktregler 76
Brennspannung 96
Bürstenhalter 65

D

Dauermagnet 62, 132
Differenzverstärker 58, 146
Digitalanzeige 120
Diodenanode 68
Diodenkathode 68
Drehmoment 118
Drehstrom 67
Drehstrom-Brückenschaltung 67
Drehstromgenerator 65
Drehzahlbegrenzung 80
Drehzahlfestigkeit 66
Drehzahlmesser 120
Durchlaßbereich 68
Durchlaßspannung 68, 122
Durchlaßstrom 68

E

Eichen 127
Eichschaltung 128
Eigenschwingungen 60
Einpreßdioden 83
Einschaltdauer 39
Einschaltkontakt 43
Einschaltzeit 130
Einschaltzustand 131
Einstellanweisung 105
Elektrode 47, 86
Elektrodenform 89
Elektrodenwerkstoff 88
Elektrolyt 47
Elektromagnet 64
elektromagnetisches Feld 133
Endabschalter 132
Endabschaltkontakt 133
Endausschlag 60
Endstellung 29
Energiespeicherung 91
Entkoppeldiode 135
Entladeschlußspannung 48
Entladestrom 48
Erhaltungsladen 50
Erregerdiode 71
Erregerstrom 65, 69
Erregerstromkreis 73
Erregerwicklung 64
Erwärmung 18
Exemplarstreuung 58
Explosion 51

F

Fahrlicht 25
Farbkennzeichnung 20
Feldausschluß 71
Fensterdiskriminator 139
Fernlicht 25
Fernlichtanzeige 25
Feuchtigkeit 32
Festspannungsregler 54, 154
Festwiderstände 140
Fremdzündung 86
Frequenzmesser 127
Frequenznormal 127
Frühverstellung 106
Frühzündung 106
Fühler 152
Fühlerlehre 104
Füllstandsanzeige 137
Funkendauer 96
Funkenstrecke 86
Funkenüberschlag 90

G

Gasen 51
Gasungsspannung 51
Geber 145
– kontaktloser 110
Geberwiderstand 149
Generator, ausländischer 79
Generatorregler, integrierter 79
Generatortemperatur 79
Generatorwicklung 69
Gleichstromlichtmaschine 80
Gleitfunkenzündkerzen 89
Glimmentladung 96

H

Haltestrom 117
Heimladegerät 50
HKZ 91
Heißleiter 146
Hochspannungs-Kondensator-Zündung 91, 97 f.
Hochspannungsüberträger 93
Hochspannungsverteilung 94
Höchstdrehzahl 124
Horn 29
Hybridtechnik 79
Hysterese 74, 84, 147

I

Impulsbelastbarkeit 109
Impulsbreite 124
Impulsformung 97
Impulsfrequenz 124
Impulsgeber 38
Induktionsspannung 62
Induktivität 69
Innenwiderstand 51, 60, 69, 111
Integrierte Schaltung 31
Intervallschalter 29, 129
invertierend 146
invertierender Eingang 58
Isolator 87
Isoliernippel 44
Istspannung 83
Istwert 73

K

Kälteprüfstrom 48
Kabelbaum 27
Kabeldurchführungen 33
Kaltleiter 19
Kaltwiderstand 37
Kapazität 48
Kartenrelais 41
Kartentransformator 56
Kassettenrecorder 154
Kathodenausschluß 71
Kennlinie, geneigte 83
Kippschaltung 143
Klauenpolläufer 65
Kleinkraftrad 23
Klemmenbezeichnung 21 f.
Klopfen 107
Knallgas 51
Kohlebürste 63
Kollektor 63
Kofferradios 154
Komparatoren 146 f.
Kompensation 121
Kondensator 94
Kondenswasser 32
Konstantstromquelle 58
Kontaktabstand 102, 104
Kontaktregler 81
Kontaktverschleiß 94
Kontrolleuchte 25, 85
Korrosion 32
Kraftstoffvorrat 145
Kristalltemperatur 31
Kühlkörper 56, 65
Kühlluftstrom 65
Kühlmitteltemperatur 145, 150
Kühlmittelverlust 151
Kupferoxydulgleichrichter 65
Kurbelinduktor 68
Kurzgewindezündkerzen 87
Kurzschlußfest 56, 155

L

Lack 33
Ladeerhaltungsgerät 52
Ladeerhaltungsstrom 50, 52
Ladekontrolle 71
Ladezustand 139
Läufer 62
Ladeschlußspannung 51
Lamellen 63
Lampenstrom 40
Langgewindezündkerzen 87
LED-Anzeigen 141
Lebensgefahr 117
Leistungsdiode 81
Leitungsfarbe 20 f.
Linearität 122

M

Magnetfeld 63, 93
magnetische Sättigung 70
Magnetschalter 27
Magnetzündergenerator 23
Masseelektrode 87
Masserückleitung 18
Materialwanderung 102
Maximalstrom 51
Metallschichtwiderstände 141
Meßbereich 60, 124
Meßinstrument 145

Metallelektrode 152
MIL-Ausführung 32
Miller-Integrator 135
Minuseingang 146
Minusdiode 71
Minuspol 19
Mittelelektrode 87
Mittelwert 120
monostabile Kippstufe 120
Motoranker 29
Motordrehzahl 119
Motorrad 23

N

Nebelrückleuchte 29
Nebelscheinwerfer 27
Nennkapazität 48
Nennspannung 17
Nennstrom 48
nicht invertierend 146
nicht invertierender Eingang 58
Nockenform 103
Normalzündspule 99
NPN-Darlington-Transistoren 59
NTC-Widerstände 146
Nullamperedrehzahl 70

O

Öffner 133
Öffnungszeit 102
Operationsverstärker 58, 146

P

Phasenspannung 68
Plastikspray 142
Platin 89
Plusdiode 71
Pluspol 19
PNP-Darlington 73
Pocketpistole 109
Polarität 19, 125
Polschuh 64
Printrelais 43
Primärinduktivität 98
Primärstrom 94, 98
Primärwicklung 93
Primärwiderstand 98
Profilkühlkörper 82
Prüflampe 108
Puffer 69

R

Rechteckgenerator 127
Referenzspannung 58f.
Regelelektronik 52
Regler 64
Regler, elektromechanischer 73

Reglerfunktion 72
Relais 27
Relaiskontakte 133
Richtungsblinkanlage 37
Rotor 62
Rückkoppelung 136, 147
Rückleuchter 27
Rückstromdiode 84
Rückstromschalter 80
Ruhestellung 132
Ruhestrom 98
Rundinstrument 126

S

Säureprüfer 47
Säurestand 49
Säureschutzfett 49
Schalterbetrieb 73
Schaltgerät 101
Schaltplan 23
Schaltpunkt 149
Schalttransistor 149
Scheibenwaschanlagen 135
Scheibenwischer 129
Schleifringe 65
Schließer 133
Schließwinkel 103
Schließwinkelmeßgerät 103
Schließzeit 102
Schlußleuchte 25
Schmelzsicherung 85
Schnelladegerät 30
Schnellader 68
Schrittrelais 25
Schutzschaltung 34
Schwellwert 148
Schwingungsvorgang 96
Sekundärspannung 60
Sekundärwicklung 93
Selbstentladung 47
Selbstinduktionsspannung 94
Selbstinduktivität 92
Shunt 40
Siliconkautschuk 32, 152
Silizium-Leistungsdiode 65
Sollspannung 83
Sollwert 73
Spannungsabfall 18f., 69, 117
Spannungsbereich 60
Spannungseinbruch 35
Spannungsregler 57
Spannungsspitzen 34
Spannungswandler 97
Speicherung im Magnetfeld 92
Sperrspannung 68
Spezialzündspule 99
Spritzwasser 32
Spulenzündung 91
Ständer 62
Standleuchten 27

Startanhebung 115
Startbatterie 49
Starthilfekabel 56
Stator 62
Steckausschluß 71
Steckhülse 21
Steckverbindung 21
Stillglied 73
Stirnschaltung 67
Stirnelektrode 89
Steuerleitung 20, 123
Störfreiheit 123
Straßenverkehrszulassungsordnung 22
Strombegrenzung 80
Stromimpulse 121
Stromrelais 40
Stromverbraucher 62
Stromverlauf 99
Sulfatation 50

T

Taster 136
Temperaturabhängigkeit 76
Temperaturgang 122
Temperaturgrenzen 31
Temperaturkompensation 79
thermische Überlastung 155
Thyristor 97
Trägheit 33
Transistor, dreifach differenzierter 109
Transistorzündspule 113
Transistor-Spulen-Zündung 101
Triggern 41

U

Überdimensionierung 36
Übergangswiderstand 21
Überladung 47, 51
Übersetzungsverhältnis 94
Überspannung 34
Umgebungstemperatur 31, 76
Umschaltkontakt 43
Unterbrecherkontakt 94
Unterbrechernocken 94
Unterdruck 107
Unterdruckverstellung 107

V

Verbraucher 46
Verbrennungsaussetzer 87
Vergießen 32
Vergleichsspannung 58, 140
Vergußmasse 32
Verlustleistung 31, 60
Verlustwärme 56, 100
Verpolungsschutz 142
Verstellkurven 107
Versuchsschaltung 147

Verteilerfinger 95
Verteilerfunkenstrecke 95
Verzögerungszeit 135
Vibrationen 33
Vorerreger 71
Vorwiderstand 101
Vorwiderstände, Auswahl der – 114

W

Wärmeabfuhr 65
Wärmestau 31
Wärmewert 88
Wärmewertkennzahl 88
Warnblinkschalter 29, 42
Wascherpumpen 137
Wechselstromnetz 127
Weicheisenpaket 63
Wicklungswiderstand 40
Widerstandsgeber 146
Wiederaufladen 50
Windungszahl 63
Winterpause 50
Wischergeschwindigkeiten 132
Wischermotor 132
Wisch-Wasch-Automatik 135
W-Kennlinie 50

Z

Zeigermeßinstrument 120
zeitbestimmender Widerstand 136
Zeitkonstante 99, 124, 131
Zellenspannung 52
Zellenstopfen 51
Zenerdiode, temperaturkombinierte 58
Zenerdiode 73
Zenerspannung 73
Zündanker 23
Zündaussetzer 82
Zündenergie 90
Zündfolge 95
Zündkerze 86
– heiße 88
– kalte 88
– Nachstellung der – 89
Zündkerzenelektrode 87
Zündkerzenkapazität 96
Zündkerzenstecker 89
Zündlichtpistole 109
Zündplatte 102
Zündverstellung 105
Zündverteiler 94
Zündwinkelverstellung 106
Zündzeitpunkt 104, 106
Zündzeitpunktkennfeld 109
zusätzliche Kontrolle 146
Zuverlässigkeit 36
Zweipunktregler 73

Literatur

Batterien. Technische Unterrichtung VDT-UBE 410/1. Stuttgart: Robert Bosch GmbH.

Batteriezündung. Technische Unterrichtung VDT-UBE 120/3. Stuttgart: Robert Bosch GmbH.

Elektronische Batteriezündsysteme. Technische Unterrichtung VDT-UBE 125/1. Stuttgart: Robert Bosch GmbH.

Generatoren. Technische Unterrichtung VDT-UBE 301/1. Stuttgart: Robert Bosch GmbH.

Heuwieser, E.: Elektronische Zündanlagen. Technische Mitteilungen aus dem Bereich Bauelemente. München: Siemens AG.

Jochum, E.: Ladezustands-Anzeigegerät für Kfz-Batterien. Funkschau 19/1978, S. 106. München: Franzisverlag.

Klemmbezeichnungen in Kraftfahrzeugen. DIN 72 552. Kraftfahrtechnisches Taschenbuch. Stuttgart: Robert Bosch GmbH, 18. Auflage 1976.

Lineare Schaltungen. München: Siemens AG 1976/77. Schaltbeispiele. München: Siemens AG 1976/77 und 1977/78.

Wetzel, K.: Elektronische Schaltungen für Kraftfahrzeuge. München: Siemens AG 1978.

Bezugsquellennachweis der Bausätze

Die Bausätze zu den Schaltungen dieses Buches sind in Zusammenarbeit mit der Firma Thomsen-Elektronik entwickelt worden, die auch die Garantieleistungen soweit sie Bauteile und Platinen betrifft, übernimmt.
Alle Bausätze enthalten die zur Funktion benötigten Bauelemente einschließlich der Bedienelemente sowie eine vorgebohrte Platine mit Positionsaufdruck zur leichten Bestückung. Eine ausführliche Aufbauanleitung mit Hinweisen zur Inbetriebnahme machen die Arbeit mit den Bausätzen leicht.
Die Bausätze enthalten zum Teil Gehäuse.
Die Bausätze werden auch als Gerät mit fertig aufgebauter Schaltung geliefert. Das Gehäuse muß den jeweiligen Einbaubedingungen angepaßt werden. Bausätze und Geräte gibt es im Fachhandel. Sie können bei der Verlagsgesellschaft Schulfernsehen bestellt werden, Preisänderungen und technische Änderungen bleiben vorbehalten. Porto und Verpackung gehen zu Lasten des Empfängers.

7076-6	Zusatzwarnleuchte ZK 1 Bausatz	DM 8,60	7090-1	Kühlmittelwächter BK 2 Bausatz	DM 7,95
7077-4	Zusatzwarnleuchte ZK 1 Gerät	DM 13,40	7091-X	Kühlmittelwächter BK 2 Gerät	DM 13,90
7078-2	Batterieüberwachung BW 1 Bausatz	DM 18,30	7092-8	Transistorspulenzündung TSZ 1 Bausatz	DM 57,90
7079-0	Batterieüberwachung BW 1 Gerät	DM 26,20	7093-6	Transistorspulenzündung TSZ 1 Gerät	DM 67,20
7080-4	Elektronischer Blinkgeber EBF 11 Bausatz	DM 44,80	7094-4	Drehzahlmesser DM 12 Bausatz	DM 9,90
7981-2	Elektronischer Blinkgeber EBF 11 Gerät	DM 52,40	7095-2	Drehzahlmesser DM 12 Gerät	DM 14,80
			7101-0	Einbauinstrument dazu	DM 29,80
7082-0	Wischintervallschalter WIS 1 Bausatz	DM 59,20	7096-0	Gleichstromgeneratorregler GS 12 Bausatz	DM 59,80
7083-9	Wischintervallschalter WIS 1 Gerät	DM 67,10	7097-9	Gleichstromgeneratorregler GS 12 Gerät	DM 68,90
7084-7	Wisch-Wasch-Automatik VWW 1 Bausatz	DM 49,80	7098-7	Drehstromgeneratorregler ER 2 Bausatz	DM 34,50
7085-5	Wisch-Wasch-Automatik VWW 1 Gerät	DM 57,90	7099-5	Drehstromgeneratorregler ER 2 Gerät	DM 42,70
7086-3	Stabilisierte Spannungsversorgung FSR 1 Bausatz	DM 9,90	7145-2	Glatteiswarner GW 1 Bausatz	DM 28,80
7087-1	Stabilisierte Spannungsversorgung FSR 1 Gerät	DM 12,80	7146-0	Glatteiswarner GW 1 Gerät	DM 36,50
7088-X	Blinkende Warnleuchte BK 1 Bausatz	DM 8,90	7147-9	Innenleuchten-Verzögerung VL 1 Bausatz	DM 9,70
7089-8	Blinkende Warnleuchte BK 1 Gerät	DM 14,30	7148-7	Innenleuchten-Verzögerung VL 1 Gerät	DM 12,80

Postfach 18 02 69, 5000 Köln 1